D1723842

Für Herrn Klechowitz,
mit herzlichem Gruß.

Ihr Peter Klemme

Neumarkt, den 11. November 2003

VDE-Schriftenreihe Normen verständlich **48**

Arbeitsschutz in elektrischen Anlagen

Erläuterungen zu DIN VDE 0105,
0680, 0681, 0682 und 0683

Dr.-Ing. Peter Hasse
Dipl.-Ing. Walter Kathrein
Dipl.-Ing. Heiner Kehne

4., überarbeitete und erweiterte Auflage 2003

VDE VERLAG GMBH • Berlin • Offenbach

Auszüge aus DIN-Normen mit VDE-Klassifikation sind für die angemeldete limitierte Auflage wiedergegeben mit Genehmigung 132.003 des DIN Deutsches Institut für Normung e. V. und des VDE Verband der Elektrotechnik Elektronik Informationstechnik e. V. Für weitere Wiedergaben oder Auflagen ist eine gesonderte Genehmigung erforderlich.

Die zusätzlichen Erläuterungen geben die Auffassung der Autoren wieder. Maßgebend für das Anwenden der Normen sind deren Fassungen mit dem neuesten Ausgabedatum, die bei der VDE VERLAG GMBH, Bismarckstraße 33, 10625 Berlin und der Beuth Verlag GmbH, Burggrafenstraße 6, 10787 Berlin erhältlich sind.

Bibliografische Information Der Deutschen Bibliothek
Die Deutsche Bibliothek verzeichnet diese Publikation in der Deutschen Nationalbibliografie; detaillierte bibliografische Daten sind im Internet über http://dnb.ddb.de abrufbar

ISBN 3-8007-2762-5

ISSN 0506-6719

© 2003 VDE VERLAG GMBH, Berlin und Offenbach
Bismarckstraße 33, D-10625 Berlin

Satz: VDE VERLAG GMBH, Berlin
Druck: Gallus Druckerei KG, Berlin

2003-09

Die Autoren

Dr.-Ing. **Peter Hasse**, Jahrgang 1940, absolvierte das Studium der Elektrotechnik/Starkstromtechnik an der Technischen Universität in Berlin. 1972 wurde Hasse zum Doktor-Ingenieur promoviert.
1973 übernahm er die Leitung des Bereichs Entwicklung und Konstruktion bei der Fa. Dehn + Söhne in Neumarkt/Opf. und befasste sich dort schwerpunktmäßig mit der Blitzschutztechnik und dem Arbeitsschutz in elektrischen Anlagen. Die Ergebnisse zahlreicher wissenschaftlich/technischer Untersuchungen, Entwicklungsprojekte und Erprobungen in der Praxis hat er in Einzelvorträgen, mehrtägigen Seminaren, Konferenzen, Beiträgen für Fachzeitschriften und Büchern im In- und Ausland veröffentlicht.

Zahlreiche Patente für Blitzschutzbauteile, Überspannungsschutzgeräte und Sicherheitsgeräte zum Arbeiten an elektrischen Anlagen zeugen von seiner Tätigkeit in Entwicklung, Konstruktion und Laboratorium; Hasse wurde Prokurist, dann Werksleiter und ist seit 1981 Geschäftsführer dieser Firma.
Hasse ist im Rahmen von technisch-wissenschaftlichen Vereinen und Institutionen, wie ABB, DKE/VDE, NE und IEC, an der nationalen und internationalen Normungsarbeit maßgeblich beteiligt. Er gehört dem Vorstand des „Ausschusses für Blitzschutz und Blitzforschung im VDE (ABB)" seit dessen Gründung an und ist der deutsche Sprecher bei IEC im TC81 „Lightning Protection" und im SC37A „Low-Voltage Surge Protective Devices". Im Zentralverband der Elektrotechnik- und Elektronikindustrie e. V. (ZVEI) leitet er den Fachausschuss 7.13 „Überspannungsschutz".

Obering. Dipl.-Ing. (FH) **Walter Kathrein**, Jahrgang 1931, absolvierte das Studium der Elektrotechnik/Starkstromtechnik an der Rudolf-Diesel-Bau- und Ingenieurschule der Stadt Augsburg, Akademie für angewandte Technik.
1956 trat er bei den Siemens-Schuckert-Werken als projektierender Ingenieur im Bereich Netzausrüstung, Schaltanlagen ein.
Seit 1964 war Kathrein im Hauptbereich Montage des Unternehmensbereichs Energietechnik als Montageingenieur im Außendienst für Bauleitung, Inbetriebnahme und Störungsklärung im Bereich elektrischer Anlagen im In- und Ausland eingesetzt.

Von 1972 an war Kathrein auch für den Bereich der Qualitätssicherung für elektrische Anlagen, Vorschriften und Bestimmungen zuständig. Dazu übernahm er im Jahre 1974 noch das Fachgebiet Arbeitsschutz als leitender Sicherheitsingenieur für den Bereich Montage, Inbetriebsetzung, Service im Unternehmensbereich Energie- und Automatisierungstechnik.

Zu seinen Aufgaben gehörte auch die Strahlenschutzüberwachung von Mitarbeitern, die in Kernkraftwerken tätig sind, die mit radioaktiven Messeinrichtungen arbeiten oder die Röntgenanalysegeräte aufstellen, in Betrieb nehmen und warten. Dazu kam im Jahr 1988 der Bereich Umweltschutz und Gefahrguttransporte.

Nach Neuorganisation der Siemens AG zum 1.10.1989 waren für den neuen Geschäftsbereich „Anlagentechnik" (ANL) (einschließlich der 39 Zweigniederlassungen in Deutschland) die Aktivitäten Umweltschutz, Arbeitssicherheit und Strahlenschutz neu zu regeln. Kathrein oblag seitdem auch die Leitung des ANL-Referats Umweltschutz, Arbeitssicherheit, Strahlenschutz. 1974 wurde er zum Oberingenieur, 1981 zum Abteilungsbevollmächtigten der Siemens AG ernannt.

Kathrein arbeitete 22 Jahre in zahlreichen DKE-Komitees mit. Er war unter anderem Obmann des DKE-Komitees 214 „Ausrüstungen und Geräte zum Arbeiten unter Spannung", korrespondierendes Mitglied zu IEC TC 78 „Tools for live working" und stellvertretender Obmann des DKE-Unterkomitees 211.2 „Anforderungen an die im Bereich der Elektrotechnik tätigen Personen". Ferner war er Mitarbeiter im „Fachausschuss Elektrotechnik" der Berufsgenossenschaft der Feinmechanik und Elektrotechnik.

Seit 1996 ist Kathrein zwar im Ruhestand, ist aber für Fachliteratur schriftstellerisch tätig, beantwortet Leseranfragen an Fachzeitschriften und stellt in einschlägigen Gremien seine jahrzehntelangen Erfahrungen als Praktiker gerne zur Verfügung.

Obering. Dipl.-Ing. **Heiner Kehne**, Jahrgang 1951, absolvierte das Studium der Elektrotechnik (Hochspannungs- und Regelungstechnik) in Hannover.

Nach abgeschlossenem Studium trat Kehne 1977 bei der Firma Siemens im Bereich Montage, Inbetriebsetzung, Service im Unternehmensbereich Energie- und Automatisierungstechnik als Inbetriebsetzungsingenieur im Außendienst ein. Aufgrund der Vorbildung durch das Studium der Leistungselektronik gehörten damals zu seinen Aufgaben die Inbetriebsetzung der Antriebstechnik von Gleichstrommotoren. Sein Erfahrungsschatz wurde durch den Wechsel von Inbetriebnahmen der Antriebstechnik zu Inbetriebnahmen in die Steuerungstechnik (frei programmierte Steuerungen) erweitert. Danach wurden auch die Inbetriebnahmen ganzer prozessgesteuerter Werke übernommen.

Nach jahrelangem weltweiten Einsatz auf dem Gebiet der Inbetriebnahmen wechselte Kehne 1994 zum Gebiet Umweltschutz, Arbeitsschutz und Strahlenschutz.

Zu seinen Aufgaben gehört der Arbeitsschutz für die weltweit tätigen Mitarbeiter des Bereichs „Industrial Solutions and Services" in Erlangen und die Strahlenschutzüberwachung von Mitarbeitern, die in Kernkraftwerken weltweit tätig sind.

Kehne ist unter anderem Obmann des DKE-Komitees 215 „Arbeiten unter Spannung – Ortsveränderliche Geräte zum Erden und Kurzschließen" und im DKE-Komitee 214 „Ausrüstungen und Geräte zum Arbeiten unter Spannung". Ferner arbeitet Kehne im Arbeitskreis „Arbeiten unter Spannung" des Bezirksverbands VDE Dresden mit.

Vorwort zur 4. Auflage

Die dritte Auflage des Bands 48 der VDE-Schriftenreihe wurde 1996, also vor sieben Jahren, veröffentlicht. In diesen sieben Jahren hat sich im Bereich der Normen DIN VDE 0105, 0680, 0681, 0682, 0683 und bei den entsprechenden regionalen (CENELEC) und internationalen (IEC) Normen so viel getan, dass eine komplette Überarbeitung und eine wesentliche Erweiterung unseres Buchs notwendig geworden sind.

Vor allen Dingen wird dem Arbeiten unter Spannung (AuS), entsprechend seiner mittlerweile erlangten Bedeutung, ein breites Spektrum eingeräumt.

Die Europäische Norm DIN VDE 0105-100 „Betrieb von elektrischen Anlagen" unterscheidet zwischen:

- **elektrotechnischen Arbeiten**

Arbeiten an, mit oder in der Nähe einer elektrischen Anlage, z. B. Errichten und Inbetriebnehmen, Instandhalten, Prüfen, Erproben, Messen, Auswechseln, Ändern, Erweitern.

- **nicht elektrotechnischen Arbeiten**

Arbeiten im Bereich einer elektrischen Anlage, z. B. Bau- und Montagearbeiten, Erdarbeiten, Säubern (Raumreinigung), Anstrich- und Korrosionschutzarbeiten.

In den genannten Normen ist eine Gefahrenzone um unter Spannung stehende Teile definiert, in der Schutzmaßnahmen zur Vermeidung einer elektrischen Gefahr notwendig sind. Weiterhin werden **drei Arbeitsmethoden** unterschieden:

- **Arbeiten im spannungsfreien Zustand**

Arbeiten an elektrischen Anlagen, deren spannungsfreier Zustand zur Vermeidung elektrischer Gefahren hergestellt und sichergestellt ist (Einhaltung der fünf Sicherheitsregeln).

- **Arbeiten in der Nähe unter Spannung stehender Teile**

Alle Arbeiten, bei denen eine Person mit Körperteilen, Werkzeugen oder anderen Gegenständen in die Annäherungszone gelangt, ohne die Gefahrenzone zu erreichen.

- **Arbeiten unter Spannung**

Jede Arbeit, bei der eine Person mit Körperteilen oder Gegenständen (Werkzeuge, Geräte, Ausrüstungen oder Vorrichtungen) unter Spannung stehende Teile berührt oder in die Gefahrenzone gelangt.

Alle drei Methoden setzen wirksame Sicherheitmaßnahmen gegen elektrischen Schlag sowie gegen Auswirkungen von Kurzschluss und Lichtbogen voraus, für die der Arbeitsverantwortliche zuständig ist.

Beim Arbeiten unter Spannung werden **drei Verfahren** unterschieden:

- **Arbeiten auf Abstand**

Beim Arbeiten auf Abstand bleibt der Arbeitende in einem festgelegten Abstand von unter Spannung stehenden Teilen und führt seine Arbeit mit isolierenden Stangen aus.

- **Arbeiten mit Isolierhandschuhen**

Bei diesem Arbeitsverfahren berührt der Arbeitende, geschützt durch Isolierhandschuhe und möglicherweise isolierenden Armschutz, direkt unter Spannung stehende Teile.

Bei Niederspannungsanlagen schließt die Benutzung von Isolierhandschuhen die Verwendung von isolierenden und isolierten Handwerkzeugen nicht aus.

- **Arbeiten auf Potential**

Bei diesem Arbeitsverfahren befindet sich der Arbeitende auf demselben Potential wie die unter Spannung stehenden Teile und berührt diese direkt; dabei ist er gegenüber der Umgebung ausreichend isoliert.

In Abhängigkeit von der Art der Arbeit dürfen Arbeiten unter Spannung nur von Elektrofachkräften oder elektrotechnisch unterwiesenen Personen **mit Spezialausbildung** ausgeführt werden. Zahlreiche Werkzeuge, Ausrüstungen, Schutz- und Hilfsmittel zum Arbeiten unter Spannung sind inzwischen genormt und werden in diesem Buch vorgestellt.

Arbeiten unter Spannung (AuS) ist heute eine weltweit eingeführte und erprobte Technologie zur Wartung, Instandsetzung und Umrüstung von Anlagen der elektrischen Energieversorgung. In den deutschen Bundesländern wurde das AuS in der Vergangenheit in unterschiedlichem Umfang angewendet. So beschränkte sich das AuS in den alten Bundesländern im Wesentlichen auf Arbeiten in Niederspannungs-Anlagen. Im Gebiet der neuen Bundesländer wurden dagegen in über 25 Jahren zahlreiche Technologien und Ausrüstungen entwickelt, erprobt und mit Erfolg im Nieder-, Mittel- und Hochspannungsbereich angewendet.

An der ersten deutschen AuS-Fachtagung vom 29. bis 30. März 1995 in Dresden (die auf Initiative der Autoren zustande kam) nahmen etwa 120 Fachleute aus Energieversorgungsunternehmen, Industrie, Berufsgenossenschaft für Feinmechanik und Elektrotechnik sowie von Fachhochschulen und Universitäten teil.

Es folgten die zweite AuS-Fachtagung 1995, die dritte Tagung 1997 und – aufgrund des großen Zuspruchs – die vierte Fachtagung 1999.

Vom 5. bis zum 7. Juni 2002 fand in Berlin und damit erstmals in Deutschland die „ICOLIM 2002", die 6. Internationale Konferenz über das Arbeiten unter Spannung (AuS), statt. Sie wurde von der Energietechnischen Gesellschaft (ETG) im VDE organisiert.

525 Fachleute aus 33 Ländern kamen nach Berlin, um alle Aspekte des AuS auf allen Spannungsebenen im Zusammenhang mit steigenden Sicherheits- und Qualitätsstandards und geänderten Anforderungen der Anwender – vorgestellt in 66 Fachbeiträgen – zu hören und zu diskutieren.

In Auswertung dieser nationalen und internationalen Konferenzen kann u. a. festgestellt werden:

Man ist mehrheitlich der Meinung, dass das „Arbeiten unter Spannung" bei Einhaltung der Arbeitsanweisungen und Verwendung von normgerechten, geprüften Geräten und Ausrüstungen „dem Arbeiten im spannungsfreiem Zustand" und dem „Arbeiten in der Nähe unter Spannung stehender Teile" nach VDE 0105-100 **gleichwertig** ist.

Somit sollte sich der Verantwortliche für eine dieser drei Arbeitsmethoden frei entscheiden können. Es bedarf keiner „besonderen Gründe" und keines Nachweises, dass AuS im Einzelfall „sicherer" durchführbar ist als das Arbeiten im spannungsfreien Zustand. Es wurde die Erwartung geäußert, dass sich diese Auffassung auch in den in Arbeit befindlichen BG-Regeln wiederfindet.

Um die Anwendung der Arbeitsmethode „Arbeiten unter Spannung" für Wartung, Instandsetzung und Rekonstruktion elektrischer Anlagen fachlich beratend zu begleiten, wurde bereits 1997 der Arbeitskreis (AK) „Arbeiten unter Spannung" beim VDE-Bezirksverein Dresden gegründet. In ihm haben sich 15 Fachleute aus EVU, Industrie, Herstellerfirmen von AuS-Ausrüstungen, der TU Dresden und der Berufsgenossenschaft der Feinmechanik und Elektrotechnik zusammengefunden.

Arbeiten unter Spannung war in Westdeutschland bei Instandhaltung und Wartung elektrischer Netze über viele Jahre nicht üblich. Nun hat ein Umdenken stattgefunden, und das Potential dieser Arbeitsweise hinsichtlich Zeit- und Kosteneinsparung wird genutzt. Entsprechende Sicherheitsmaßnahmen, eine gute Ausbildung des Personals sowie spezielle Werkzeuge und Ausrüstungen gelten als unabdingbare Voraussetzungen.

Der Hauptgrund für das zunehmende Interesse in Europa besteht in der zurzeit ablaufenden Liberalisierung des Strommarkts. Ein weiterer Grund ist in dem Wegfall von Beschränkungen im Dienstleistungsverkehr zwischen den europäischen Ländern zu sehen. So muss die Branche der Montageunternehmen auch in Deutschland im verstärkten Maße eine erhöhte Effizienz bei der Abwicklung von Aufträgen erreichen, um dem gewachsenen Konkurrenzdruck standhalten zu können.

In diesem Band 48 der VDE-Schriftenreihe ist Bezug genommen auf die derzeit gültigen DIN-, VDE-, EN- und IEC-Bestimmungen. Wo solche noch fehlen, wurden künftige Bestimmungen, Regeln und Richtlinien berücksichtigt, wobei diese Themen so dargestellt wurden, wie es die Verfasser aus heutiger Sicht des Praktikers sehen. Für Schreib- und Auslegungsfehler übernehmen die Verfasser keine Haftung.

In diesem Buch aufgeführte Literaturstellen sind im Kapitel 10 zusammengestellt.

Dieser Band 48 der VDE-Schriftenreihe ist ein Buch aus der Praxis für die Praxis – möge es dazu beitragen, das Arbeiten in elektrischen Anlagen noch sicherer zu machen.

Juli 2003   Die Verfasser

Inhalt

13

17

19

1 Allgemeines

1.1 Rechtliche Voraussetzungen für das Arbeiten in elektrischen Anlagen

Verantwortung in der Arbeitssicherheit

Arbeitssicherheit umschreibt das generelle Schutzziel der Gefahrenfreiheit, das der Unternehmer zu gewährleisten hat.

Arbeitsschutz ist die Summe aller technischen, organisatorischen und informatorischen Maßnahmen, die der Sicherheit und dem Gesundheitsschutz der Beschäftigten bei der Arbeit dienen.

Die Verantwortung für die Arbeitssicherheit ist unter zwei Aspekten zu sehen:

- Zuständigkeit und Verpflichtung, bestimmte Aufgaben zur Förderung und Bewahrung der Arbeitssicherheit zu erfüllen (Verantwortung für die Arbeitssicherheit).

- Rechtsfolgen, die bei einem Arbeitsunfall (wenn also die Arbeitssicherheit verletzt wurde) von den verschiedenen Angehörigen eines Betriebs getragen werden müssen (Verantwortung bei Arbeitsunfällen).

Der Umfang der Verantwortung des Einzelnen für die Arbeitssicherheit ist abhängig von der Position und der Funktion im Betrieb, dies gilt auch für „Fremde" (AÜG-Mitarbeiter – Arbeitnehmer-Überlassungs-Gesetz): Gegenüber den eigenverantwortlich tätigen Fremdfirmen hat der Auftraggeber die Pflicht zur ergänzenden Sicherheitsüberwachung (Kontroll- und Aufsichtspflicht). Der Auftraggeber muss bei offensichtlich erkennbaren Sicherheitsverstößen (über den Aufsichtsführenden der Fremdfirma) eingreifen. Bei Gefahr im Verzug muss er sogar die Arbeiten stoppen.

Der **Unternehmer** ist verpflichtet, die Arbeit sicher zu gestalten, damit die Mitarbeiter vor Gesundheitsschäden bewahrt bleiben.

Seine **Pflichten in den einzelnen Betriebsbereichen** kann der Unternehmer jedoch auf **Führungskräfte mit Weisungsbefugnis** übertragen. Jede Führungskraft ist in ihrem Bereich verantwortlich für die Arbeitssicherheit; diese Verantwortung kann sie nicht ablehnen. Zur Festlegung der Zuständigkeitsbereiche erfolgt eine schriftliche Pflichtenübertragung für die Arbeitssicherheit durch den Unternehmer.

Die Verantwortung der Führungskräfte für die Arbeitssicherheit bezieht sich zumindest darauf, Anweisungen für eine sichere Arbeit zu erteilen, Kontrollen während der Arbeit durchzuführen und Meldungen über Sicherheitsmängel nachzugehen und diese zu beseitigen.

Eine besondere Stellung haben **Fachkräfte für Arbeitssicherheit** und **Betriebs-ärzte**. Sie besitzen zwar keine Weisungsbefugnis, da sie keine Vorgesetztenfunktion gegenüber den Betriebsangehörigen ausüben, tragen aber Verantwortung im Rahmen ihrer Unterstützungsaufgabe. Sie sollen den Unternehmer und die betrieblichen Vorgesetzten beraten, betriebliche Gefahrenquellen aufdecken und sicherheitstechnische Kontrollen oder arbeitsmedizinische Untersuchungen durchführen.

Verantwortung und Pflichten der **Beschäftigten** sind ebenfalls im Arbeitsschutzgesetz und in den berufsgenossenschaftlichen Vorschriften BGV A1 „Allgemeine Vorschriften" festgelegt. Die Beschäftigten haben alle Maßnahmen zu unterstützen, die der Arbeitssicherheit dienen, Weisungen der Vorgesetzten zu befolgen, persönliche Schutzausrüstungen zu benutzen, alle Betriebseinrichtungen nur bestimmungsgemäß zu verwenden und sicherheitstechnische Mängel zu beseitigen oder – falls dies nicht zu ihrer Aufgabe gehört oder ihnen dazu die Sachkunde fehlt – dem Vorgesetzten zu melden.

Hinweis:

Neue Technologien und neue Arbeitsverfahren stellen die Mitarbeiter und Mitarbeiterinnen immer wieder vor neue, anspruchsvolle Aufgaben. Oftmals sind damit aber auch neue Risiken für die Gesundheit verbunden, die es rechtzeitig zu erkennen gilt, um ihnen vorzubeugen.

Rechtsbedeutung von Arbeitsschutzbestimmungen

In dem **Bild 1.1 A** zeigt der rechte (nach oben) gerichtete Pfeil die Verbindlichkeit auf, allem übergeordnet das Grundgesetz. Der linke (nach unten) gerichtete Pfeil zeigt die Auffächerung in Details:

- verschiedene Gesetze
- allgemeine Verwaltungsvorschriften
- Rechtsverordnungen
- autonome Rechtsnormen der Berufsgenossenschaften
- Regeln der Technik
- DIN-Normen
- Bestimmungen des VDE, VDI, VDEW
- Richtlinien
- Sicherheitsregeln
- Grundsätze
- Merkblätter
- Durchführungsanweisungen zu den berufsgenossenschaftlichen Vorschriften
- Werknormen und innerbetriebliche Bestimmungen

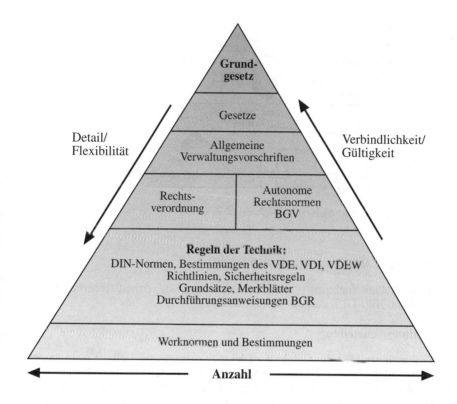

Bild 1.1 A Rechtsbedeutung von Arbeitsschutzbestimmungen

Im **Staat** sind Politiker und Interessenverbände für Recht und Verantwortung zu diversen Themen sowie für Gesetze und Verordnungen zuständig.

Die **Berufsgenossenschaften**, als Gesetzliche Unfallversicherung, erlassen Unfallverhütungsvorschriften, überwachen deren Einhaltung und sind – als Sozialpartner – für die Betreuung Unfallverletzter und im schlimmsten Fall auch deren Hinterbliebenen zuständig.

Technische Normen, wie DIN-Normen und VDE-Bestimmungen als allgemein anerkannte Regeln der Technik, werden von Fachleuten erstellt und basieren auf dem Stand von Wissenschaft und Technik.

In der Arbeitssicherheit hat man es also mit einer Fülle von Gesetzen, Vorschriften und Bestimmungen zu tun. Um das alles noch zu übersehen und um nichts zu übersehen – dafür gibt es Sicherheitsfachkräfte.

23

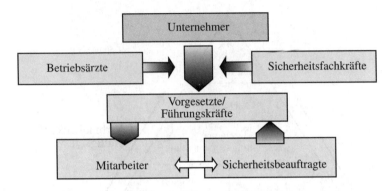

Bild 1.1 B Linienverantwortung in einem Großunternehmen

Haftung in der Arbeitssicherheit

In einem Großunternehmen ist die Verantwortung in der Arbeitssicherheit in der Regel wie im **Bild 1.1 B** dargestellt, organisiert.

Gefährdungsbeurteilung

Die Diskussionen über die Gefahr der Elektrizität entzünden sich oft nicht an den tödlichen Unfällen durch elektrischen Strom, dem jährlich zahlreiche Menschen am Arbeitsplatz und zu Hause zum Opfer fallen. Diese Stromunfälle sind seit Jahrzehnten bekannt und werden in den jährlichen Unfallstatistiken veröffentlicht. Dieses Risiko wird offensichtlich als **Restrisiko** akzeptiert. Der tödlichen Stromunfälle wegen hat aber bisher niemand ernsthaft die Elektrizität in Frage gestellt.

Der elektrische Strom bringt aber auch mittelbare Risiken mit sich, die es zu erkennen, zu bewerten und zu analysieren bedarf. Das Arbeitsschutzgesetz verlangt eine Beurteilung der Arbeitsbedingungen. „Der **Unternehmer** hat durch eine Beurteilung **(Gefährdungsbeurteilung)** die für die Beschäftigten mit ihrer Arbeit verbundenen **Gefährdungen** zu ermitteln und festzulegen, welche Maßnahmen des Arbeitsschutzes erforderlich sind."

Deshalb beinhaltet die DIN VDE 1000-10 „Anforderung an die im Bereich der Elektrotechnik tätigen Personen" vom Mai 1995 auch den Begriff „Risiko". Risiko(bewertung) ist die Kombination der Eintrittswahrscheinlichkeit und des Schweregrads möglicher Verletzungen oder der Gesundheitsschädigungen einer Person.

Durch eine Gefährdungsbeurteilung wird das Restrisiko hier für ein Arbeiten in elektrischen Anlagen eingestuft und letztlich über die Machbarkeit des Einsatzes entschieden.

24

1.2 Erste Hilfe, Rettungskette

Die Unfallverhütungsvorschrift **BGV A5** „**Erste Hilfe**" der Berufsgenossenschaft der Feinmechanik und Elektrotechnik (**BG FuE**) gilt für die Erste Hilfe und das Verhalten bei Unfällen. Sie ist von Arbeitgebern und Arbeitnehmern (Versicherten) einzuhalten.

Die Berufsgenossenschaft erbringt nach Unfällen Leistungen, um die Gesundheit und Arbeitsfähigkeit eines Verunglückten wieder herzustellen. Deshalb verlangt sie zu jeder Zeit von den Arbeitnehmern ein sicherheitsbewusstes Verhalten und die Einhaltung der Unfallverhütungsvorschriften.

Der Unternehmer hat für Folgendes zu sorgen:

- Erforderliches Personal (Ersthelfer, Betriebssanitäter) zur Leistung der ersten Hilfe und zur Rettung aus Gefahr für Leben und Gesundheit
- Meldeeinrichtungen und organisatorische Maßnahmen
- Erste-Hilfe-Material und Sanitätsräume
- Rettungsgeräte und Rettungstransportmittel

Um diesen Anforderungen gerecht zu werden, muss ein Betrieb mit bis zu 20 jeweils anwesenden Versicherten einen Ersthelfer haben. Bei mehr Beschäftigten müssen

- 5 % der Mitarbeiter in Verwaltungsbetrieben und
- 10 % der Mitarbeiter in anderen Betrieben

als Ersthelfer ausgebildet sein

Der Unternehmer hat die Versicherten über das Verhalten bei Arbeitsunfällen zu unterweisen, und zwar mindestens einmal pro Jahr. Er ist auch dafür zuständig, dass die von der Berufsgenossenschaft anerkannten Anleitungen zur Ersten Hilfe entsprechend den jeweiligen Gefährdungen an geeigneter Stelle im Betrieb anzubringen sind. Aus den Aushängen müssen aktuelle Angaben hervorgehen, wie

- Notruf
- Einrichtungen und Personal der Ersten Hilfe
- Arzt und Krankenhaus

Diese Aushänge müssen für alle Mitarbeiter sichtbar zugängig sein.

Laut berufsgenossenschaftlichen Vorschriften ist die **Erste-Hilfe-Ausstattung eines Betriebs** abhängig von dessen Anzahl von Beschäftigten (siehe **Tabelle 1.2 A** auf der folgenden Seite).

25

Erforderl. Personal und Material:	bei einer Anzahl der Beschäftigten:								
	bis 10	bis 20	21	30	40	51	101	301	501
Melde-Einrichtung (Telefon, Funk)	●	●	●	●	●	●	●	●	●
Aushang „Erste Hilfe"	●	●	●	●	●	●	●	●	●
Krankentrage			●	●	●	●	●	●	●
Sanitätsraum						●	●	●	●
Verbandkasten C* (klein) - DIN 13157	1								
Verbandkasten E* (groß) - DIN 13169		1	1	1	1	2	3	7	11
Ersthelfer	1	1	2	3	4	5	10	30	50
Betriebssanitäter							◢	◢	●
Verbandbuch	●	●	●	●	●	●	●	●	●
Rettungsgeräte und - transportmittel	bei schwer zugänglichen Arbeitsplätzen (z. B. im Tunnelbau, bei Druckluft-Arbeiten, in tiefen Baugruben u. a.)								

Anmerkung: zwei kleine Verbandkästen ersetzen einen großen Verbandkasten

Tabelle 1.2 A Erste-Hilfe-Ausstattung eines Betriebs
[Quelle: BGV A5]

Grundsätzlich ist eine schnelle Hilfe von entscheidender Bedeutung:

Sie kann Leben retten (siehe Beispiel Herzkammerflimmern **Bild 1.2 A**).

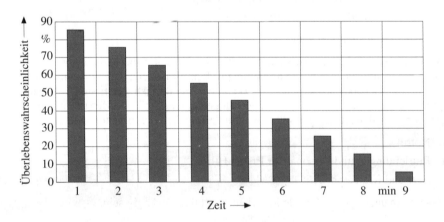

Bild 1.2 A Überlebenswahrscheinlichkeit bei Herzkammerflimmern

Die Rettungskette ist im **Bild 1.2 B** dargestellt.

26

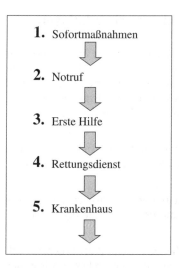

1. Sofortmaßnahmen

2. Notruf

3. Erste Hilfe

4. Rettungsdienst

5. Krankenhaus

Bild 1.2 B Die Rettungskette

Der **Notruf** besteht aus fünf Aussagen, die man aus folgenden W-Wörtern herleiten kann:

Wo geschah es?

Genaue Angabe über den Unfallort machen. Nur genaue Ortsangabe bzw. Einweisung des Rettungsdienstes erspart unnötiges Suchen.

Was geschah?

Unfallsituation kurz beschreiben, damit die Leitstelle die notwendigen Maßnahmen daraus ableiten kann.

Wie viele Verletzte?

Die Anzahl der Verletzten angeben, dies ist wichtig für den Abtransport

Welche Arten von Verletzungen?

Gibt es lebensbedrohliche Verletzungen, Stromunfalle, gegebenfalls Notarzt anfordern

Warten auf Rückfragen!

Unter Umständen kann von der Leitstelle eine Rückfrage notwendig sein, deshalb Namen und Telefonnummer des Anrufers hinterlegen.

1.3 Brandbekämpfung im Bereich elektrischer Anlagen

DIN VDE 0105-100 „Betrieb von elektrischen Anlagen" enthält einen Abschnitt über „Brandschutz und Brandbekämpfung". Hier wird u. a. gefordert, dass in elektrischen Anlagen Feuerlöscher an geeigneter Stelle bereitgehalten werden und in ihrer Art und Größe der Anlage entsprechen müssen. Für die Brandbekämpfung sind Arbeitskräfte in der Bedienung der Löschgeräte zu unterweisen. Im Übrigen wird auf DIN VDE 0132 verwiesen.

Die Norm DIN VDE 0132 richtet sich an Personen, die für die Bekämpfung von Bränden in elektrischen Anlagen und in deren Nähe zuständig sind, also in erster Linie an Elektrofachkräfte und Feuerwehrleute.

DIN VDE 0132 verlangt u. a., dass der Betreiber der elektrischen Anlage **die Dienststelle** bezeichnet und **die Personen** nennt, mit denen sich die Feuerwehr bei Bränden in Verbindung zu setzen hat.

Es werden die Brandklassen A bis D und entsprechende Löschmittel aufgezeigt, allgemeine Maßnahmen für den Brandfall vorgegeben sowie besondere Maßnahmen für Niederspannungsanlagen und Hochspannungsanlagen aufgeführt.

Brandklassen	A	feste Stoffe	**Löschmittel**	Wasser
	B	flüssige Stoffe		Schaum
	C	gasförmige Stoffe		Pulver
	D	brennbare Metalle		Kohlendioxid

Tabellen geben an, welche Mindestabstände zwischen Löschmittelaustrittsöffnung des genormten Strahlrohrs DIN 14365-CM bzw. BM (Mundstück) und unter Spannung stehenden Anlageteilen nicht unterschritten werden dürfen, und zwar abhängig zum einen von der Art des Löschmittels, zum andern abhängig von der Höhe der vorhandenen Spannung. Löschmittel sind Wasser, Schaum, Pulver und Kohlendioxid.

Sind den Einsatzkräften die anstehenden Spannungen und die örtlichen Verhältnisse unbekannt, so gilt beim Einsatz der üblichen Strahlrohre nach DIN 14365-CM nach wie vor die alte Feuerwehrregel, die da lautet:

$$N - 1 - 5$$

$$H - 5 - 10$$

d. h. Abstand bei **Niederspannung (N)** bei Sprühstrahl 1 m, bei Vollstrahl 5 m,

Abstand bei **Hochspannung (H)** bei Sprühstrahl 5 m, bei Vollstrahl 10 m.

Ganz wesentlich für den Betreiber elektrischer Anlagen sind die

„Maßnahmen nach dem Brand".

28

Nach dem Brand ist der Brandraum zu lüften, bevor Personen ohne Atemschutz den Raum betreten. Es muss vermieden werden, dass sich giftige und korrosive Zersetzungsprodukte im Gebäude ausbreiten.

Beim Betreten der Brandstelle kann die Gefahr bestehen, dass vorhandene Metallteile, z. B. metallene Rohrleitungen, Dachrinnen oder Drahtzäune, unter Spannung stehen, sofern sie mit herabgefallenen Freileitungen oder anderen unter Spannung stehenden Teilen Verbindung erhalten haben. Damit besteht für Personen Schrittspannungsgefahr (**Bild 1.3 A**) und Berührungsspannungsgefahr.

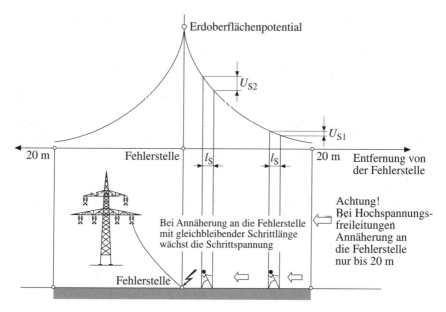

Bild 1.3 A Schrittspannung U_S im Bereich einer Fehlerstelle bei der Schrittlänge l_S
[DIN VDE 0132:2001-08]

Besteht Verdacht, dass Personen mit giftigen Zersetzungsprodukten in Kontakt gekommen sind, müssen sie unverzüglich fachärztlicher Betreuung zugeführt werden.

Nach Beendigung der Löscharbeiten sind zur Vermeidung von Schäden Pulverbeläge auf Isolatoren innerhalb von zwei Stunden zu beseitigen.

In dem im September 1999 veröffentlichte Änderungsentwurf DIN VDE 0132/A1 wurde im Abschnitt 4.3.5 der Schutzabstand zu am Boden liegenden Freileitungen von 10 m auf 20 m erhöht.

Durch diese Änderung soll sichergestellt werden, dass selbst bei ungünstigen Bedingungen, z. B. relativ hohem Erdschlussreststrom in gelöschten 110-kV-Netzen und gleichzeitig hohen spezifischen Erdwiderständen, keine Gefährdung für die im Einsatz befindliche Feuerwehr vorliegt.

Weiterhin wurde DIN VDE 0132 überarbeitet, einmal wegen des nicht mehr zulässigen Löschmittels Halon, zum anderen im Hinblick auf die Anpassung an den Stand der Technik und der gesetzlichen Änderungen. Die Überarbeitung auf nationaler Ebene ist abgeschlossen. Die neue Bestimmung DIN VDE 0132 ist seit 1. August 2001 gültig.

1.4 Gefahren und Wirkungen des elektrischen Stroms

Der elektrische Strom birgt eine Reihe von Gefahren in sich, die bei einem Unfall infolge eines Stromflusses durch den menschlichen Körper (elektrischer Unfall) zu Verletzungen, Verbrennungen oder sogar zum Tod des Verunglückten führen können. Man spricht auch davon, dass der Verunglückte am Strom „hängen oder kleben" bleibt.

Allgemein betrachtet ist davon auszugehen, dass die Hochspannung größere Gefahren in sich birgt (Verbrennungen) als die Niederspannung. Eine Körperdurchströmung mit Wechselstrom ist gefährlicher als mit Gleichstrom. Dagegen verursacht der Gleichstrom bei gleicher Stromstärke stärkere Verbrennungen als der Wechselstrom. Diese Betrachtungen dürfen aber niemals die Tatsache außer Acht lassen, dass die Gefahren des elektrischen Stroms nicht zu unterschätzten sind, egal welcher Stromart und Spannung.

1.4.1 Unfallarten

Primärunfälle:

Körperdurchströmung

- Muskelverkrampfungen
- Herzkammerflimmern
- Herzstillstand
- Atemlähmung
- Bewusstlosigkeit
- Thermische Wirkungen (Verkochung)

Verbrennungen der Haut durch Lichtbogeneinwirkung

Sekundärunfälle:

Sturz oder Fall durch Schreck oder Verkrampfung

Primärunfall: Der elektrische Strom kann im menschlichen Körper unterschiedliche Störungen bzw. Schäden hinterlassen. Muskelverkrampfungen sind meist nur von temporärer Art und hinterlassen kaum bleibende Schäden. Dagegen hinterlässt das Herzkammerflimmern bzw. der Herzstillstand oft bleibende Schäden. Die Empfindungen werden unterschiedlich wahrgenommen, sie beginnen meist mit einem Kribbeln in der Hand bzw. Druck bis zu stechenden Schmerzen in den Gliedmaßen. Verkrampfungen in der Brustmuskulatur führen oft zum Atemstillstand. Die Einwirkung des Stroms kann auch zu Funktionsstörungen der inneren Organe führen.

Als **Sekundärunfall** wird ein Unfall bezeichnet, der primär durch den Strom hervorgerufen wird, aber beispielhaft den Sturz von einer Leiter zur Folge hat.

Unabhängig von der Schädigung ist bei jeder Art von elektrischen Unfällen anschließend auf jeden Fall der Arzt mit dem deutlichen Hinweis „Stromunfall" zu konsultieren.

Bei einer Körperdurchströmung sind die Einwirkungen des elektrischen Stroms auf das Herz des Menschen am gefährlichsten. Dabei spielen die Einflussgrößen Stromstärke, Höhe der Spannung, Einwirkdauer und Stromweg eine bedeutende Rolle.

Besonders gefährlich sind:

- Stromstärken ab etwa 10 mA

- Spannungen ab 50 V AC oder 120 V DC

- Einwirkungsdauer > 200 ms

- Stromweg über das Herz

Der Widerstand des menschlichen Körpers hängt ab:

- von der Höhe der Berührungsspannung

- vom Stromweg durch den Körper

- von der Feuchtigkeit der Haut

- von der Berührungsfläche

- vom Berührungsdruck

Der menschliche Körper hat bei 230 V AC einen Widerstand von etwa 1000 Ω, gemessen zwischen Hand und Fuß. Dabei wird angenommen, dass der Strom den direkten Weg über das Herz nimmt. Ausgeschlossen für diese Betrachtung werden eventuell Randbedingungen wie die Übergangswiderstände der Sicherheitsschuhe, Einsatz von Standortisolierung (Isoliermatten), Übergangswiderstände der Hände, Kleidung usw. Wenn also all diese Größen außer Acht gelassen werden, so ergibt sich bei 230 V bereits ein Strom von 230 mA.

Drei der oben genannten vier gefährlichen Einflussgrößen sind somit bereits erfüllt. Jede einwirkende Stromstärke oberhalb der Loslassgrenze, d. h. 7 mA bis 10 mA, muss bereits als kritisch angesehen werden. Durch das Einwirken des Stroms verkrampft die Skelettmuskulatur, und ein Loslassen der aktiven Teile ist in vielen Fällen nicht mehr möglich. Somit ist eine längere Einwirkdauer des Stroms auf den menschlichen Organismus nicht auszuschließen.

Aus **Bild 1.4.1 A** ist ersichtlich, dass bei oben genanntem Beispiel mit großer Wahrscheinlichkeit ein **Herzkammerflimmern** bzw. Herz- und Atemstillstand eintreten wird.

Beispiel für Wechselstrom bei einer Frequenz von 50 Hz

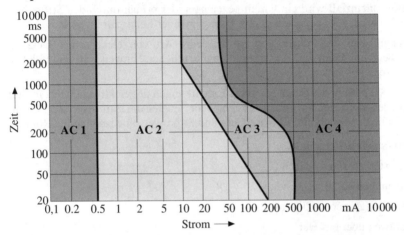

Bild 1.4.1 A Stromstärke-Zeit-Abhängigkeit der Auswirkungen von Wechselstrom von 15 Hz bis 100 Hz [DIN V VDE V 0140-479 (VDE V 0140 Teil 479):1996-02]

AC 1 Wahrnehmungsschwelle – in der Regel keinerlei Auswirkungen und Reaktionen

AC 2 Loslassgrenze-Schreckreaktion – in der Regel keine physiologischen Auswirkungen

AC 3 In der Regel keine Organschäden zu erwarten; jedoch mit zunehmender Stromstärke und Dauer Herzkammerflimmern, Herzstillstand, Muskelverkrampfung, Atemschwierigkeiten

AC 4 Mit großer Wahrscheinlichkeit Herzkammerflimmern und Herz- und Atemstillstand

Die Messergebnisse verschiedener Wissenschaftler lassen erkennen, dass Stromstärken ab etwa 0,5 mA bis 1,0 mA vom Menschen bereits wahrgenommen werden (Wahrnehmungsschwelle).

Bei Stromstärken ab etwa 6 mA kann eine schmerzhafte Wirkung eintreten, die dann durch schreckhafte Bewegungen zu Sekundärunfällen führen kann.

Zwischen 7 mA und 13 mA liegt die Loslassgrenze (Verkrampfen der Muskulatur).

Im Bereich von 15 mA bis 30 mA kommt es zu starken Verkrampfungen, wobei ein selbstständiges Loslassen nicht mehr möglich ist.

Oberhalb von 30 mA kann es bei längerer Einwirkdauer bereits zur Beeinflussung des Herzens kommen.

Bei Stromstärken im Amperebereich treten Schäden durch zu hohe lokale Temperaturen in den Vordergrund. Die hohe örtliche Erwärmung führt zur Zerstörung (Verkochung) des Gewebes, welches sich dann oft durch Nierenversagen äußert.

Bemerkung:

Bei elektrischen Unfällen mit Atemstillstand, Herzstillstand oder Herzkammerflimmern besteht die Chance, den Verunglückten durch sofortige Wiederbelebungsmaßnahmen (**HLW** = **H**erz-**L**ungen-**W**iederbelebung) vor dem Tod zu retten.

1.4.2 Vermeiden von Stromunfällen

Zum Vermeiden von Stromunfällen sind in der Reihenfolge zuerst technische Schutzmassnahmen, dann organisatorische Schutzmaßnahmen und zuletzt persönliche Schutzausrüstungen festzulegen.

1.4.2.1 Technische Schutzmaßnahmen

Technische Schutzmaßnahmen sind u. a:

- Einbringen von zwangsläufigem Berührungsschutz (betriebs- und anlagenabhängig)
- Schutzisolierung
- Isolierende Abdeckungen
- Verwendung von Schutz- bzw. Funktionskleinspannung (SELV/PELV)
- Not-Aus-Einrichtungen
- Signal- und Meldeleuchten
- Schaffen von Sicherheitsabständen zur Gefahrenstelle durch Absperrungen bzw. Abschranken
- Erdung und Potentialausgleich leitfähiger Teile
- Sicherheitsschalter
- Zweihandschaltungen
- Schutz bei indirektem Berühren (z. B. Fehlerstromschutzschalter)

Durch das Einbringen von technischen Schutzausrüstungen ist in der Praxis bereits der größte Teil der Gefahrenquellen beseitigt. Wenn die technischen Schutzmaßnahmen nicht ausreichen, dann sind organisatorische Schutzmaßnahmen zu ergreifen. Falls auch diese dann nicht ausreichen, müssen persönliche Schutzausrüstungen getragen werden. Bei der Festlegung der organisatorischen Maßnahmen ist nicht nur die eigene Gefährdung zu betrachten, sondern es ist ebenso darauf zu achten, dass keine Gefährdung für andere Gewerke entsteht.

Hierzu gibt es z. B. seit 1997 die Baustellenverordnung, die speziell auf diese Themen eingeht. Der Bauherr ist verpflichtet, die erforderlichen Maßnahmen zu ergreifen (unternehmerische Gesamtverantwortung).

1.4.2.2 Organisatorische Maßnahmen

Als **organisatorische Maßnahmen** gelten beispielhaft:

- Aufstellen von Hinweis-, Warn- und Verbotsschildern
- Regelmäßiges und fachgerechtes Prüfen der elektrischen Anlagen und Betriebsmittel

- Vor Beginn der Arbeiten eine Gefährdungsbeurteilung erstellen
- Betriebsanweisung erstellen und sichtbar aushängen
- Situationsgerechte, regelmäßige Unterweisung der Mitarbeiter
- Leitung/Beaufsichtigung durch eine Elektrofachkraft oder elektrotechnisch unterwiesene Person
- Ausbildung der Mitarbeiter zum Ersthelfer; einschließlich einer Ausbildung in Herz-Lungen-Wiederbelebung
- Zeitliche Entkopplung der Arbeiten, wenn eine gegenseitige Gefährdung der Gewerke nicht ausgeschlossen werden kann
- Auswahl geeigneter Mitarbeiter
- Erstellen von Arbeitsanweisungen

1.4.2.3 Persönliche Schutzausrüstung

An letzter Stelle steht der Einsatz der **persönlichen Schutzausrüstung**. Neben den obligatorischen Sicherheitsschuhen und der Schutzkleidung gegen elektrische Gefährdung sind hier besonders zu erwähnen:

- Standortisolierung
- Schutzhelm mit Gesichtsschutzschild
- Isoliertes und geprüftes Werkzeug nach DIN VDE 0680 bzw. DIN VDE 0682

1.4.2.4 Stromunfälle von Elektrofachkräften

Trotz Festlegung der genannten Schutzmaßnahmen ist der Umgang mit elektrischem Strom immer mit einer besonderen elektrischen Gefahr verbunden, die es heißt zu erkennen, zu bewerten und einzugrenzen (um das Restrisiko einschätzen zu können). Nicht nur Laien verursachen Unfälle mit elektrischem Strom, sondern besonders Elektrofachkräfte verursachen den Hauptanteil der elektrischen Unfälle

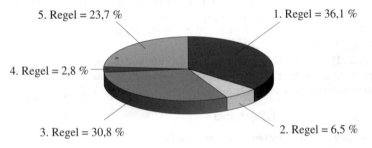

Bild 1.4.2.4 A Stromunfälle von Elektrofachkräften durch Nichtbeachtung der fünf Sicherheitsregeln (Zeitraum 1991 bis 2000)
[Quelle: BG FuE – Institut zur Erforschung elektrischer Unfälle]

34

(**Bild 1.4.2.4 A**). Die Heilungskosten bei elektrischen Unfällen sind laut Berufsgenossenschaft FuE um ein Vielfaches höher als bei den anderen Unfällen.

Ursache der Stromunfälle bei Nichtbeachtung der fünf Sicherheitsregeln

1. Regel	2. Regel	3. Regel	4. Regel	5. Regel
Nicht freigeschaltet	Nicht gegen Wiedereinschalten gesichert	Nicht auf Spannungsfreiheit geprüft	Nicht geerdet und kurzgeschlossen	Nicht abgedeckt oder abgeschrankt
36,1 %	6,5 %	30,8 %	2,8 %	23,7 %

Werte sind teilweise gerundet

Tabelle 1.4.2.4 B Stromunfälle von Elektrofachkräften durch Nichtbeachten der fünf Sicherheitsregeln (Zeitraum 1991 bis 2000) [Quelle: BG FuE - Institut zur Erforschung elektrischer Unfälle]

Die Unfallzahlen von verunfallten **Elektrofachkräften** bei Nichtbeachtung der fünf Sicherheitsregeln (**Bild 1.4.2.4 A**) sprechen für sich. Aus der Aufstellung (**Tabelle 1.4.2.4 B**) der Jahre 1991 bis 2000 (zehn Jahre) ist ersichtlich, dass bei der Nichtbeachtung der Regeln 1, 3 und 5 die meisten Unfälle auftreten.

Eine vom Institut zur Erforschung elektrischer Unfälle der BG FuE für den Erfassungszeitraum 1984 bis 1994 durchgeführte Auswertung von 19 108 Arbeitsunfällen durch elektrischen Strom (davon 255 mit tödlichem Ausgang) zeigt, dass bei mehr als der Hälfte der Unfälle von Elektrofachkräften das Nichtbeachten der Sicherheitsvorschriften die Ursache für den Unfall war (**Tabelle 1.4.2.4 C**).

Niederspannungsunfälle	Verhaltensfehler	Hochspannungsunfälle
53,5 %	Nichtbeachtung von Sicherheitsregeln	50,9 %
25,7 %	Allgemeine Verhaltensfehler	38,6 %
8,1 %	Fehler organisatorischer Art	11,3 %
31,4 %	Technische Sachfehler	20,0 %
*) *Anmerkung:* Durch Addition mehrerer Unfallursachen je Unfall ergibt sich eine Summe, die über dem Wert von 100 % liegt		

Tabelle 1.4.2.4 C Unfallursachen: Verteilung bei Nieder- und Hochspannungsunfällen von Elektrofachkräften im industriellen und gewerblichen Bereich (Erfassungszeitraum 1984 bis 1994)

Diese Unfallstatistiken zeigen, dass mehr als die Hälfte aller elektrischen Unfälle von Elektrofachkräften bei striktem Einhalten der fünf Sicherheitsregeln und dem Benutzen der dafür vorgesehenen Schutzvorrichtungen und Geräte hätte vermieden werden können.

1.4.2.5 Verhindern einer Körperdurchströmung

Um eine Körperdurchströmung zu verhindern, gibt es verschiedene Schutzmaßnahmen, z. B.:

• **Schutzabstände einhalten**

Schutzabstände sind für bestimmte elektrotechnische Arbeiten (ausgeführt durch Elektrofachkräfte oder elektrotechnisch unterwiesene Personen oder unter deren Aufsicht) definiert (Näheres siehe Kapitel 4)

• **Arbeiten auf Potential**

z. B. Einsatz von Isoliermatten oder Isolierstrecken (Näheres siehe Kapitel 5). Das **Arbeiten auf Potential** (siehe **Bild 1.4.2.5 A**) erfolgt in dem gezeigten Beispiel von einer isolierten Hubarbeitsbühne aus, beim **Arbeiten auf Abstand** (siehe **Bild 1.4.2.5 B**) werden Betätigungsstangen (Isolierstangen) verwendet.

 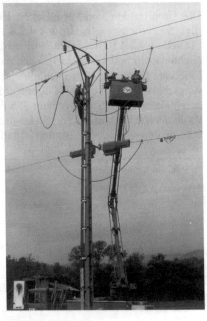

Bild 1.4.2.5 A Arbeiten auf Potential   **Bild 1.4.2.5 B** Arbeiten auf Abstand

• **Gebrauch von isoliertem Werkzeug, Schutz- und Hilfsmitteln**

z. B. Isolierhandschuhe, Helm mit Gesichtsschutzschild, geeignete Kleidung

• **Schutz bei indirektem Berühren**

z. B. Einsatz von Fehlerstromschutzschaltern (30 mA $I_{\Delta N}$, 0,2 s Auslösezeit)

1.5 Normen für das Errichten und den Betrieb von elektrischen Anlagen sowie für Schutzausrüstungen und Geräte zum Arbeiten an unter Spannung stehenden Teilen

Die Normen DIN VDE 0100, 0101, 0106, 0210 und 0211 legen Anforderungen für den Bau von Starkstromanlagen fest, die dann sicher betrieben werden können.

DIN VDE 0105-100 regelt den Betrieb von Starkstromanlagen und ist auch beim Errichten und Ändern dieser Anlagen zu beachten, sobald dabei die Anlagen oder einzelne Teile unter Spannung stehen, unter Spannung stehende Teile berührt werden können oder Spannungen an den im Bau befindlichen Anlageteilen auftreten können.

Hinweis:

Für die gesamte Elektrotechnik gelten die von der Berufsgenossenschaft der Feinmechanik und Elektrotechnik herausgegebenen Unfallverhütungsvorschriften:

- BGV A1 „Allgemeine Vorschriften"

- BGV A2 „Elektrische Anlagen und Betriebsmittel"

Diesen Normen und Unfallverhütungsvorschriften, die vom Montage- und Betriebspersonal beachtet werden müssen, stehen Normen für „Schutzausrüstungen und Geräte zum Arbeiten an unter Spannung stehenden Teilen" gegenüber, die von deren Herstellern einzuhalten sind.

- DIN VDE 0680 legt Bestimmungen für Körperschutzmittel, Schutzvorrichtungen und Geräte zum Arbeiten an unter Spannung stehenden Teilen bis 1000 V fest

- DIN VDE 0681 gilt für Geräte zum Betätigen, Prüfen und Abschranken unter Spannung stehender Teile mit Nennspannungen über 1 kV

- VDE 0682 gilt ebenfalls für Geräte und Ausrüstungen zum Arbeiten an unter Spannung stehenden Teilen. Diese Normen sind auch international (IEC) und regional (EN) gültig

- DIN VDE 0683 ist die Bestimmung für ortsveränderliche Geräte zum Erden und Kurzschließen

IEC 743:1983 „Terminologie für Geräte und Ausrüstungen zum Arbeiten unter Spannung" ist eine Publikation, die es ermöglicht, Geräte und Ausrüstungen kenntlich zu machen und ihre Namen einheitlich festzulegen.

1.5.1 Normen für das Errichten und Betreiben elektrischer Anlagen

DIN VDE 0100 Teile 100 bis 799	Elektrische Anlagen von Gebäuden (mit Nennspannung bis AC 1000 V bzw. DC 1500 V)
DIN VDE 0101:2000-01	Starkstromanlagen mit Nennwechselspannungen über 1 kV
DIN VDE 0105 Teil 100:2000-06	Betrieb von elektrischen Anlagen
DIN EN 50274 (VDE 0660 Teil 514):2002-11	Schutz gegen elektrischen Schlag, Anordnung von Betätigungselementen in der Nähe berührungsgefährlicher Teile
DIN VDE 0210:1985-12 Hinweis: mittlerweile erschienen: DIN EN 50341-1 (VDE 0210 Teil 1):2002-03 DIN EN 50341-2 (VDE 0210 Teil 2):2002-11 DIN EN 50341-3-4 (VDE 0210 Teil 3):2002-03 DIN EN 61773 (VDE 0210 Teil 20):1997-08	Bau von Starkstrom-Freileitungen mit Nennspannung über 1 kV
DIN VDE 0211:1985-12	Bau von Starkstrom-Freileitungen mit Nennspannungen bis 1000 V

1.5.2 Normen für die Körperschutzmittel, Schutzausrüstungen und Geräte zum Arbeiten an elektrischen Anlagen

Im Folgenden ist den Normen jeweils das dafür zuständige DKE-Gremium (Komitee oder Unterkomitee) vorangestellt.

DKE-Komitee 214

DIN 48699:1983-11
Kennzeichnung von Hilfsmitteln zum Arbeiten an unter Spannung stehenden Teilen

DIN EN 60743:2002-11
Terminologie für Geräte und Ausrüstungen zum Arbeiten unter Spannung
(IEC 60743:1983 + A1:1995); Deutsche Fassung EN 60743:1996

DKE-Unterkomitee 214.1

DIN EN 61243-3 (VDE 0682 Teil 401):1999-09
Arbeiten unter Spannung – Spannungsprüfer – Teil 3: **Zweipoliger Spannungsprüfer für Niederspannungsnetze** (IEC 61243-3:1998);
Deutsche Fassung EN 61243-3:1998

DIN 57680-6 (VDE 0680 Teil 6):1977-04
VDE-Bestimmung für Schutzbekleidung, Schutzvorrichtungen und Geräte zum Arbeiten an unter Spannung stehenden Betriebsmitteln bis 1000 V – **Einpolige Spannungsprüfer bis 250 V Wechselspannung**

DKE-Unterkomitee 214.2

DIN EN 60900 (VDE 0682 Teil 201):1994-08
Handwerkzeuge zum Arbeiten an unter Spannung stehenden Teilen bis AC 1000 V und DC 1500 V (IEC 60900:1987, modifiziert); Deutsche Fassung EN 60900:1993

DIN EN 60900/A11 (VDE 0682 Teil 201/A11):1999-04
Handwerkzeuge zum Arbeiten an unter Spannung stehenden Teilen bis AC 1 kV und DC 1,5 kV; Deutsche Fassung EN 60900:1993/IA11:1997

DIN 57680-4 (VDE 0680 Teil 4):1980-11
Körperschutzmittel, Schutzvorrichtungen und Geräte zum Arbeiten an unter Spannung stehenden Teilen bis 1000 V – **NH-Sicherungsaufsteckgriffe**

DIN 57680-7 (VDE 0680 Teil 7):1984-02
Körperschutzmittel, Schutzvorrichtungen und Geräte zum Arbeiten an unter Spannung stehenden Teilen bis 1000 V – **Passeinsatzschlüssel**

DKE-Unterkomitee 214.3

DIN EN 50237 (VDE 0682 Teil 314):1998-09
Arbeiten unter Spannung – **Handschuhe für mechanische Beanspruchung;** Deutsche Fassung EN 50237:1997

DIN EN 50286 (VDE 0682 Teil 301):2000-05
Elektrisch isolierende Schutzkleidung für Arbeiten an Niederspannungsanlagen; Deutsche Fassung EN 50286:1999

DIN EN 50321 (VDE 0682 Teil 331):2000-05
Elektrisch isolierende Schuhe für Arbeiten an Niederspannungsanlagen; Deutsche Fassung EN 50321:1999

DIN EN 60895 (VDE 0682 Teil 304):1998-02
Schirmende Kleidung zum Arbeiten an unter Spannung stehenden Teilen für eine Nennspannung bis AC 800 kV (IEC 60895:1987, modifiziert); Deutsche Fassung EN 60895:1996

DIN EN 60903 (VDE 0682 Teil 311):1994-10
Handschuhe aus isolierendem Material zum Arbeiten an unter Spannung stehenden Teilen (IEC 60903:1988, modifiziert); Deutsche Fassung EN 60903:1992

DIN EN 60903/A11 (VDE 0682 Teil 311/A11):1999-04. Änderung A11
Handschuhe aus isolierendem Material zum Arbeiten an unter Spannung stehenden Teilen; Deutsche Fassung EN 60903:1992/A11:1997

DIN EN 60984 (VDE 0682 Teil 312):1994-10
Isolierende Ärmel zum Arbeiten unter Spannung (IEC 60984:1990, modifiziert); Deutsche Fassung EN 60984:1992

DIN EN 60984/A11 (VDE 0682 Teil 312/A11):1999-04. Änderung A11
Isolierende Ärmel zum Arbeiten unter Spannung
Deutsche Fassung EN 60984:1992/A11:1997

DIN 57680-1 (VDE 0680 Teil 1):1983-01
Körperschutzmittel, Schutzvorrichtungen und Geräte zum Arbeiten an unter Spannung stehenden Teilen bis 1000 V – Isolierende Körperschutzmittel und Isolierende Schutzvorrichtungen.

DKE-Unterkomitee 214.4

DIN EN 60855:1998-05
Isolierende schaumgefüllte Rohre und massive Stäbe zum Arbeiten an unter Spannung stehenden Teilen – (IEC 60855:1985, modifiziert);
Deutsche Fassung EN 60855:1996

DIN EN 61235:1997-07
Arbeiten unter Spannung – **Isolierende hohle Rohre für elektrotechnische Zwecke** (IEC 61235:1993, modifiziert);
Deutsche Fassung EN 61235:1995

DIN EN 61243-1 (VDE 0682 Teil 411):1998-05
Arbeiten unter Spannung – **Spannungsprüfer – Teil 1: Kapazitive Ausführung für Wechselspannungen über 1 kV** (IEC 61243-1:1993, modifiziert);
Deutsche Fassung EN 61243-1:1997

DIN EN 61243-1 Berichtigung 1 (VDE 0682 Teil 411 Berichtigung 1):2001-4
Berichtigung zu DIN EN 61243-1 (VDE 0682 Teil 411):1998-05

DIN EN 61243-2 (VDE 0682 Teil 412):2001-12
Arbeiten unter Spannung – **Spannungsprüfer – Teil 2: Resistive (Ohm'sche) Ausführungen für Wechselspannungen von 1 kV bis 36 kV** (einschließlich Änderung A1:2000) – (IEC 61243-2:1995 + A1:1999 + Corrigendum 2000);
Deutsche Fassung EN 61243-2:1997 + A1:2000

DIN EN 61243-5 (VDE 0682 Teil 415):2002-011
Arbeiten unter Spannung – Spannungsprüfer – Teil 5: **Spannungsprüfsysteme (VDS)** (IEC 61243-5:1997, modifiziert); Deutsche Fassung EN 61243-5:2001

DIN V EN V 50196 (VDE V 0682 Teil 101):1997-03
Arbeiten unter Spannung – **Erforderlicher Isolationspegel und zugehörige Luftabstände – Berechnungsverfahren;** Deutsche Fassung EN V 50196:1995

DIN V EN V 50196/A1 (VDE V 0682 Teil 101/A1):1999-05. Änderung A1
Arbeiten unter Spannung – **Erforderlicher Isolationspegel und zugehörige Luftabstände – Berechnungsverfahren;** Deutsche Fassung EN V 50196:1995/A1:1997

DIN VDE 0680-3 DIN 57680-3 (VDE 0680 Teil 3):1977-09
VDE-Bestimmung für Körperschutzmittel, Schutzvorrichtungen und Geräte zum Arbeiten an unter Spannung stehenden Betriebsmitteln bis 1000 V – **Betätigungsstangen**

40

DIN VDE 0681-1 (VDE 0681 Teil 1):1986-10
Geräte zum Betätigen, Prüfen und Abschranken unter Spannung stehender Teile mit
Nennspannungen über 1 kV – **Allgemeine Festlegungen für DIN VDE 0681 Teil 2
bis Teil 4**

DIN 57681-2 (VDE 0681 Teil 2):1977-03
VDE-Bestimmung für Geräte zum Betätigen, Prüfen und Abschranken unter
Spannung stehender Betriebsmittel mit Nennspannungen über 1 kV – **Schaltstangen**

DIN VDE 0681-3 DIN 57681-3 (VDE 0681 Teil 3):1977-03
VDE-Bestimmung für Geräte zum Betätigen, Prüfen und Abschranken unter Spannung
stehender Betriebsmittel mit Nennspannungen über 1 kV – **Sicherungszangen**

DIN EN 61481 (VDE 0682 Teil 431): 2002-07
Arbeiten unter Spannung. **Phasenvergleicher** für Wechselspannungen von 1 kV bis
36 kV (IEC 61481:2001; Deutsche Fassung von EN 61481:2001

DIN VDE 0681-6 (VDE 0681 Teil 6):1985-06
Geräte zum Betätigen, Prüfen und Abschranken unter Spannung stehender Teile mit
Nennspannungen über 1 kV – **Spannungsprüfer für Oberleitungsanlagen elekt-
rischer Bahnen 15 kV, 16 $^2/_3$ Hz**

DKE-Unterkomitee 214.5

DIN EN 60832 (VDE 0682 Teil 211):1998-01
**Isolierende Arbeitsstangen und zugehörige Arbeitsköpfe zum Arbeiten unter
Spannung** (IEC 60832:1988, modifiziert); Deutsche Fassung EN 60832:1996

DIN EN 61057 (VDE 0682 Teil 741):1995-08
**Hubarbeitsbühnen mit isolierender Hubeinrichtung zum Arbeiten unter Span-
nung über AC 1 kV** (IEC 61057:1991, modifiziert);
Deutsche Fassung EN 61057:1993

DIN EN 61229 (VDE 0682 Teil 551):1997-01
**Starre Schutzabdeckungen zum Arbeiten unter Spannung in Wechselspan-
nungsanlagen** (IEC 61229:1993, modifiziert); Deutsche Fassung EN 61229:1995

DIN EN 61229/A1 (VDE 0682 Teil 551/A1):1999-04. Änderung A1
**Starre Schutzabdeckungen zum Arbeiten unter Spannung in Wechselspan-
nungsanlagen** (IEC 61229:1993/A1:1998):
Deutsche Fassung EN 61229:1995/A1:1998

DIN EN 61236 (VDE 0682 Teil 651):1996-11
Mastsättel, Stangenschellen und Zubehör zum Arbeiten unter Spannung
(IEC 61236:1993, modifiziert); Deutsche Fassung EN 61236:1995

DIN EN 50340 (VDE 0682 Teil 661):2002-12
**Hydraulische Kabelschneidgeräte – Geräte zur Verwendung an elektrischen
Anlagen mit Nennwechselspannung bis 30 kV;** Deutsche Fassung zu EN 50340:
2001

DIN EN 61478 (VDE 0682 Teil 711):2002-10
Arbeiten unter Spannung – Leitern aus isolierendem Material (IEC 61478: 2001); Deutsche Fassung zu EN 61478:2001

DIN VDE 0681-8 (VDE 0681 Teil 8):1988-05
Geräte zum Betätigen, Prüfen und Abschranken unter Spannung stehender Teile mit Nennspannungen über 1 kV – **Isolierende Schutzplatten**

DIN VDE 0682-742 (VDE 0682 Teil 742):2000-11
Hubarbeitsbühnen zum Arbeiten an unter Spannung stehenden Teilen bis AC 1000 V und DC 1500 V

DKE-Komitee 215

DIN EN 61230 (VDE 0683 Teil 100):1996-11
Arbeiten unter Spannung – Ortsveränderliche Geräte zum Erden oder Erden und Kurzschließen (IEC 61230:1993, modifiziert); Deutsche Fassung EN 61230:1995

DIN EN 61230/A11 (VDE 0683 Teil 100/A11):2002-08
Arbeiten unter Spannung – Ortsveränderliche Geräte zum Erden oder Erden und Kurzschließen; Deutsche Fassung EN 61230:1995/A11:1999

DIN EN 61219 (VDE 0683 Teil 200):1995-01
Arbeiten unter Spannung – Erdungs- oder Erdungs- und Kurzschließvorrichtung mit Stäben als kurzschließendes Gerät – Staberdung (IEC 61219:1993); Deutsche Fassung EN 61219:1993

DIN 48087:1985-06
Ortsveränderliche Geräte zum Erden und Kurzschließen –
Spindelschaft für Anschließteile

DIN 48088-1:1985-06
Anschließstelle für Erdungs- und Kurzschließvorrichtungen –
Kugelbolzen

DIN 48088-2:1985-06
Anschließstelle für Erdungs- und Kurzschließvorrichtungen –
Zylinderbolzen mit Ringnut zum erdseitigen Anschluss

DIN 48088-3:1985-06
Anschließstelle für Erdungs- und Kurzschließvorrichtungen –
Bügelfestpunkt für Leiter (Seile, Rohre)

DIN 48088-4:1985-07
Anschließstelle für Erdungs- und Kurzschließvorrichtungen –
Schalenfestpunkt für Leiter (Seile, Rohre)

DIN 48088-5:1985-07
Anschließstelle für Erdungs- und Kurzschließvorrichtungen –
Anschlussstück für Erdungsleitungen

Komitee 214
DKE-Spiegelgremium des TC 78 der IEC
Ausrüstung und Geräte zum Arbeiten unter Spannung

Koordinierung K 214 und K 215 bei CENELEC- und IEC-Arbeiten

Koordinierung der UK's von K 214, Organisation des Komitees sowie Annahme, Zuweisung und Verfolgung der Aufgaben der UK's, Bearbeitung von übergreifenden Aufgaben, Bearbeitung der Terminologie (WG1)

Komitee 215
Ortsveränderliche Geräte zum Erden und Kurzschließen

Aufgaben: Vollständige Bearbeitung der zugeordneten Normungsaufgaben einschließlich Verabschiedung dieser Norm

UK Kurztitel: UK 1 Spannungsprüfer bis 1000 Volt	UK Kurztitel: UK 2 Werkzeuge bis 1000 Volt	UK Kurztitel: UK 3 Körperschutzmittel und schmiegbare Schutzvorrichtungen	UK Kurztitel: UK 4 Prüfgeräte über 1 kV, Isolier- und Arbeitsstangen	UK Kurztitel: UK 5 Arbeitsgeräte und starre Schutzvorrichtungen	Frei geführte und zwangsgeführte ortsveränderliche Geräte zum Erden und Kurzschließen
Ein- und zweipolige Spannungsprüfer bis AC 1000 V bzw. DC 1500 V	Isolierte und isolierende Handwerkszeuge bis AC 1000 V bzw. DC 1500 V	Isolierende Schutzbekleidung und Augenschutzgeräte Schmiegbare Schutzvorrichtungen Schirmende Anzüge	Spannungsprüfer, Spannungsprüfsysteme und Phasenvergleicher über 1 kV Isolierstangen mit Arbeitsköpfen, Handstangen, Haltestangen, Hohle Stangen, Schutzabstände zu Leiterseilen	Starre Schutzvorrichtungen, Hubarbeitsbühnen, Leitungsfahrzeuge, Leitern, Kabelschneidgeräte, Seilzugausrüstungen, Mastsättel, u. Ä., Isolier- und Arbeitsstangen, Isolierende Seile und Ketten	
MT 14 Diagnostic equipment	MT 12 Tools and equipment	MT 13 Protective equipment	MT 12 und MT 14	MT 12	MT 12

Tabelle 1.5.3 A Für die Bearbeitung von DIN VDE 0680, 0681, 0682 und 0683 zuständige DKE-Komitees sowie die entsprechenden IEC-Gremien (**MT** = Maintenance **T**eam)

43

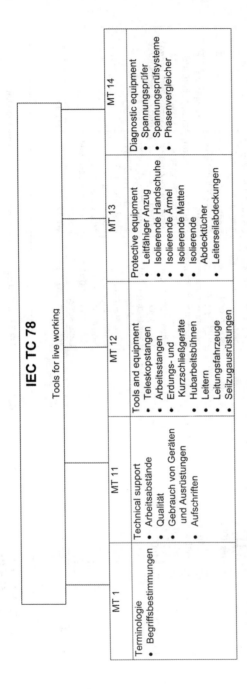

IEC TC 78

Tools for live working

MT 1	MT 11	MT 12	MT 13	MT 14
Terminologie • Begriffsbestimmungen	Technical support • Arbeitsabstände • Qualität • Gebrauch von Geräten und Ausrüstungen • Aufschriften	Tools and equipment • Teleskopstangen • Arbeitsstangen • Erdungs- und Kurzschließgeräte • Hubarbeitsbühnen • Leitern • Leitungsfahrzeuge • Seilzugausrüstungen	Protective equipment • Leitfähiger Anzug • Isolierende Handschuhe • Isolierende Ärmel • Isolierende Matten • Isolierende Abdecktücher • Leiterseilabdeckungen	Diagnostic equipment • Spannungsprüfer • Spannungsprüfsysteme • Phasenvergleicher

Tabelle 1.5.3.B TC 78 und seine Maintenance Teams

44

DIN VDE 0682

Geräte und Ausrüstungen zum Arbeiten an unter Spannung stehenden Teilen

Gruppe 100	Gruppe 200	Gruppe 300	Gruppe 400	Gruppe 500	Gruppe 600	Gruppe 700	Gruppe 800 Gruppe 900
Allgemeine Bestimmungen	Werkzeuge (einschließlich Arbeitsköpfe)	Körperschutz	Prüfgeräte	Schmiegbare und starre Schutzvorrichtungen	Geräte und Zubehör am Arbeitsplatz	Steig- und Hubeinrichtungen, Leitungsfahrzeuge	Reserve für spätere Normen

Beispiel Teile 301 bis 309 Schutzanzüge (z. B. Schutzanzüge bis 1000 V, leitfähige Anzüge)

Teile 311 bis 319 Hard- und Armschutz (z. B. Handschuhe, Ärmel)

Teile 321 bis 329 Fuß- und Beinschutz (z. B. Schuhe, Stiefel)

Teile 331 bis 339 Augenschutz (z. B. Brillen, Schirme)

Teile 341 bis 349 Kopfschutz (z. B. Helme)

Teile 351 bis 359 Sicherheitsgeschirre (z. B. Haltegurte, Auffanggurte)

Tabelle 1.5.3 C Gliederung VDE 0682

1.5.3 Zuständige Normen-Komitees

In der **Tabelle 1.5.3 A** sind die für die Bearbeitung der Normen für Körperschutzmittel, Schutzvorrichtungen und Geräte zum Arbeiten an unter Spannung stehenden Teilen zuständigen Komitees (K) und Unterkomitees (UK) der DKE Deutsche Kommission Elektrotechnik Elektronik Informationstechnik im DIN und VDE sowie die im Technischen Komitee (TC) der Internationalen Elektrotechnischen Kommission (IEC) zugeordneten Arbeitsgruppen (MT – Maintenance Team) zusammengestellt

Bei IEC werden im TC 78 Anforderungen und Prüfungen für Körperschutzmittel, Schutzvorrichtungen und Geräte zum Arbeiten an unter Spannung stehenden Teilen erarbeitet. In der **Tabelle 1.5.3 B** sind die Aufgabengebiete der fünf Maintenance Teams des TC 78 zusammengestellt.

Normen für „Geräte und Ausrüstungen zum Arbeiten an unter Spannung stehenden Teilen" aus dem Bereich IEC TC 78 werden unter VDE 0682 veröffentlicht. Dies können einerseits IEC-Bestimmungen für Geräte und Ausrüstungen zum Arbeiten an unter Spannung stehenden Teilen sein, für die noch keine nationalen Normen (VDE-Bestimmungen) vorhanden sind, andererseits aber auch IEC-Publikationen für bestimmte Geräte und Ausrüstungen, z. B. isolierende Handschuhe, die bereits in DIN VDE 0680 enthalten sind.

Anmerkung: IEC-Publikationen werden heute in der Regel von CENELEC (Europäisches Komitee für elektrotechnische Normung) übernommen, so dass national die Übernahmeverpflichtung besteht.

Das Schema der Kennzeichnung der vom Komitee 214 zu bearbeitenden IEC/CENELEC-Normen in DIN VDE 0682 ist in **Tabelle 1.5.3 C** dargestellt Es handelt sich hierbei um Gruppen mit weiterer Unterteilung in Teile.

1.6 Erforderliche Isolationspegel und zugehörige Luftabstände, Berechnungsverfahren

Beim Arbeiten unter Spannung und beim Arbeiten in der Nähe von unter Spannung stehenden Teilen muss der Isolationspegel an der Arbeitsstelle sichergestellt werden.

Ein Maß hierfür ist der so genannte „RILL" (**R**equest **I**nsulation **L**evel – erforderlicher Isolationspegel zum Arbeiten unter Spannung).

Das Einhalten des Isolationspegels kann grundsätzlich erreicht werden durch:

- die Verwendung von Ausrüstungen und Geräten zum Arbeiten unter Spannung (z. B. isolierende Schutzplatten), deren Eignung zur Sicherstellung des RILL durch Prüfungen nachgewiesen wurde

- die Einhaltung von Luftabständen, deren Eignung zur Sicherstellung des RILL durch Prüfungen nachgewiesen wurde

- die Einhaltung von Luftabständen, deren Eignung zur Sicherstellung des RILL durch Berechnung nachgewiesen wurde (siehe IEC 61472)

So legt DIN EN 50196 (VDE 0682 Teil 101) im Entwurf 10.2000 ein Berechnungsverfahren sowohl für den RILL als auch für die zum Erreichen und Aufrechterhalten des RILL erforderlichen Abstände fest, wenn unter den entsprechenden, in DIN EN 50110 festgelegten, Arbeitsbedingungen gearbeitet wird.

Der Anhang A dieses Normenentwurfs gibt beispielsweise typische Werte vor für

- Schaltüberspannungen
- den „RILL"
- den elektrischen Mindestabstand

Dem Berechnungsverfahren liegt das statistische Koordinationsverfahren zugrunde. Durch seine Anwendung kann ein Isolationsdurchbruch an der Arbeitsstelle mit hoher Wahrscheinlichkeit ausgeschlossen werden.

Diese Norm ist anwendbar für alle Arten des Arbeitens unter Spannung und in der Nähe von unter Spannung stehenden Teilen, vorausgesetzt, dass

- die Nennwechselspannung des Netzes zwischen 1 kV und 800 kV liegt
- Gewitter an der Arbeitsstelle nicht zu hören und zu sehen sind

Die nach dieser Norm berechneten Arbeitsabstände und die ausgewählte Ausrüstung sind außerdem anwendbar unter der Voraussetzung, dass

- das die Arbeit ausführende Personal nach den geltenden Regeln und Normen qualifiziert und geschult ist
- Überschläge an Netzisolatoren, hervorgerufen durch eine zu große Anzahl beschädigter Kappenisolatoren in einer Isolatorkette und/oder die Ausbildung von Kriechwegen aufgrund von Verschmutzung in Verbindung mit Feuchtigkeit, nicht zu befürchten sind

Diese Norm ist nicht anwendbar für das Abspritzen unter Spannung.

1.7 Kennzeichnung von Hilfsmitteln zum Arbeiten an unter Spannung stehenden Teilen: Sonderkennzeichen nach DIN 48699, IEC-Sonderzeichen

Für Körperschutzmittel, Schutzvorrichtungen, Werkzeuge und andere Geräte, die zum Arbeiten an unter Spannung stehenden Teilen im Sinne von DIN VDE 0105 Teil 100 geeignet sind, ist eine Kennzeichnung nach DIN 48699 (**Bilder 1.7 A/B**) bzw. das IEC-Sonderkennzeichen (**Bild 1.7 C**) gefordert.

Beispiel einer Kennzeichnung nach DIN 48699

Die Spannungsangabe 1000 V darf bei kleinen Werkzeugen auch neben oder unter dem Isolatorsymbol angebracht sein.

1000 V

Bild 1.7 A ein Werkzeug, das zum Arbeiten an unter Spannung stehenden Teilen bis 1000 V Nennspannung benutzt werden darf

10 kV ... 20 kV

Bild 1.7 B ein Gerät, das zum Arbeiten an unter Spannung stehenden Teilen im Bereich der Nennspannung von 10 kV bis 20 kV benutzt werden darf

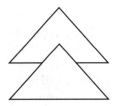

Bild 1.7 C IEC-Sonderkennzeichen für Geräte der Normenreihe VDE 0682

Da diese VDE-Bestimmungen Sicherheitsbestimmungen im Sinne des Gesetzes über technische Arbeitsmittel (Gerätesicherheitsgesetz) enthalten, müssen solche Hilfsmittel die Kennzeichnung tragen, wenn sie als geeignet zum Arbeiten an unter Spannung stehenden Teilen bis 1000 V gelten sollen.

Die Kennzeichnung ermöglicht es den Anwendern, leicht festzustellen, ob die Hilfsmittel, z. B. Handschuhe, Stiefel, Gesichtsschutz, Abdecktücher, Isoliermatten zur Standortisolierung, oder die isolierten Werkzeuge für ein Arbeiten unter Spannung geeignet sind. Diese Kennzeichnung ist besonders für Werkzeuge wichtig, da es mannigfaltige Werkzeuge mit Kunststoffüberzügen oder auch aus Kunststoffteilen gibt, die zwar meist auch isolieren, jedoch nicht genügend sicher zum gefahrlosen Arbeiten an unter Spannung stehenden Teilen sind.

Von besonderer Bedeutung ist, dass die für den Niederspannungsbereich geltende Kennzeichnung auch auf den Spannungsbereich über 1 kV ausgeweitet wurde. Dies bedeutet, dass auch für die im Anwendungsbereich von DIN VDE 0681 behandelten Geräte zum Betätigen, Prüfen und Abschranken unter Spannung stehender Teile mit Nennspannung über 1 kV (wie z. B. Schaltstangen und Sicherungszangen) diese Kennzeichnung angewendet wird.

Da die zur Kennzeichnung erforderlichen Spannungsangaben gerätebezogen sind, befinden sich die entsprechenden Anforderungen in den jeweiligen Gerätebestimmungen.

Die Kennzeichnung weicht von der Ausführung des früheren „Sonderkennzeichens" nach DIN VDE 0680 Teil 2:1978-03 insofern ab, als die Spannungsangabe 1000 V jetzt nicht mehr in dem Bildzeichen enthalten sein darf.

- Das grafische Symbol ohne Inschrift ist das Symbol für Hilfsmittel zum Arbeiten an unter Spannung stehenden Teilen.
- Es können anstelle einer Spannungsangabe auch Spannungsbereiche angegeben werden (siehe **Bild 1.7 B)**.

Die Spannungsangabe gibt je nach Festlegung in der Gerätenorm entweder die höchste Nennspannung an, bis zu der das Hilfsmittel an unter Spannung stehenden Teilen eingesetzt werden darf, oder die niedrigste und höchste Nennspannung für einen Bereich, in dem der Einsatz zulässig ist.

Bei Geräten nach der Normenreihe VDE 0682 (Normen, die parallel auch bei IEC- und CENELEC gelten) wird anstelle des Sonderkennzeichens das IEC-Sonderkennzeichen nach **Bild 1.7 C** gefordert.

Dieses grafische Symbol in Form eines versetzten Doppeldreiecks (stilisierte Glieder eines Kettenisolators) wird mit Zusatzangaben wie Spannungshöhe oder Spannungsbereich ergänzt.

1.8 Sicherheitszeichen GS und CE-Kennzeichen

1.8.1 Sicherheitszeichen GS

Mit Inkrafttreten des „Maschinenschutzgesetzes" 1968 wurde ein so genannter vorgreifender Gefahrenschutz geschaffen. Danach dürfen Hersteller und Einführer von technischen Arbeitsmitteln diese nur in den Verkehr bringen oder ausstellen, wenn sie bei bestimmungsgemäßer Verwendung zur Vermeidung von Unfällen genügend geschützt sind.

Die Neufassung des Gesetzes über technische Arbeitsmittel von 1979 erhielt die Kurzbezeichnung „Gerätesicherheitsgesetz".

Nach § 3 des Gerätesicherheitsgesetzes darf der Hersteller oder Einführer eines technischen Arbeitsmittels dieses mit dem Zeichen „GS = Geprüfte Sicherheit" **(Bild 1.8.1 A)** versehen, wenn es von einer vom Arbeitsministerium zugelassenen Prüfstelle einer Bauartprüfung unterzogen worden ist und diese bestanden hat. Das GS-Zeichen auf dem geprüften Gerät muss das Identifikationszeichen der Prüfstelle

Bild 1.8.1 A Sicherheitszeichen „GS" (Geprüfte Sicherheit) mit Identifikationszeichen (von links: VDE-Prüf- und Zertifizierungsinstitut, Prüfstelle der Berufsgenossenschaft, Technischer Überwachungsverein)

enthalten, die die Bauartprüfung durchgeführt und die Genehmigung zum Führen des GS-Zeichens erteilt hat, z. B. VDE-Prüf- und Zertifizierungsinstitut, Prüfstellen der Berufsgenossenschaften, Prüfstellen der Technischen Überwachungsvereine.

In den Zeichen-Genehmigungsausweisen wird bestätigt, dass die im Gerätesicherheitsgesetz vom 24. Juni 1968 in der Fassung vom 14. 09. 1994 gestellten Anforderungen von den aufgeführten Geräten erfüllt werden. Soll diese Gesetzeskonformität kenntlich gemacht werden, besonders beim Inverkehrbringen der Geräte in Deutschland, so wird z. B. bei Prüfung im VDE-Prüf- und Zertifizierungsinstitut das VDE-Zeichen als „Verbandszeichen des VDE und Sicherheitszeichen für elektronische Erzeugnisse" auch in Verbindung mit dem GS-Zeichen angebracht (Bild 1.8.1 A), zumal in allen anderen Fällen, z. B. für den Export, das VDE-Zeichen allein angebracht werden darf.

Wesentlich ist, dass es innerhalb des Geltungsbereichs des Gerätesicherheitsgesetzes keine Prüfzeichenpflicht gibt.

Im Komitee 215 haben sich die Hersteller geeinigt, für Erdungs- und Kurzschließvorrichtungen kein Prüfzeichen zu beantragen. Diese Geräte werden in einer außerordentlich großen Zahl von Varianten gebaut. Wollte man für jede dieser Varianten ein GS-Zeichen beantragen, wären der Prüfaufwand sehr hoch und die Geräte entsprechend teurer.

Geräte, die den Anforderungen und Prüfungen nach DIN VDE 0683 entsprechen, werden von den Herstellern in Eigenverantwortung wie folgt gekennzeichnet:

„Nach DIN VDE 0683"

1.8.2 CE-Kennzeichen

Der Hersteller muss auf Erzeugnissen, die in den Geltungsbereich von EG-Richtlinien fallen, die CE-Kennzeichnung anbringen. Betroffen sind Erzeugnisse, die von Richtlinien der neuen Konzeption erfasst werden, die Anforderungen an die technische Beschaffenheit von Produkten enthalten.

EG-Richtlinien sind verbindliche Rechtsvorschriften der Europäischen Union. Das heißt in Bezug auf Richtlinien mit Beschaffenheitsanforderungen: Die Erfüllung dieser Anforderungen ist Bedingung für die Vermarktung der Produkte in Europa. Mit der CE-Kennzeichnung ist die Übereinstimmung der Erzeugnisse mit allen für das Produkt zutreffenden Richtlinien zu bestätigen. Die Kennzeichnung ist somit zwingende Voraussetzung für das Inverkehrbringen der Erzeugnisse in der gesamten Europäischen Gemeinschaft.

Mit der CE-Kennzeichnung eines Produkts wird erklärt, dass:

● die grundlegenden Anforderungen aller zutreffenden Richtlinien eingehalten worden sind

● die vorgeschriebenen „Konformitätsbewertungsverfahren" durchgeführt wurden alle erforderlichen Maßnahmen getroffen sind, dass der Fertigungsprozess die Übereinstimmung der Produkte mit den für sie geltenden Anforderungen der Richtlinie gewährleistet

Die Kennzeichnungspflicht entsteht nach Umsetzung der Richtlinie in nationales Recht und spätestens nach Ablauf eventueller Übergangsfristen.

Der Weg zum CE-Kennzeichen

Produktsicherheit wird heute nach europaeinheitlichem Verständnis durch zwei Kriterien dargestellt:

- konstruktive Sicherheit = keine technischen Fehler

- instruktive Sicherheit = optimale technische Anleitungen

Deshalb dürfen auch nur solche Produkte mit dem CE-Kennzeichen versehen werden, die diese Kriterien erfüllen. Voraussetzung für das CE-Kennzeichen ist die Konformitätsbewertung.

Der Ablauf einer Konformitätsbewertung ist abhängig vom Produkt. Entscheidend sind die Gefahren, die vom Produkt ausgehen.

Mögliche Gefahren sind:

- mechanischer Art: Quetschen, Stoßen

- durch elektrische Energie: Wärmestrahlung, Kurzschluss

- durch thermische Einflüsse: Verbrennung, Kälte

- durch Vibrationen: handgeführte Maschinen

- durch Vernachlässigung ergonomischer Prinzipien bei der Maschinengestaltung: ungesunde Körperhaltung, körperlicher Stress

- durch Instruktionsfehler: unverständliche Anleitungen

- durch unvollständige Instruktionen: nach EG-Maschinenrichtlinie

Die Konformitätsbewertung bezieht sich auf die grundlegenden Anforderungen an das Produkt. Wird das Produkt von mehreren EG-Richtlinien berührt, dann muss es mit jeder betreffenden EG-Richtlinie übereinstimmen.

CE-Kennzeichnung sehen vor:

- die Niederspannungsrichtlinie

- die EMV-Richtlinie

- die Maschinenrichtlinie

- die Richtlinie über persönliche Schutzausrüstung

- weitere Richtlinien nach der neuen Konzeption

Tabelle **1.8 A** zeigt eine beispielhafte Auflistung, welche der in diesem Buch vorgestellten Körperschutzmittel, Schutzvorrichtungen und Geräte in den Geltungsbereich von EG-Richtlinien fallen.

VDE-Bestimmung		EMV-Richtlinie	Nieder-spannungs-richtlinie	Richtlinien für persönliche Schutzausrüstung
Nummer/Teil	Titel			
0680/3	Betätigungsstangen		×	
0680/4	NH-Sicherungsaufsteckgriffe		×	
0680/6	Einpolige Spannungsprüfer bis 1000 V	×	×	
0680/7	Passeinsatzschlüssel		×	
0681/6	Spannungsprüfer für Oberleitungsanlagen	×		
0682/201	Handwerkzeuge bis 1000 V		×	
0682/311	Handschuhe aus isolierendem Material			×
0682/312	Isolierende Ärmel			×
0682/401	Zweipolige Spannungsprüfer bis 1000 V	×	×	
0682/411	Spannungsprüfer > 1 kV kapazitive Ausführung	×		
0682/412	Spannungsprüfer > 1 kV resistive Ausführung	×		
0682/415	Spannungsprüfsysteme	×		
0682/431	Phasenvergleicher	×		

Tabelle **1.8 A** Geltungsbereich von EG-Richtlinien für Körperschutzmittel, Schutzvorrichtungen und Geräte

2 Arbeiten in elektrischen Anlagen

2.1 Allgemeines

In Normen, die den Betrieb von elektrischen Anlagen regeln (DIN VDE 0105-100), wird unterschieden zwischen den **Tätigkeitsbegriffen:**

- **nicht elektrotechnische Arbeiten**

und

- **elektrotechnische Arbeiten**

Arbeiten ist jede Form elektrotechnischer oder nicht elektrotechnischer Tätigkeit, bei der die Möglichkeit einer elektrischen Gefährdung besteht.

In diesem Zusammenhang sei die Definition der Bezeichnungen Elektrofachkraft (EF) und Elektrotechnisch unterwiesene Person (EUP) aufgeführt.

Elektrofachkraft (EF) ist, wer aufgrund seiner fachlichen Ausbildung, Kenntnisse und Erfahrungen sowie Kenntnis der einschlägigen Normen die ihm übertragenen Arbeiten beurteilen und mögliche Gefahren erkennen kann.

Anmerkung: Zur Beurteilung der fachlichen Ausbildung kann auch eine mehrjährige Tätigkeit auf dem betreffenden Aufgabengebiet herangezogen werden.

Elektrotechnisch unterwiesene Person (EUP) ist, wer durch eine Elektrofachkraft über die ihr übertragenen Aufgaben und möglichen Gefahren bei unsachgemäßem Verhalten unterrichtet und erforderlichenfalls angelernt sowie über die notwendigen Schutzeinrichtungen und Schutzmaßnahmen belehrt wurde.

2.2 Nicht elektrotechnische Arbeiten

Dies sind Arbeiten im Bereich einer elektrischen Anlage, z. B. Bau- und Montagearbeiten, Erdarbeiten, Säubern (Raumreinigung), Anstrich- und Korrosionsschutzarbeiten. In dem **Bild 2.2 A** werden Dachdeckerarbeiten in der Nähe von Dachständern dargestellt. Nicht elektrotechnische Arbeiten werden in der Regel von elektrotechnischen Laien ausgeführt. Dabei darf in die Annäherungszone um unter Spannung stehende Anlagenteile nicht eingedrungen werden, es sei denn, dass ein vollständiger Schutz gegen direktes Berühren besteht. Bestimmte Arbeiten, z. B. Anstrich- und Ausbesserungsarbeiten an Freileitungen, dürfen unter festgesetzten Voraussetzungen (Beaufsichtigung durch Elektrofachkraft oder elektrotechnisch unterwiesene Person) innerhalb der Annäherungszone vorgenommen werden.

Bild 2.2 A Dachdeckerarbeiten
[Quelle: BG der Bauwirtschaft]

Die Schutzabstände bei nicht elektrotechnischen Arbeiten (Bauarbeiten) sind als äußere Grenze der Annäherungszone D_V von unter Spannung stehenden Teilen in DIN VDE 0105-100 Tabelle 103 festgelegt und werden im Kapitel 4 behandelt.

2.3 Elektrotechnische Arbeiten

Elektrotechnische Arbeiten sind Arbeiten an, mit oder in der Nähe einer elektrischen Anlage, z. B. Errichten und Inbetriebnehmen, Instandhalten, Prüfen, Erproben, Messen, Auswechseln, Ändern, Erweitern.

Errichten und Inbetriebnehmen sind erst dann den elektrotechnischen Arbeiten zuzurechnen, wenn

- an der jeweiligen Anlage oder dem Anlagenteil die Betriebsspannung verfügbar ist oder jederzeit verfügbar gemacht werden kann, z. B. durch Einsetzen von Sicherungen

- die Arbeitsstelle in der Annäherungszone eines anderen, in Betrieb befindlichen Anlageteils liegt

Elektrotechnische Arbeiten werden in der Regel von Elektrofachkräften oder elektrotechnisch unterwiesenen Personen durchgeführt; in bestimmten Fällen, unter deren Aufsichtsführung oder Beaufsichtigung, auch von elektrotechnischen Laien. Die jeweils erforderliche Auswahl der Personen ist abhängig von der anzuwendenden Arbeitsmethode.

Die in den **Bildern 2.3 A und 2.3 B** dargestellten elektrotechnischen Arbeiten in Niederspannungs- bzw. Hochspannungsanlagen können gemäß BGV A2 Tabelle 5 von einer Elektrofachkraft bzw. einer elektrotechnisch unterwiesenen Person ausgeführt werden.

Bild 2.3 A Feststellen der Spannungsfreiheit in Niederspannungsanlagen
[Quelle: BG FuE]

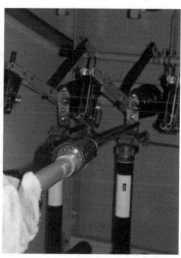

Bild 2.3 B Feststellen der Spannungsfreiheit in einer Hochspannungsanlage

Die Schutzabstände bei bestimmten elektrotechnischen Arbeiten sind als äußere Grenze von unter Spannung stehenden Teilen in DIN VDE 0105-100, Tabelle 102 festgelegt und werden im Kapitel 4 behandelt.

55

Beim Arbeiten in elektrischen Anlagen werden **drei Arbeitsmethoden** unterschieden:

- **Arbeiten im spannungsfreien Zustand**
- **Arbeiten in der Nähe unter Spannung stehender Teile**
- **Arbeiten an unter Spannung stehenden Teilen**

Alle drei Methoden setzen wirksame Schutzmaßnahmen gegen elektrischen Schlag sowie gegen Auswirkungen von Kurzschluss-Lichtbögen für den Anwender und die elektrische Anlage voraus. Unter Einhaltung der erforderlichen Schutzmaßnahmen sind alle drei Methoden gleichwertig.

2.3.1 Arbeiten im spannungsfreien Zustand

Bei dieser Arbeitsmethode geht es im Wesentlichen um das Herstellen und das Sicherstellen des spannungsfreien Zustands aktiver Teile an der Arbeitstelle für die Dauer der Arbeit. Dafür sind die **fünf Sicherheitsregeln** einzuhalten:

1. **Freischalten**
2. **Gegen Wiedereinschalten sichern**
3. **Spannungsfreiheit feststellen**
4. **Erden und Kurzschließen**
5. **Benachbarte, unter Spannung stehende Teile abdecken oder abschranken**

Durch die konsequente Einhaltung dieser fünf Sicherheitsregeln wird die Arbeitssicherheit, unabhängig von der Art der elektrischen Anlage und unabhängig von der Größe ihrer Betriebsspannung, sichergestellt.

2.3.2 Arbeiten in der Nähe unter Spannung stehender Teile

In der Nähe unter Spannung stehender Teile mit Nennspannung über 50 V Wechselspannung oder 120 V Gleichspannung darf nur gearbeitet werden, wenn ausreichende Sicherheitsmaßnahmen gegen direktes Berühren angewendet werden.

Diese Sicherheitsmaßnahmen sind:

- Schutz durch Schutzvorrichtung, Abdeckung (**Bild 2.3.2 A**), Kapselung oder isolierende Umhüllung
- Schutz durch Abstand und Beaufsichtigung

Die erforderlichen Schutzabstände sind in Abhängigkeit von der Nennspannung in DIN VDE 0105-100 festgelegt. Die für diese Arbeiten in der Nähe unter Spannung stehender Teile erforderlichen Schutzvorrichtungen, Abdeckungen usw. sind ebenfalls genormt.

Behandelt wird das Arbeiten in der Nähe unter Spannung stehender Teile in:

BGV A2 §7 und DIN VDE 0105-100 Abschnitt 6.4

Arbeiten in der Nähe sind besonders deshalb gefährlich, weil durch unbeabsichtigte, unbewusste und unkontrollierte Bewegungen unter Spannung stehende Teile berührt werden können oder die Gefahrenzone erreicht werden kann. Die heute vielfach anzutreffende raumsparende Bauweise wirkt sich dabei nachteilig aus.

Bei der Beurteilung des Begriffs **Nähe** und der zu treffenden Schutzmaßnahmen sind die Höhe der Spannung, die Anlagenbauweise, die Raumverhältnisse und die Art der auszuführenden Arbeiten von Bedeutung

Bild 2.3.2 A Benachbarte, unter Spannung stehende Teile abdecken
[Quelle: BG FuE]

Weitere Schutzmaßnahmen

Zusätzlich zu den bisher aufgeführten Schutzmaßnahmen sind folgende Maßnahmen u. a. von Bedeutung:

- Arbeitsbereiche kennzeichnen

- Klare Arbeitsanweisung geben

- Belehrungen/Unterweisungen durchführen. Bei länger andauernden Arbeiten und bei Änderung der Arbeitsbereiche/Arbeitsbedingungen (z. B. Änderung des Schaltzustands) Belehrungen/Unterweisungen wiederholen

- Personen, die weder Elektrofachkräfte noch elektrotechnisch unterwiesene Personen sind, beaufsichtigen

- Sperrige Gegenstände nur unter fachkundiger Aufsicht transportieren
- Einziehbare und absenkbare Leitern während des Transports einziehen und absenken
- Anliegende Bekleidung tragen; keine Kleidung aus reiner Kunstfaser tragen
- Für sicheren und festen Standort sorgen

2.3.3   Arbeiten an unter Spannung stehenden Teilen

Beim Arbeiten unter Spannung (AuS) gibt es drei Arbeitsverfahren. Diese werden im Hinblick auf den Standort des Arbeitenden, in Bezug auf das aktive Teil und durch die Hilfsmittel zum Schutz gegen elektrischen Schlag (Körperdurchströmung) und Kurzschluss (Lichtbogen) unterschieden:

- Arbeiten auf Abstand   (siehe **Bild 2.3.3 A**)
- Arbeiten mit Isolierhandschuhen   (siehe **Bild 2.3.3 B**)
- Arbeiten auf Potential   (siehe **Bild 2.3.3 C**)

Bild 2.3.3 A
Arbeiten auf Abstand

Bild 2.3.3 B Arbeiten mit
Isolierhandschuhen

Bild 2.3.3 C Arbeiten auf
Potential

2.3.3.1   Arbeiten unter Spannung bis 1000 V

Beispiele für das Arbeiten unter Spannung im Niederspannungsbereich sind:

- Verstärken von Straßenkabeln und Hausanschlüssen
- Schließen von Baulücken, Anschluss neuer Bauvorhaben
- Reparatur/Auswechseln zerrissener oder beschädigter Kabel
- Reparatur/Auswechseln angefahrener Laternenmasten oder Kabelverteilerschränke

- Herstellen von Baustromanschlüssen
- Reinigen von Schaltanlagen
- Reinigen von Kabelverteilerschränken (z. B. nach Überschwemmungen)

Im **Bild 2.3.3.1 A** wird das Reinigen (Nassreinigen) eines Kabelverteilerschranks gezeigt. Das Nassreinigen eines Kabelverteilerschrankes mittels eines Hochdruck-Flüssigkeitsstrahlgeräts erfolgt mit normalem Leitungswasser. Ein solcher Reinigungsvorgang eines Kabelverteilerschranks dauert etwa sechs Minuten, und es werden etwa 30 l Wasser verbraucht.

Bild 2.3.3.1 A Nassreinigen eines Kabelverteilerschranks

2.3.3.2 Arbeiten unter Spannung von 1 kV bis 36 kV

Seit 1972 wurde im ostdeutschen Mittelspannungsnetz nach dem Verfahren „Arbeiten auf Abstand" gearbeitet. Alle erforderlichen Werkzeuge, Montagehilfsmittel und sicherheitstechnischen Mittel wurden unter Berücksichtigung nationaler und internationaler Normen entwickelt und gefertigt.

Die erste Arbeit unter Spannung im Mittelspannungsnetz war das Auswechseln von Überspannungsableitern an Transformatorstationen – ein relativ einfacher Montageablauf, der als Mustertechnologie zur Erprobung der Arbeit mit Isolierstangen angesetzt wurde.

Es folgte die Entwicklung von Werkzeugen und Verfahren für:

- das Auswechseln von Isolatoren an Trag- und Abspannmasten
- die Kontrolle von Isolatoren
- die Wartungsarbeiten an Masttrennern
- den Anschluss von fahrbaren Tranformatorstationen

Anmerkung: Mittelspannungs-Innenraumanlagen, wie Transformatoren und Schaltanlagen, sind Knotenpunkte im Verteilungssystem, von denen aus eine Vielzahl von Abnehmern versorgt wird. Meist sind in diesen Anlagen komplizierte und damit teure Geräte auf engstem Raum konzentriert. Hinzu kommt, dass die Luftisolierstrecken zwischen Teilen unterschiedlichsten Potentials im Vergleich zu Freiluftanlagen erheblich kürzer zu bemessen sind. Störungen in Innenraumschaltanlagen haben oft Versorgungsunterbrechungen für eine große Zahl an Abnehmern und erhebliche Anlageschäden zur Folge.

Beispiele für das AuS im Bereich 1 kV bis 36 kV sind:

- Nachfüllen von Löschflüssigkeit in Schaltgeräten
- Abschmieren von Schalter-Antriebselementen
- Nachfüllen von Isolieröl in Ortsnetztranformatoren
- Nachfüllen von Kabelimprägniermasse
- Ausmessen von offenen Schaltfeldern für das Anfertigen isolierender Schutzplatten
- Reinigen durch Absaugen
- Schneiden von Kabeln
- Auswechseln von Isolatoren
- Überbrücken von Schaltern

Eine wesentliche Arbeitserleichterung kann durch den Einsatz isolierender Hubarbeitsbühnen für das Arbeiten unter Spannung, z. B. bei der Wartung und Reinigung von Transformatoren, dem Wechsel von Isolatoren, der Reparatur beschädigter Leiterseile und dem Wechseln von Überspannungsableitern, Schaltern, Traversen und Masten, erreicht werden.

Verfahren, in denen Roboter das Arbeiten unter Spannung ausführen, werden zurzeit weiterentwickelt. Diese Roboter sollen geeignet sein, in europäischen Mittelspannungs-Freileitungsnetzen das AuS ferngesteuert durchzuführen. Ziel dieser Entwicklung ist, die Ausschaltzeiten für Instandhaltungsarbeiten in Strahlennetzen deutlich zu senken, wobei auch davon ausgegangen wird, dass sich die derzeitigen deutschen Netzstrukturen mittelfristig ändern werden (z. B. weniger Ringnetze).

2.3.3.3 Arbeiten unter Spannung von 110 kV bis 400 kV

In diesem Spannungsbereich erfolgt das Arbeiten unter Spannung in fast allen Fällen „auf Potential". Die Monteure sind von schirmender Kleidung umgeben und steigen – z. B. beim Wechseln von Hängeisolatorenketten – vom Mastschaft über auf isolierende Leitern, die an den Traversen eingehängt sind.

Ein ebenfalls mehr und mehr praktiziertes Verfahren ist das Abseilen von Monteuren vom Hubschrauber, z. B. zum Wechseln von Abstandhaltern in Bündelleitern.

Hauptsächliche Arbeiten unter Spannung im Bereich 110 kV bis 400 kV sind:

- Auswechseln von Langstabisolatoren oder Kappenisolatoren an Freileitungen
- Befahren von Bündelleitern mit Seilwagen
- Einbau von Abdeckplatten auf Freileitungen zur Durchführung von Anstricharbeiten
- Entfernung von Fremdkörpern
- Nassreinigung (siehe **Bild 2.3.3.3 A**)
- Abstandmessungen

Bild 2.3.3.3 A Nassreinigung von Isolatoren

Das Arbeiten unter Spannung in diesem Spannungsbereich wird in Zusammenhang mit der angestrebten höheren Auslastung der Übertragungsnetze zukünftig an Bedeutung gewinnen:

- Bei Durchleitungsverträgen im Rahmen der Europäischen Union
- Auf Verbindungsleitungen zu Nachbarnetzen
- Beim Richtbetrieb zwischen Verbundsystemen
- Bei Beseitigung von Schäden an Kraftwerksleitungen

Weiterhin werden in zunehmendem Maße zu erwartende Probleme beim Leitungsneubau die AuS-Technologien in diesem Bereich befruchten.

3 Arbeiten im spannungsfreien Zustand

3.1 Allgemeines

Bei dieser Arbeitsmethode geht es im Wesentlichen um das Herstellen und Sicherstellen des spannungsfreien Zustands an der Arbeitsstelle für die Dauer der Arbeit. Dafür sind die „Fünf Sicherheitsregeln" formuliert, und zwar in DIN VDE 0105-100 vom Juni 2000 „Betrieb von elektrischen Anlagen" und in der Unfallverhütungsvorschrift BGV A2, „Elektrische Anlagen und Betriebsmittel", mit Durchführungsanweisungen vom Dezember 1999:

1. **Freischalten**
2. **gegen Wiedereinschalten sichern**
3. **Spannungsfreiheit feststellen**
4. **Erden und Kurzschließen**
5. **benachbarte, unter Spannung stehende Teile abdecken oder abschranken**

Nachdem die betroffenen Anlageteile festgelegt sind, müssen die fünf Sicherheitsregeln in der angegebenen Reihenfolge eingehalten werden. Anschließend erhält der Arbeitsverantwortliche vom Anlagenverantwortlichen die Erlaubnis, die geplanten Arbeiten durchzuführen. Alle an der Arbeit beteiligten Personen müssen Elektrofachkraft oder elektrotechnisch unterwiesene Person sein oder unter Aufsicht einer solchen Person stehen.

3.2 Freischalten

Beim Freischalten ist allseitig, d. h. von allen möglichen Einspeiserichtungen, auszuschalten. Besonders ist auf Rückspannung zu achten, z. B. von Umspannern, Spannungswandlern, Ersatzstromversorgungsanlagen.

Kondensatoren, Kabel und Wicklungen sind zu entladen.

3.3 Gegen Wiedereinschalten sichern

Alle Schaltgeräte, mit denen die Arbeitsstelle freigeschaltet worden ist, müssen gegen Wiedereinschalten gesichert werden, vorzugsweise durch Sperren des Betätigungsmechanismus.

Das Einbringen von isolierenden Schutzplatten zwischen offene Schaltstücke von z. B. Trennschaltern ist keine Sicherung gegen Wiedereinschalten, sondern dient nur zum Abdecken unter Spannung stehender Teile.

Sicherungseinsätze in Anlagen bis 1000 V sind nicht nur zu lockern, sondern herauszunehmen und sicher zu verwahren.

Ein Verbotsschild gegen Wiedereinschalten ist anzubringen, und zwar nicht nur an der Ausschaltstelle, sondern auch an den Betätigungselementen aller Schaltgeräte, mit denen das Wiedereinschalten möglich wäre.

Für ferngesteuerte Schaltgeräte gelten besondere Regelungen (siehe auch VDE-Schriftenreihe Band 13 „Erläuterungen zu DIN VDE 0105-100").

3.4   Spannungsfreiheit feststellen

Die Spannungsfreiheit muss an der Arbeitsstelle oder so nahe wie möglich an der Arbeitsstelle allpolig festgestellt werden. Die Feststellung der Spannungsfreiheit darf nur durch eine Elektrofachkraft oder eine elektrotechnisch unterwiesene Person erfolgen.

Die Spannungsfreiheit der freigeschalteten Anlageteile ist festzustellen

- mit Spannungsprüfern oder

- mit fest eingebauten Messgeräten, Signallampen oder anderen geeigneten Vorrichtungen, wenn beim Ausschalten der Spannung die Veränderung der Anzeige beobachtet wird, oder

- durch Einlegen fest eingebauter Erdungseinrichtungen, z. B. einschaltfeste Erdungsschalter nach DIN VDE 0670-2 (VDE 0670 Teil 2), oder durch Einfahren von Erdungswagen.

Das Feststellen der Spannungsfreiheit mit einem Spannungsprüfer gilt als Arbeiten unter Spannung. Die Verwendung von Vielfachmessgeräten hat an energiereichen Anlageteilen zu hohem Unfallgeschehen geführt. Deshalb sind sie nicht zugelassen. Sonstige ortsveränderliche Messgeräte sind zum Feststellen der Spannungsfreiheit geeignet, wenn sie auch den Bestimmungen für Spannungsprüfer entsprechen.

In elektrischen Anlagen mit Nennspannungen bis 1000 V werden zur Feststellung der Spannungsfreiheit Spannungsprüfer nach DIN VDE 0680 bzw. VDE 0682, in Anlagen mit Nennspannungen über 1 kV solche nach VDE 0682 verwendet.

In der jetzigen DIN VDE 0105-100 ist das Heranführen einer Erdungs- und Kurzschließvorrichtung zum Feststellen der Spannungsfreiheit nicht mehr enthalten, es ist daher unzulässig. In Anlagen über 1 kV gilt ein aktives Teil erst dann als spannungsfrei, wenn es geerdet und kurzgeschlossen ist.

3.5 Erden und Kurzschließen

In Hochspannungsanlagen und bestimmten Niederspannungsanlagen müssen alle Teile, an denen gearbeitet werden soll, an der Arbeitsstelle geerdet und kurzgeschlossen werden. Die Erdungs- und Kurzschließvorrichtungen müssen zuerst mit der Erdungsanlage verbunden und dann an die zu erdenden Teile angeschlossen werden. Die Erdungs- und Kurzschließvorrichtungen müssen nach Möglichkeit von der Arbeitsstelle aus sichtbar sein. Andernfalls sind sie so nahe an der Arbeitsstelle wie möglich anzubringen.

Müssen während der Arbeit elektrische Leiter unterbrochen oder verbunden werden und besteht dabei Gefahr durch Potentialunterschiede, dann sind zuvor an der Arbeitsstelle geeignete Maßnahmen zu ergreifen, wie z. B. Überbrückung, Erdung.

In jedem Fall muss sichergestellt sein, dass Erdungs- und Kurzschließvorrichtungen, Kabel und Verbindungen geeignet und für die Kurzschlussbeanspruchung am Einbauort ausgelegt sind. Es muss sichergestellt werden, dass die Erdungs- und Kurzschließmaßnahmen während der gesamten Dauer der Arbeit wirksam bleiben. Wenn die Erdung und Kurzschließung für die Dauer von Messungen oder Prüfungen entfernt werden muss, sind geeignete andere Sicherheitsmaßnahmen zu treffen.

Zentraler Punkt der fünf Sicherheitsregeln zum Arbeiten im spannungsfreien Zustand ist das Erden und Kurzschließen an der Arbeitsstelle. Diese Maßnahme stellt den spannungsfreien Zustand für die Dauer der Arbeiten sicher, auch im Hinblick auf Beeinflussungsspannungen, atmosphärische Überspannungen oder irrtümliches Wiedereinschalten.

Das Erden und Kurzschließen erfolgt durch:

- fest eingebaute Erdungsschaltgeräte nach DIN VDE 0670-2

- frei geführte ortsveränderliche Erdungs- und Kurzschließgeräte nach DIN EN 61230 (VDE 0683 Teil 100)[1] oder

- zwangsgeführte Staberdungs- und Kurzschließgeräte nach DIN EN 61219 (VDE 0683 Teil 200)

Kenngrößen für frei geführte ortsveränderlichen Erdungs- und Kurzschließgeräte sind der höchste zulässige Kurzschlussstrom (Bemessungsstrom), bezogen auf eine bestimmte Zeitdauer (Bemessungszeit), und der Querschnitt der Kurzschließseile. Wenn bei Erdungs- und Kurzschließvorrichtungen die Seile entsprechend der

---

1) Diese Norm hat zum 1. Juli 2001 die bislang gültige Norm DIN VDE 0683 Teil 1:1988 abgelöst. Der neue Standard VDE 0683 Teil 100 enthält allerdings einige Prüfungen, die nicht praxisrelevant sind und deswegen in einem derzeit laufenden Revisionsverfahren geändert werden sollen. Diese Änderungen werden als deutscher Normenentwurf demnächst der Öffentlichkeit vorgestellt.

früheren nationalen Norm DIN VDE 0683 Teil 1:1983-07 mit Querschnittsangabe gekennzeichnet sind, kann aus der **Tabelle 3.5 A** die jeweils zulässige Kurzschlussbelastbarkeit ermittelt werden. Einzelheiten hierzu, mit Bezug auf die jetzt gültige Norm DIN EN 61230 (VDE 0683 Teil 100), siehe Abschnitt 8.1.4.2.

Querschnitt des Kupferseils in mm^2	Höchster zulässiger Kurzschlussstrom in kA während einer Dauer von				
	10 s	5 s	2 s	1 s	≤ 0,5 s
16	1,0	1,4	2,2	3,2	4,5
25	1,6	2,2	3,5	4,9	7,0
35	2,2	3,1	4,9	6,9	10,0
50	3,1	4,4	7,0	9,9	14,0
70	4,4	6,2	9,8	13,8	19,5
95	5,9	8,4	13,2	18,7	26,5
120	7,5	10,6	16,7	23,7	33,5
150	9,4	13,2	20,9	29,6	42,0

Tabelle 3.5 A Belastungstabelle (aus DIN VDE 0683 Teil 1) für Erdungs- und Kurzschließseile in Wechsel- und Drehstromanlagen [Quelle: Erläuterungen zu DIN VDE 0105-100]

Wenn in Anlagen mit Nennspannungen bis 1000 V nicht mit gefährlichen Beeinflussungsspannungen gerechnet werden muss, dann kann auf die vierte Sicherheitsregel „Erden und Kurzschließen" verzichtet werden. Häufig können Erdungs- und Kurzschließgeräte aus Platzmangel gar nicht oder nur unter Bedingungen eingebaut werden, die die Arbeiten behindern würden. Diese Argumente gelten jedoch nicht für Freileitungen; diese fallen nicht unter diese Ausnahme. Erden und Kurzschließen, insbesondere an der Arbeitsstelle, erhöht auch in Niederspannungsanlagen die Sicherheit, besonders dann, wenn mit Rückspannungen aus Verbraucheranlagen zu rechnen ist.

Beim allseitigen und allpoligen Erden und Kurzschließen in Hochspannungsanlagen ist zu beachten, dass die Erdungs- und Kurzschließvorrichtung mit einem isolierenden Hilfsmittel (Erdungsstange) einzubringen ist. Wenn jedoch vorher eine vorläufige Erdung mit geringem Leiterquerschnitt zum Abbau von Rest- und Beeinflussungsspannungen mit einer Erdungsstange an die freigeschalteten Leiter herangebracht wurde, kann das endgültige kurzschlussfeste Erdungs- und Kurzschließgerät von Hand eingebracht werden.

Bei Arbeiten an Transformatoren sind die Ober- und Unterspannungseite zu erden und kurzzuschließen, auch wenn die Unterspannungsseite eine Spannung unter 1000 V aufweist. Dies gilt sinngemäß bei Mehrwicklern für alle herausgeführten Wicklungen.

Bei Arbeiten an Anlagen mit angeflanschten Endverschlüssen oder berührungssicheren Steckgarnituren darf an der dem Transformator nächstgelegenen Schaltstelle auf der Ober- und Unterspannungsseite geerdet und kurzgeschlossen werden. Das Erden und Kurzschließen der getrennten Steckverbindungen ist mit zugehörigen anlagenspezifischen Einrichtungen und Hilfsmitteln durchzuführen.

3.6 Benachbarte, unter Spannung stehende Teile abdecken oder abschranken

Benachbarte Teile im Sinne der oben genannten fünf Sicherheitsregeln sind Teile, die sich in der Annäherungszone befinden. Können Anlageteile in der Nähe der Arbeitsstelle nicht freigeschaltet werden, müssen vor Arbeitsbeginn zusätzliche Sicherheitsmaßnahmen wie beim Arbeiten in der Nähe unter Spannung stehender Teile getroffen werden (siehe Kapitel 4).

3.7 Freigabe zur Arbeit

Anlagenverantwortlicher und Arbeitsverantwortlicher sind wie folgt definiert:

*Der **Anlagenverantwortliche** ist eine Person, die benannt ist, die unmittelbare Verantwortung für den Betrieb der elektrischen Anlage zu tragen. Erforderlichenfalls kann diese Verantwortung teilweise auf andere Personen übertragen werden.*

*Der **Arbeitsverantwortliche** ist eine Person, die benannt ist, die unmittelbare Verantwortung für die Durchführung der Arbeit zu tragen. Erforderlichenfalls kann diese Verantwortung teilweise auf andere Personen übertragen werden.*

Zusammenwirken von Anlagenverantwortlichen und Arbeitsverantwortlichen

Die Freigabe zur Arbeit darf nur vom Arbeitsverantwortlichen und erst nach Durchführung aller vorhin beschriebenen Maßnahmen erteilt werden.

Die Erlaubnis zur Freigabe der Arbeit (im freigeschalteten Zustand) hat vom Anlagenverantwortlichen schriftlich zu erfolgen. Wenn der Anlagenverantwortliche keinen eigenen Vordruck hat, dann kann das Musterformular „Arbeiten in elektrischen Anlagen" (siehe **Bild 3.7 A**) verwendet werden.

Nur der Anlagenverantwortliche ist schaltanweisungsberechtigt und schaltberechtigt. Er übergibt die freigeschaltete Anlage dann dem Arbeitsverantwortlichen.

Anmerkung: Zur Vermeidung von Missverständnissen sollten für Arbeiten an Hochspannungsanlagen Einzelheiten über Freischaltungen und Erdungen in der Regel schriftlich festgelegt werden.

Musterformular – Arbeiten in elektrischen Anlagen

Kunde (Betreiber der elektrischen Anlage) Anlage Schaltfeld	
Firma	
Auftragsdaten	

Erlaubnis zur Arbeit	Der Anlagenverantwortliche erteilt dem Arbeitsverantwortlichen die Erlaubnis, in obigem Anlagenteil die festgelegten Arbeiten auszuführen. Die 5 Sicherheitsregeln gem. DIN VDE 0105-100 bzw. EN 50 110-1 sind durchgeführt.						
	Anlagenverantwortlicher						
	übergeben am	Datum	Uhrzeit	Name	Abteilung		Unterschrift
	Arbeitsverantwortlicher						
	übernommen am	Datum	Uhrzeit	Name	Abteilung		Unterschrift
Freigabe zur Arbeit	Der Arbeitsverantwortliche erteilt die Freigabe zur Arbeit in obigem Anlagenteil.						
	Arbeitsverantwortlicher						
	Freigabe am Release on	Datum	Uhrzeit	Name	Abteilung		Unterschrift
	Eingewiesene Personen						
		Datum	Uhrzeit	Name	Abteilung		Unterschrift
Beendigung der Arbeit	Fertigstellungsmeldung für festgelegte und durchgeführte Arbeiten						
	Arbeitsverantwortlicher						
	übergeben am	Datum	Uhrzeit	Name	Abteilung		Unterschrift
	Anlagenverantwortlicher						
	übernommen am	Datum	Uhrzeit	Name	Abteilung		Unterschrift
	Der zum Arbeiten freigegebene Bereich gilt damit wieder als unter Spannung stehend.						

Bild 3.7 A Musterformular für Arbeiten in elektrischen Anlagen

3.8   Schilder

Beim Betrieb von oder bei Arbeiten an elektrischen Anlagen müssen, sofern erforderlich, geeignete Sicherheitsschilder angebracht werden, um auf mögliche Gefährdungen aufmerksam zu machen. Die Schilder müssen einschlägigen europäischen, nationalen oder internationalen Normen entsprechen, soweit solche existieren.

Ausführliche Hinweise zu Kennzeichenpflichten, Art, Größe und Gestaltung von Schildern sowie deren Instandhaltung enthält die Unfallverhütungsvorschrift „Sicherheits- und Gesundheitsschutzkennzeichnung am Arbeitsplatz" (BGV A 8), mit der die europäische Richtlinie 92/58/EWG umgesetzt wird. Sicherheitsschilder für die Elektrotechnik enthält auch DIN 4844-2.

Beispiele wichtiger Sicherheitszeichen für den Betrieb elektrischer Anlagen siehe **Bilder 3.8 A bis 3.8 D.**

Es wird gearbeitet!
Ort: Datum:
Entfernen des Schildes
nur durch:

Bild 3.8 A Verbotszeichen (P) bzw. Kombinationszeichen (C) nach DIN 4844-2
links: nicht berühren, Gehäuse unter Spannung
Mitte: Zutritt für Unbefugte verboten
rechts: Nicht schalten, es wird gearbeitet

Bild 3.8 B Warnzeichen (W) nach DIN 4844-2
links: Warnung vor gefährlicher elektrischer Spannung
rechts: Warnung vor Gefahren durch Batterien

69

Bild 3.8 C Gebotszeichen (M) nach DIN 4844-2
links: Vor Arbeiten freischalten
rechts: Vor Öffnen Netzstecker ziehen

5 Sicherheitsregeln

Vor Beginn der Arbeiten:
– Freischalten
– Gegen Wiedereinschalten sichern
– Spannungsfreiheit feststellen
– Erden und Kurzschließen
– Benachbarte, unter Spannung stehende
  Teile abdecken oder abschranken

Teil kann im
Fehlerfall unter
Spannung stehen

Vor Berühren:
– Entladen
– Erden
– Kurzschließen

Bild 3.8 D Hinweiszeichen (H) nach DIN 4844-2

4   Arbeiten in der Nähe unter Spannung stehender Teile

4.1   Allgemeines

In der Nähe unter Spannung stehender Teile mit Nennspannungen über 50 V Wechselspannung oder 120 V Gleichspannung darf nur gearbeitet werden, wenn durch geeignete Maßnahmen sichergestellt ist, dass unter Spannung stehende Teile nicht berührt werden können oder die Gefahrenzone nicht erreicht werden kann.

4.2   Gefahrenzone, Schutzabstand, Annäherungszone

Die Definition der Abstände bzw. der Zonen sind dem **Bild 4.2 A** zu entnehmen.

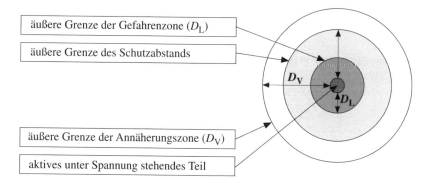

äußere Grenze der Gefahrenzone (D_L)

äußere Grenze des Schutzabstands

D_V

D_L

äußere Grenze der Annäherungszone (D_V)

aktives unter Spannung stehendes Teil

Bild 4.2 A   Abstände in Luft und Zonen für Arbeiten
D_L Abstand, der die äußere Grenze der Gefahrenzone festlegt.
D_V Abstand, der die äußere Grenze der Annäherungszone festlegt

Bei Anlagen mit Nennspannung über 1 kV ist ein Erreichen der Gefahrenzone (früher „Mindestabstand in Luft") einer Berührung gleichzusetzen. Die nachstehende **Tabelle 4.2 A** enthält die Grenze der Gefahrenzone in Abhängigkeit von der Nennspannung.

Der Schutzabstand ist der Abstand in Luft von ungeschützten, unter Spannung stehenden Teilen **(Tabelle 4.2.B)**. Er **gilt bei bestimmten elektrotechnischen**

Nennspannung	Äußere Grenze der Gefahrenzone D_L (Abstand in Luft von unter Spannung stehenden Teilen) mm
bis 1000 V	*) Innenraum- und Freiluftschaltanlage
über 1 kV bis 6 kV über 6 kV bis 10 kV über 1 kV bis 10 kV	90 Innenraumanlagen 120 Innenraumanlagen 150 Freiluftanlagen
über 10 kV bis 20 kV über 20 kV bis 30 kV	220 Innenraum- und Freiluftanlagen 320 Innenraum- und Freiluftanlagen
über 30 kV bis 45 kV über 45 kV bis 60 kV	480 Innenraum- und Freiluftanlagen 630 Innenraum- und Freiluftanlagen
über 60 kV bis 110 kV über 110 kV bis 220 kV über 220 kV bis 380 kV	1100 Innenraum- und Freiluftanlagen 2100 Innenraum- und Freiluftanlagen 2900/3400 Innenraum- und Freiluftanlagen

*) Bei Niederspannung gilt die Oberfläche des unter Spannung stehenden Teils als Grenze der Gefahrenzone

Tabelle 4.2 A Gefahrenzone D_L in Abhängigkeit von der Nennspannung.
(Quelle: Tabelle 101 in DIN VDE 0105-100, hier nur auszugsweise dargestellt)

Arbeiten, wie Bewegen von Leitern und sperrigen Gegenständen sowie bei Arbeiten auf Freileitungen. Die Ausführung der Arbeiten ist nur durch Elektrofachkräfte oder elektrotechnisch unterwiesene Personen oder unter deren Aufsichtführung gestattet.

Nennspannung	Schutzabstand von unter Spannung stehenden Teilen (Abstand in Luft)
bis 1000 V	0,5 m
über 1 kV bis 30 kV	1,5 m
über 30 kV bis 110 kV	2,0 m
über 110 kV bis 220 kV	3,0 m
über 220 kV bis 380 kV	4,0 m

Tabelle 4.2 B Schutzabstände bei bestimmten elektrotechnischen Arbeiten
(Quelle: Tabelle 102 aus DIN VDE 0105)

D_V **ist der Abstand, der die äußere Grenze der Annäherungszone festlegt** (**Tabelle 4.2.C**). Er gilt **bei nicht elektrotechnischen** Arbeiten, wie z. B. Bauarbeiten, die von elektrotechnischen Laien ausgeführt werden (Bereich wurde früher als „Nähe unter Spannung stehender Teile" bezeichnet).

Bei Bauarbeiten und sonstigen nicht elektrotechnischen Arbeiten (z. B. Gerüstbauarbeiten, Arbeiten mit Hebezeugen/Baumaschinen/Fördermitteln, Montagearbeiten, Transportarbeiten, Anstrich- und Ausbesserungsarbeiten) dürfen diese Abstände nicht unterschritten werden.

Nennspannung		Äußere Grenze der Annäherungszone D_V
	bis 1000 V	1,0 m
über 1 kV	bis 110 kV	3,0 m
über 110 kV	bis 220 kV	4,0 m
über 220 kV	bis 380 kV	5,0 m

Tabelle 4.2 C Äußere Grenze der Annäherungszone D_V bei nicht elektrotechnischen Arbeiten, z. B. Bauarbeiten

[Quelle: Tabelle 103 aus DIN VDE 0105-100]

Die aufgeführten Arbeiten werden in der Regel von elektrotechnischen Laien durchgeführt, denen die mit der Elektrizität verbundenen Gefahren nicht vertraut sind. Deshalb sind Maßnahmen zu treffen, damit die äußere Grenze der Annäherungszone D_V (**nach Tabelle 4.2 C**) sicher eingehalten, d. h. nicht unterschritten wird. Es handelt sich dann nicht um Arbeiten in der Nähe unter Spannung stehender Teile. Weitere Sicherheitsmaßnahmen müssen deshalb nicht getroffen werden.

Beispiel für U_n = 110 kV:

D_L = 1,1 m   (Tabelle 4.2 A)

Schutzabstand = 2,0 m   (Tabelle 4.2 B)

D_V = 3,0 m   (Tabelle 4.2 C)

4.3 Schutz durch Freischalten, Schutzvorrichtung, Abdecken oder Abschranken oder durch Abstand und Aufsichtführung

Soweit möglich, sollte der spannungsfreie Zustand der benachbarten, unter Spannung stehenden Teile hergestellt und für die Dauer der Arbeiten sichergestellt werden.

Falls dies nicht durchgeführt werden kann und die „gefährlichen" Teile von der Bauweise her nicht gegen Berühren geschützt sind, müssen diese unter Berücksichtigung von Spannung, Frequenz, Verwendungsart und Betriebsort durch Abdecken oder Abschranken gegen Berühren geschützt werden, oder es dürfen bestimmte Abstände nicht unterschritten werden.

Die Forderung hinsichtlich des Schutzes durch Abdecken oder Abschranken ist erfüllt:

- bei Nennspannungen bis 1000 V, wenn aktive Teile isolierend abgedeckt oder umhüllt werden, so dass mindestens teilweiser Schutz gegen direktes Berühren erreicht wird (**Bild 4.3 A**)
- bei Nennspannungen über 1 kV, wenn aktive Teile abgedeckt oder abgeschrankt werden (**Bild 4.3 B**). Es muss sichergestellt sein, dass die in der Tabelle 4.2 A angegebene Grenze der Gefahrenzone D_L nicht erreicht werden kann. Die Grenze der Gefahrenzone ist der Mindestabstand in Luft. Ein Erreichen der äußeren Grenze der Gefahrenzone ist mit einer Berührung des unter Spannung stehenden Teiles gleichzusetzen.

Bild 4.3 A Benachbarte, unter Spannung stehende Teile abdecken
(Quelle: BG FuE)

Bild 4.3 B Benachbarte, unter Spannung stehende Teile abschranken
(Quelle: BG FuE)

Bei Einengung der Gefahrenzone durch Schutzvorrichtungen ist die elektrische Festigkeit der verwendeten Abdeckungen (z. B. Trennwände, Isolierplatten) zu beachten.

Als Material für Abdeckungen in Anlagen mit Nennspannungen bis 1000 V haben sich Abdecktücher, Umhüllungen, Faltabdeckungen, Formstücke und Klammern zum Befestigen von Abdecktüchern bewährt. Diese Schutzvorrichtungen müssen der Gerätenorm DIN VDE 0680 und VDE 0682 entsprechen (siehe Kapitel 6).

In Anlagen mit Nennspannungen über 1 kV verwendet man als Schutzvorrichtung Platten, z. B. aus Isolierstoff (gemäß DIN VDE 0681 Teil 8, siehe Abschnitt 7.8), die außerhalb der Gefahrenzone angebracht und befestigt werden. Schutzvorrichtungen aus Metall müssen geerdet werden.

Schutzabdeckungen zur Abgrenzung der Gefahrenzone in Anlagen mit Nennspannungen über 1 kV sind entsprechend Abstand, Nennspannung und Umgebungsbedingungen auszuwählen und fest anzubringen. Für eine ausreichende mechanische Festigkeit der zu verwendenden Abdeckmaterialien ist Sorge zu tragen.

In Freiluftschaltanlagen kommt in der Regel „Schutz durch Abstand und Aufsichtführung" in Frage, wobei:

Aufsichtführung die ständige Überwachung der gebotenen Sicherheitsmaßnahmen bei der Durchführung der Arbeiten an der Arbeitsstelle ist. Der Aufsichtführende darf dabei nur Arbeiten ausführen, die ihn in der Aufsichtführung nicht beeinträchtigen.

Darüber hinaus gibt es auch Arbeiten, wie z. B. Reinigungsarbeiten unter Spannung über 1 kV, die auf Abstand mit Beaufsichtigung ausgeführt werden, wobei die **Beaufsichtigung** die ständige und ausschließliche Durchführung der Aufsicht erfordert. Daneben dürfen keine weiteren Tätigkeiten durchgeführt werden.

Der Arbeitende hat bei jeder Bewegung stets selbst darauf zu achten, dass er weder mit einem Teil seines Körpers noch mit Werkzeugen oder Gegenständen die Gefahrenzone erreicht. Besondere Vorsicht ist geboten beim Umgang mit langen Gegenständen, wie z. B. Werkzeugen, Leitungsenden, Rohren, Leitern.

Beim Bewegen von Leitern oder sperrigen Gegenständen ist darauf zu achten, dass

● diese in abgeschlossenen elektrischen Betriebsstätten unter Spannung stehende Teile nicht berühren oder bei Nennspannungen über 1 kV die Gefahrenzone nicht erreichen können

● in der Nähe von Freileitungen die Schutzabstände nach Tabelle 4.2 B nicht unterschritten werden. Ausgenommen von dieser Festlegung ist die Benutzung von nicht metallischen Leitern in der Nähe von Freileitungen mit Nennspannungen bis 1000 V

Diese Arbeiten müssen von Elektrofachkräften oder elektrotechnisch unterwiesenen Personen oder unter entsprechender Aufsichtführung durchgeführt werden.

5 Arbeiten unter Spannung

5.1 Überblick

5.1.1 Allgemeines

Die breite Nutzung der elektrischen Energie in allen Lebensbereichen führt zu immer höheren Anforderungen an die Sicherheit und Zuverlässigkeit der Stromversorgung. Dementsprechend ist man in den Energieversorgungsunternehmen bemüht, eine möglichst störungs- und unterbrechungsfreie Elektroenergieversorgung zu gewährleisten. Dafür müssen aber auch Wartungs- und Instandhaltungsarbeiten in den elektrischen Netzen durchgeführt werden, die aus Sicherheitsgründen bisher nur an freigeschalteten Anlagen ausgeführt wurden. In nicht vermaschten Netzen führen jedoch Freischaltungen oft zwangsläufig zu Versorgungsunterbrechungen, und auch bei Arbeiten an Doppelleitungen wird bei Abschaltung eines Systems zumindest die Versorgungszuverlässigkeit der Übertragung beeinträchtigt. In der Industrie führt eine Abschaltung zu einer ungewollten Produktionsunterbrechung. Durch die Liberalisierung des Strommarkts müssen sich nun auch die deutschen Energieversorger hinsichtlich der Versorgungssicherheit im internationalen Wettbewerb messen lassen.

Demgegenüber haben die Verfahren des Arbeitens unter Spannung (AuS) den Vorteil, dass bei voller Gewährleistung der erforderlichen Arbeitssicherheit an in Betrieb befindlichen Anlagen gearbeitet werden kann. Zu einer immer breiteren Anwendung des AuS in zahlreichen Ländern haben aber auch die weiteren mit seiner Anwendung verbundenen Vorteile, wie Reduzierung von Netzverlusten, Erhöhung der Verfügbarkeit der elektrotechnischen Anlagen, Senkung außerplanmäßiger Arbeitszeiten, zu einer entscheidenden Verbesserung der Arbeitssicherheit geführt. Im Besonderen kann auch der mit hohen Kosten verbundene und die Umwelt beeinträchtigende weitere Netzausbau ausschließlich aus der Lastenentwicklung abgeleitet werden, denn wartungsbedingte Freischaltungen und dafür notwendige Übertragungsreserven lassen sich durch die Anwendung von AuS minimieren.

Während man in ostdeutschen Stromversorgungsunternehmen, bedingt durch die damals vorherrschende Netzkonstellation, Arbeiten unter Spannung bis 380 kV durchgeführt hat und damit entsprechende Erfahrungen vorlagen, beschränkte sich in den westdeutschen Unternehmen das Arbeiten unter Spannung vorwiegend auf den Niederspannungsbereich.

Demzufolge waren die Technologien des Arbeitens unter Spannung

in Westdeutschland z. B.

- Herstellen von Niederspannungs-Hausanschlussmuffen
- Herstellen von Niederspannungs-Dachständeranschlüssen

in Ostdeutschland z. B.

- Reinigen von elektrischen Anlagen bis 36 kV
- Auswechseln von Isolatoren an Hoch- und Niederspannungsfreileitungen
- Befahren von Hochspannungsfreileitungen mit Bündelleiterwagen

Wesentliche Vorteile des Arbeitens unter Spannung

- Hohe Anlagenverfügbarkeit
- Keine betrieblichen Schaltungen mit den damit verbundenen Aufwendungen
- Keine Stromunterbrechung
- Kein gefährlicher „Mischbetrieb" von freigeschalteten und unter Spannung befindlichen Anlageteilen
- Keine Abschaltungen
- Erdungs- und Kurzschließmaßnahmen entfallen
- Keine organisatorischen Aufwendungen bezüglich der Kundeninformation von der geplanten Abschaltung.

Anmerkung: Das Arbeiten unter Spannung ist eine freie unternehmerische Entscheidung. Es ist keine Frage der Technik, keine Frage der Sicherheit. Die angewandten AuS-Verfahren müssen sicher sein und nach national erprobten Verfahren ausgeführt werden.

Über Stand und Anwendung von AuS im Jahre 1989 in der früheren DDR informiert die **Tabelle 5.1.1 A**.

		Anzahl
Anwendbare Montageanweisungen	Hochspannung	49
	Mittelspannung	20
	Niederspannung	47
Ausgebildete Monteure	Hochspannung	490
	Mittelspannung	1680
	Niederspannung	4742
Praktische Anwendungen von AuS	Hochspannung	102 Objekte[1]
	Mittelspannung	11 826 Objekte[2]
	Niederspannung	537 000 Stunden

Tabelle 5.1.1 A Stand und Anwendung von Arbeiten unter Spannung (Stand: DDR, 1989)

1) davon 85 im 220- und 380-kV-Netz
   Ein Objekt ist identisch mit z. B.: Isolatorenwechsel auf einem Leitungsabschnitt, Anstrich einer Leitung, …
2) z. B. Reinigung einer Transformatorstation mit drei bis vier HS-Zellen, Nachfüllen von Öl in einem Transformator usw.

Stand des AuS

Das AuS in der Energiewirtschaft Ostdeutschlands hatte bereits ein auch im internationalen Vergleich hohes Niveau erreicht. So standen für das AuS z. B.

- 47 Arbeitsanweisungen für Niederspannungs(NS)-Anlagen
- 20 Arbeitsanweisungen für Mittelspannungs(MS)-Anlagen
- 49 Arbeitsanweisungen für Hochspannungs(HS)-Anlagen

zur landesweiten Nutzung zur Verfügung. Diese Arbeitsanweisungen sowie die zur Ausführung des AuS erforderlichen Arbeitsmittel und Sicherheitsausrüstungen wurden unter Leitung des „Instituts für Energieversorgung" und des „Zentrums für Arbeiten unter Spannung" mit Unterstützung der Industrie und der TU Dresden entwickelt, erprobt und in die Praxis eingeführt. Gleichzeitig wurden 27 Ausbildungsstätten eingerichtet. Sie bildeten bis 1990 nach einem einheitlichen Rahmenlehrplan die „Elektrofachkräfte mit Spezialausbildung AuS" für alle Spannungsebenen aus. Dieses wissenschaftlich-technische und personelle Potential einschließlich der langjährigen AuS-Erfahrungen steht uns heute in Deutschland in diesem Umfang nicht mehr zur Verfügung.

In den alten Bundesländern wurde das AuS entsprechend individuellen Auslegungen der bestehenden Rechtsvorschriften ebenfalls praktiziert. Das beschränkte sich jedoch nur auf den Niederspannungsbereich und auf einige wenige Unternehmen.

Diese Situation hat sich jedoch grundlegend geändert. Nach Inkrafttreten des neuen Energiewirtschaftsgesetzes Ende April 1998 ist Deutschland innerhalb kürzester Zeit zum wettbewerbsintensivsten Strommarkt in der Europäischen Union geworden. Die deutschen Stromversorger haben sich dem Umbruch vom Monopol zum Wettbewerb nicht nur gestellt, sondern gestalten diesen offensiv mit.

Weiterentwicklung

Wirtschaftliche, technische und wettbewerbliche Zwänge haben in den letzten Jahren auch in Westdeutschland das Interesse am Arbeiten unter Spannung (AuS) weiter erhöht. Dafür sprechen nicht nur die inzwischen breitere Akzeptanz und Anwendung dieser Methode des Arbeitens an elektrotechnischen Anlagen, sondern auch die sich positiv entwickelnden Rahmenbedingungen.

Heute ist jedoch festzustellen, dass neben Reinigungsarbeiten in unter Spannung stehenden MS-Schaltanlagen in zunehmendem Maße der Bedarf an weiteren Arbeiten an MS- und HS-Anlagen erkennbar ist.

Schwerpunkte nationaler und internationaler Konferenzen sind immer wieder:

- Erfahrungsaustausch über den nationalen und internationalen Stand des AuS
- rechtliche und organisatorische Voraussetzungen für das AuS in Deutschland
- Ausbildung und Qualitätssicherung
- AuS als Eigen- oder Dienstleistung
- verfügbare AuS-Ausrüstungen und -Technologien

Vorhandene Leistungsreserven zur Kompensation des im Rahmen der Strommarkt-Liberalisierung gewachsenen Wettbewerbs sind heute allerdings fast aufgebraucht. So ist die Zahl der Arbeitsplätze in den Energieversorgungsunternehmen stark gefallen. Investitionen in Erzeugungsanlagen und Netze wurden drastisch reduziert. Das betrifft nicht nur den Neubau von elektrischen Erzeugungs-, Übertragungs- und Verteilungsanlagen, sondern auch den Bereich der Wartung und Instandhaltung bestehender Anlagen.

Gleichzeitig stellen sich die Energieversorgungsunternehmen der Aufgabe, Sicherheit und Zuverlässigkeit der Stromversorgung in der vom Kunden gewünschten Qualität unter strengen Wirtschaftlichkeitsmaßstäben sicherzustellen. Dadurch kommt es zu grundlegenden Veränderungen im Netz, wie

- Verlängerung der Lebensdauer der vorhandenen Anlagen
- Übergang zu anderen Instandhaltungsstrategien
- Aufbau einfacherer Netzstrukturen

AuS bei Wartung, Instandhaltung und Reparatur sind gefragt.

Diese Entwicklung betrifft nicht nur den Spannungsbereich bis 1 kV, sondern auch höhere Spannungsebenen. Das Trockenreinigen von Schaltanlagen bis 36 kV ist inzwischen zu einem wichtigen Faktor bei der Wartung von Industrieanlagen im Mittelspannungsbereich geworden. Eingeführt sind inzwischen auch das Feuchtreinigen von Schaltanlagen und das Nachfüllen von Imprägniermasse in Kabeln, von Isolieröl in Leistungsschalter, von Öl in Transformatoren.

Arbeitsanweisungen für AuS im MS-Freileitungsbereich (Entfernen von Fremdkörpern, Wechsel von Isolatoren, Leiterseilreparaturen und Montage von Vogelschutzeinrichtungen) stehen wieder auf dem Aus- und Fortbildungsplan der „Elektrofachkräfte mit Spezialausbildung für das Arbeiten unter Spannung".

Auch das AuS im Hochspannungsbereich ab 110 kV bekommt wieder Bedeutung. Beispiele sind der Isolatorenwechsel an Freileitungen, Arbeiten an Bündelleiterabstandhaltern, Einbau von Schutzplatten bei der Ausführung von Korrosionsschutzmaßnahmen, Entfernen von Fremdkörpern.

Um die Anwendung der Arbeitsmethode „Arbeiten unter Spannung" für Wartung, Instandsetzung und Rekonstruktion elektrischer Anlagen fachlich beratend zu begleiten, wurde bereits 1997 der Arbeitskreis (AK) „Arbeiten unter Spannung" beim VDE-Bezirksverein Dresden gegründet. In ihm haben sich 15 Spezialisten aus EVU, Industrie, Herstellerfirmen von AuS-Ausrüstungen, der TU Dresden und der Berufsgenossenschaft der Feinmechanik und Elektrotechnik zusammengefunden.

Hauptaufgabengebiete des AK sind:

- fachliche Unterstützung und Beratung zur Anwendung des AuS in allen Spannungsebenen
- fachliche Unterstützung bei Weiterentwicklung von Technologien und Ausrüstungen
- Erarbeitung von Ausbildungskonzepten und Muster-Arbeitsanweisungen

- Unterstützung der Normungsarbeit auf dem Gebiet des AuS in allen Spannungsebenen
- Durchführung von Fachtagungen, Erfahrungsaustausch, Öffentlichkeitsarbeit

Das Arbeiten unter Spannung stellt eine vorteilhafte und wirtschaftliche Alternative zum „Arbeiten im spannungsfreien Zustand" dar, das unterstreichen die nunmehr jahrzehntelangen positiven Erfahrungen und vielfältigen Anwendungen auch im Ausland. Fachvorträge auf nationalen und internationalen Tagungen beweisen, dass das AuS eine sichere Arbeitsmethode ist und dass ausgezeichnete Ausrüstungen zur Verfügung stehen. Das AuS hat sich im Verlauf von etwa 40 Jahren weltweit als sichere und gleichwertige Methode neben dem Arbeiten an freigeschalteten Elektroenergie-Übertragungsanlagen etabliert. An unter Spannung stehenden Anlagen erfolgt das Arbeiten unter Spannung heute grundsätzlich nach drei Verfahren:

- Stangenverfahren (Arbeit auf Abstand vom Erdpotential aus)
- Potentialverfahren (Arbeit auf Spannungspotential)
- Handschuhverfahren (Arbeit mittels isolierender Handschuhe auf freiem Potential)

Diese Verfahren unterscheiden sich hinsichtlich des Potentials, das der Ausführende während des AuS annimmt. Sie erfordern unterschiedliche Werkzeuge, persönliche Schutzausrüstungen und Aufstiegshilfen.

Im NS-, MS- und HS-Freileitungsbereich sind fast alle Arbeiten als Arbeiten unter Spannung möglich. In MS- und HS-Freiluftschaltanlagen begrenzen dagegen die Platzverhältnisse häufig die Anwendung des AuS. Gleiches trifft auf NS- und MS-Innenraumschaltanlagen zu, in denen zz. noch die Reinigungsarbeiten unter Spannung überwiegen.

Erfreulich ist, dass sich dank eigener Entwicklungen und dem Import von AuS-Ausrüstungen, der Intensivierung der Ausbildung und umfangreicherer Nutzung der bekannten AuS-Verfahren auch in Deutschland die Voraussetzungen für das AuS in allen Spannungsebenen verbessern. Damit und mit der Popularisierung der Möglichkeiten und Vorteile des AuS wächst auch das Interesse an der Anwendung.

5.1.2   Entwicklungstendenzen international

Vom 5. bis zum 7. Juni 2002 fand in Berlin die „ICOLIM 2002", die 6. Internationale Konferenz über das Arbeiten unter Spannung (AuS) statt. Sie wurde von der Energietechnischen Gesellschaft (ETG) im VDE organisiert.

Die ICOLIM findet seit 1992 im zweijährigen Rhythmus statt, und Deutschland führte nach Ungarn (1992), Frankreich (1994), Italien (1996), Portugal (1998) und Spanien (2000) im Jahr 2002 diese internationale Konferenz in Berlin durch. Initiator der Konferenzen ist die internationale Organisation „Live Working Association". Diese Organisation wurde Anfang der 1990er-Jahre gegründet und hat sich das Ziel gesetzt, die Arbeitsmethode „Arbeiten unter Spannung" organisatorisch und technisch weiterzuentwickeln.

525 Fachleute aus 33 Ländern kamen nach Berlin, um alle Aspekte des AuS auf allen Spannungsebenen im Zusammenhang mit steigenden Sicherheits- und Qualitätsstandards und geänderten Anforderungen der Anwender – vorgestellt in 66 Fachbeiträgen – zu hören und zu diskutieren.

Die Vortragenden gaben einen Überblick über die Aktivitäten in den verschiedenen europäischen Ländern. Referenten aus Spanien, Italien und Rumänien berichteten über die jeweiligen nationalen Anfänge, vor allem auch im Hinblick auf die jeweilige Vorschriftenentwicklung der letzten 25 Jahre. Meist waren dies anfänglich ein Verbot oder nur zaghafte AuS-Ansätze, die sich dann im Laufe der Jahre zunehmend mehr und mehr zu einem sicherheitstechnisch anerkannten Arbeitsverfahren entwickelten.

Referenten aus Deutschland berichteten, dass bereits in den 1920er-Jahren bis 15 kV Betriebsspannung Isolatoren mit isolierendem Werkzeug unter Spannung gereinigt wurden.

Es wurde herausgestellt, dass AuS über 1 kV aufgrund der gut 40-jährigen Erfahrung eine sehr hohe Sicherheit aufweist durch:

- bewusst wahrgenommene Risikobereiche
- trainierte Arbeitsmethoden mit vorgegebenen Anweisungen
- neue Gerätetechnologien
- Stärkung des Verantwortungsgefühls des Einzelnen für den Anderen

Schon aus diesen Gründen, so stellten die Beteiligten fest, sollte AuS den herkömmlichen Arbeitsmethoden gleichgestellt werden und die Wahl des zweckmäßigsten Verfahrens dem Unternehmen freigestellt sein. Keinesfalls sollte eine Beschränkung auf „zwingende Gründe" ausschlaggebend sein, denn das AuS ist sicherheitstechnisch hoch entwickelt. Dieser hohe Entwicklungsstand wird durch kontinuierliche AuS-Anwendung unter besonderer Beachtung der Qualifikation des Montagepersonals, der ausgereiften Arbeitsmethode/Organisation sowie der fachgerechten Ausrüstung erreicht.

Weiterhin gab es Berichte, dass mehr und mehr deutsche Firmen nun auch AuS-Montagearbeiten über 1 kV ausführen. Neuheiten wie das Arbeiten unter Spannung auf Basis einer hochisolierenden Hubarbeitsbühne oder Verfahren zur Masterhöhung wurden vorgestellt. In einem Feldversuch wurde über das Arbeitsverfahren für das Herstellen einer Hausanschlussmuffe ohne persönliche Schutzausrüstung (PSA) berichtet. Die Besonderheit ist ein spezieller Klemmring, der einen teilweisen Berührungsschutz aufweist. Gegenüber der herkömmlichen Methode beim Herstellen einer Hausanschlussmuffe unter Spannung entstehen deutlich kürzere Montagezeiten. Der Einsatz von isolierenden Handschuhen, Helm und Gesichtsschutz und das Einbringen einer Standortisolierung im Muffenloch sind nicht mehr erforderlich.

Die nächste ICOLIM wird vom 25. bis 27. Mai 2004 in Bukarest (Rumänien) stattfinden.

5.1.3 Voraussetzungen für das Arbeiten unter Spannung

Trotz der positiven Entwicklung auf dem Gebiet des AuS ergeben sich immer wieder Fragen zur Einführung und Anwendung sowie zu den Voraussetzungen des Arbeitens unter Spannung. Das trifft vor allem auf die Unternehmen zu, in denen bisher nur im freigeschalteten Zustand an elektrotechnischen Anlagen gearbeitet wurde.

In den Vorschriften und Regeln der BGFE (Berufsgenossenschaft der Feinmechanik und Elektrotechnik) fehlt bisher die eindeutige Aussage, dass das „Arbeiten unter Spannung" neben dem „Arbeiten im spannungsfreien Zustand" und dem „Arbeiten in der Nähe unter Spannung stehender (Anlage-)Teile" eine gleichwertige und sichere Methode des Arbeitens an elektrotechnischen Anlagen ist. So wird in den „Neuen Vorschriften und Regeln der BGFE zum AuS" in der gültigen UVV „Elektrische Anlagen und Betriebsmittel" (BGV A2) in § 6 immer noch gefordert, dass vor Arbeiten an aktiven Teilen der spannungsfreie Zustand her- und sicherzustellen ist. Von diesem Grundsatz kann nach § 8 der gleichen UVV bei fehlender Gefährdung infolge Körperdurchströmung oder Lichtbogeneinwirkung zwar abgewichen werden, es müssen jedoch für das AuS als zweiter Ausnahmegrund zusätzlich „zwingende Gründe" vorliegen.

Im Entwurf der zu überarbeitenden UVV BGV A2 – Mai 2002 sind die „zwingenden Gründe" nicht mehr vorhanden. Als Präzisierung der UVV BGV A2 bezüglich des Arbeitens unter Spannung wurde eine noch zu schaffende BG-Regel angekündigt.

Die Anwender haben die Erwartung, dass diesem Umstand in der zz. vom „Fachausschuss Elektrotechnik" zu erarbeitenden Unfallverhütungsvorschrift „Elektrische Gefährdungen" und in den ergänzenden BG-Regeln zukünftig Rechnung getragen wird.

Im derzeit vorliegendem Entwurf der BGV A2 vom Mai 2002 „Elektrische Gefährdung" wird es, wie auf der BG-Veranstaltung im Juni 2002 in Nürnberg vorgestellt, im Kapitel „Arbeiten an aktiven Teilen" unter anderem heißen:

(1) Arbeiten an aktiven Teilen sind nach Sicherstellung des spannungsfreien Zustandes nach Absatz (2) durchzuführen. Arbeiten, bei denen der spannungsfreie Zustand nicht sichergestellt wird, sind nur dann zulässig, wenn sichere Arbeitsverfahren angewendet und die Forderungen des Absatzes 3 eingehalten werden.

(2) Der spannungsfreie Zustand ist sicherzustellen durch

- Freischalten
- Gegen Wiedereinschalten sichern
- Spannungsfreiheit feststellen
- Erden und Kurzschließen
- Benachbarte unter Spannung stehende Teile abdecken oder abschranken

Von der Reihenfolge oder der Vollständigkeit dieser fünf Sicherheitsregeln kann abgewichen werden, sofern technische Gründe entgegenstehen.

(3) Bei Arbeiten an aktiven Teilen, deren spannungsfreier Zustand nicht sicher-gestellt wird, hat der Unternehmer dafür zu sorgen, dass diese Arbeiten nur nach Verfahren durchgeführt werden, die mögliche elektrische Gefährdung berück-sichtigen und die erforderlichen Maßnahmen gegen diese Gefährdung enthalten. Der Unternehmer hat für solche Arbeiten in schriftlichen Anweisungen

- zu benutzende persönliche Schutzausrüstungen, Werkzeuge, Schutz- und Hilfsmittel
- Grundsätze des Arbeitsverfahrens und
- Verhaltensregeln

festzulegen. Der Unternehmer hat dafür zu sorgen, dass solche Arbeiten nur Personen übertragen werden, die für diese Arbeiten besonders befähigt wurden.

Noch ist dieser Entwurf jedoch nicht verabschiedet, und es gelten bisher noch die „zwingenden Gründe".

Die zuständige Norm DIN VDE 0105 Teil 100 (Ausgabe Juni 2000) fordert im Abschnitt 6.3, dass Arbeiten unter Spannung nur nach national erprobten Verfahren ausgeführt werden dürfen. Im Kapitel 6.1 dieser Norm wird zwischen drei Arbeits-methoden unterschieden:

- **Arbeiten im spannungsfreien Zustand**
- **Arbeiten in der Nähe unter Spannung stehender Teile**
- **Arbeiten an unter Spannung stehenden Teilen**

Alle drei Methoden setzen wirksame Schutzmaßnahmen gegen elektrischen Schlag sowie gegen Auswirkungen von Kurzschluss-Lichtbögen voraus.

Als Ergänzung heißt es im zuständigen Kommentar der VDE-Schriftenreihe Band 13, 8. Auflage 2001 „Betrieb von elektrischen Anlagen", Kapitel 6, Arbeits-methoden, Absatz 6.1 – Allgemeines: *„Die im Folgenden beschriebenen Methoden betreffen also alle Arbeiten an Anlagen mit elektrischen Betriebsmitteln ebenso wie Arbeiten in der Nähe unter Spannung stehender Teile. Die drei Methoden ‚Arbeiten im spannungsfreien Zustand‘, ‚Arbeiten an unter Spannung stehenden Teilen‘ und ‚Arbeiten in der Nähe unter Spannung stehender Teile‘ stehen in dieser Norm gleichwertig nebeneinander, wenn bei jeder Methode die jeweils erforderlichen Sicherheitsmaßnahmen getroffen sind."*

Uneingeschränkte Akzeptanz finden beim Anwender die geforderten personellen und technischen Voraussetzungen für das AuS. Für eine gefahrlose Anwendung der „Methode AuS" müssen folgende wesentliche Grundsätze erfüllt sein:

- AuS dürfen nur von „Elektrofachkräften mit Befähigungsnachweis AuS" ausge-führt werden. Der „Befähigungsnachweis AuS" ist in einer Spezialausbildung auf der Basis gültiger Gesetze, Vorschriften und Normen zu erwerben. Außer-dem ist die Befähigung zum AuS durch ständige praktische Anwendung zu erhalten und durch wiederholte Schulung und Überprüfung zu bestätigen

- AuS dürfen nur nach national erprobten Verfahren und geeigneten Arbeitsanweisungen durchgeführt werden, die Gefährdungen der unter Spannung stehenden elektrotechnischen Anlage und der daran arbeitenden Personen mit hoher Wahrscheinlichkeit ausschließen

- AuS dürfen nur mit geeigneten, geprüften und überwachten Werkzeugen, Hilfsmitteln und persönlichen Schutzausrüstungen für das AuS durchgeführt werden

Für das AuS sind also notwendig:

- **Erprobte Organisation** für einen reibungslosen Ablauf der durchzuführenden Arbeiten

- **Zertifiziertes Personal** mit Spezialausbildung für das Arbeiten unter Spannung

- **Sichere Werkzeuge, Ausrüstungen, Schutz- und Hilfsmittel** in erforderlicher Art und Umfang für die anstehenden Arbeiten

- **Anwendung von „sicheren" national erprobten Verfahren**

Für ein sicheres Arbeiten unter Spannung müssen alle vier Voraussetzungen gleichermaßen erfüllt sein.

5.1.3.1 Organisation

Die erprobte Organisation umfasst im Wesentlichen

- Entscheidung für das „Arbeiten unter Spannung"

- Auswahl der Arbeiten

- Erstellen der Arbeitsanweisung

- Erstellen des Arbeitsauftrags

- Auswahl von geeigneten und besonders ausgebildeten Mitarbeitern

- Bereitstellen von zugelassenen Werkzeugen

- Schutzmaßnahmen gegen elektrischen Schlag und Störlichtbogen

- Aufgaben des Anlagen- und Arbeitsverantwortlichen klar regeln

Anmerkung: Dem Unternehmer obliegt die Organisationsverantwortung

Anforderung an die Organisation bei der Einführung von Arbeiten unter Spannung

Nachdem die unternehmerische Entscheidung für das Arbeiten unter Spannung getroffen worden ist (die so genannte Anweisung für das Arbeiten unter Spannung), ist besondere Sorgfalt bei der Einführung des AuS in einem Betrieb zu legen.

Der Gesetzgeber erwartet nur eine Beschreibung der Grundsätze der Arbeitsverfahren, um nicht für jeden möglichen Anlagentyp oder Ausführungsvariante eine spezielle Beschreibung zu verlangen. Es wird erwartet, dass die befähigte Person die beschriebenen Grundsätze anwenden kann.

Bei eventuellen Unsicherheiten bei der Auslegung der betroffenen Regelungen wird empfohlen, dass sich der Unternehmer beraten lässt. Eine ordentliche Unternehmensorganisation ist nur unter Berücksichtigung der eindeutigen Abgrenzung der Verantwortungsbereiche, der Weisungs- und Entscheidungsbefugnisse bei allen Arbeiten an elektrischen Anlagen, insbesondere hier beim Arbeiten unter Spannung, zu erreichen.

Der Unternehmer hat weiterhin die Auswahl und die Kontrollpflicht, dies ist in der berufsgenossenschaftlichen Verordnung BGV A1 geregelt. Das Ziel, die Sicherheit für den Mitarbeiter und die Anlage ständig zu gewährleisten, muss immer an erster Stelle stehen.

Der unternehmerische Erfolg kann nur sichergestellt werden, wenn der Unternehmer auf die konsequente Einhaltung der Voraussetzungen für das Arbeiten unter Spannung besteht und diese auch kontrolliert. Die Arbeitsqualität und die Sorgfalt bei der Ausführung der Arbeiten spielen auch hier eine wichtige Rolle in dem gesamten Zusammenspiel von Verordnungen und Regelungen.

Die Einführung des AuS ist mit den verschiedenen betriebsinternen Bereichen, wie z. B. der zuständigen Fachabteilung und der Sicherheitsabteilung, im Vorfeld abzustimmen. Diese Abteilungen müssen bei den gesamten Vorbereitungen eng zusammenarbeiten.

Es ist zu unterscheiden, ob der Unternehmer im Sinne der Vorschriften selbst Elektrofachkraft ist oder nicht. Die im Rahmen der Personalverantwortung liegenden Aufgaben der Mitarbeiterauswahl, der Regelung der Aufgaben- und Kompetenzbereiche sowie der Regelung der Aufsichts- und Kontrollpflichten kann er nicht auf andere übertragen.

Im Zuge des Aufbaus der Organisation sind Arbeitsanweisungen zu erstellen, durch diese wird auch die notwendige Gefährdungsbeurteilung der auszuführenden Arbeiten und die Bereitstellung sowie der Einsatz der erforderlichen Schutz- und Hilfsmittel für AuS geregelt. Die Leitsätze zur Risikobeurteilung enthält DIN EN 1050. Dort wird deutlich gemacht, was unter dem Begriff „Risiko" zu verstehen ist und welche Elemente bei einer Risikobeurteilung berücksichtigt werden müssen. Sie stellt auch klar, dass es kein Null-Risiko gibt, sondern dass es das Ziel des Risikominimierungsprozesses ist, ein verbleibendes Restrisiko zu erreichen, das gleich oder geringer einem vertretbaren Risiko ist.

Durch die Planung des Arbeitsablaufs, die Auswahl der geeigneten Ausrüstung, die Ausbildung und das regelmäßige Training des Personals kann und muss Einfluss auf das Risiko genommen werden.

Beim Arbeiten unter Spannung sind deshalb besondere technische und organisatorische Maßnahmen erforderlich. Damit wird erreicht, dass das Risiko beim Arbeiten unter Spannung gleich oder teilweise geringer als das beim Arbeiten in der Nähe unter Spannung stehender Teile oder beim Arbeiten im spannungsfreien Zustand ist. Durch die Risikobeurteilung werden beim AuS bewusst die möglichen Gefahren erkannt, eingestuft und entsprechende Maßnahmen im Vorfeld ergriffen.

Organisationsanweisungen sind die Basis für eine sichere und reibungslose Anwendung der AuS-Arbeitsverfahren. Dabei ist es unerheblich, ob besonders klare Anweisungen für den Einzelfall oder präzise und klare Entscheidungshilfen für häufige Anwendungsfälle erforderlich sind. Die Anleitungen müssen u. a. die Vorschriften und Regeln der BGV A1, der BGV A2 und der DIN VDE 0105-100, präzisiert auf das Arbeiten unter Spannung der jeweiligen Spannungsebene, beinhalten.

5.1.3.2 Personal

Grundsätzliches, Definitionen

Im Entwurf der BGV A2 vom Mai 2002 heißt es zum Begriff „Befähigung":

(1) Der Unternehmer hat dafür zu sorgen, dass Arbeiten im Gefährdungsbereich nur von befähigten Personen ausgeführt werden.

(2) Der Unternehmer, der Arbeiten an elektrischen Anlagen durchführen lässt, hat durch Einweisung dafür zu sorgen, dass die Versicherten befähigt sind, die Gefährdungen, die mit der Anlage verbunden sind, zu berücksichtigen.

Begründung und Erläuterungen.

Gemäß § 7 des Arbeitsschutzgesetzes ist der Unternehmer verpflichtet, Aufgaben nur auf Beschäftigte zu übertragen, die befähigt sind, die für Sicherheit und Gesundheitsschutz bei der Aufgabenerfüllung zu beachtenden Bestimmungen und Maßnahmen einzuleiten. Es werden dazu in der Unfallverhütungsvorschrift BGV A2 die Begriffe wie „Elektrofachkraft", „Elektrotechnisch unterwiesene Person" und „Elektrofachkraft für bestimmte Tätigkeiten" definiert.

Befähigte Person

Befähigte Person ist, wer aufgrund einschlägiger fachlicher Ausbildung, Kenntnis und Erfahrung bei den jeweiligen Arbeiten die auftretenden elektrischen Gefährdungen erkennen und die erforderlichen Maßnahmen des Arbeitsschutzes treffen kann.

Den befähigten Personen ist durch den Unternehmer schriftlich mitzuteilen, welche Arbeiten sie unter Spannung durchführen dürfen.

Anmerkung: In diverser Literatur ist zwischenzeitlich der Begriff „Befähigte Person" erweitert worden in „Technisch befähigte Person".

Elektrofachkraft

Elektrofachkraft ist, wer aufgrund seiner fachlichen Ausbildung, Kenntnisse und Erfahrungen sowie Kenntnis der einschlägigen Normen die ihm übertragenen Arbeiten beurteilen und mögliche Gefahren erkennen kann.

Um die Befähigung für die Durchführung von Arbeiten unter Spannung zu erlangen, müssen Elektrofachkräfte eine Spezialausbildung absolvieren.

Elektrotechnisch unterwiesene Person (EUP)

Elektrotechnisch unterwiesene Person (EUP) ist, wer durch eine Elektrofachkraft über die ihr übertragenen Aufgaben und die möglichen Gefahren bei unsachgemäßem Verhalten unterrichtet und erforderlichenfalls angelernt sowie über die notwendigen Schutzeinrichtungen und Schutzmaßnahmen belehrt wurde.

Anlagenverantwortlicher

Eine Person, die benannt ist, die unmittelbare Verantwortung für den Betrieb der elektrischen Anlage zu tragen. Erforderlichenfalls kann diese Verantwortung teilweise auf andere Personen übertragen werden.

Der Anlagenverantwortliche erteilt die Arbeitserlaubnis zum Arbeiten unter Spannung.

Arbeitsverantwortlicher

Eine Person, die benannt ist, die unmittelbare Verantwortung für die Durchführung der Arbeiten unter Spannung zu tragen. Erforderlichenfalls kann diese Verantwortung teilweise auf andere Personen übertragen werden.

Der Arbeitsverantwortliche holt die Arbeitserlaubnis zum Arbeiten unter Spannung vom Anlagenverantwortlichen ein und meldet ihm Beginn und Ende der Arbeiten unter Spannung.

Kenntnisse, die eine befähigte Person für das Arbeiten unter Spannung haben muss:

- **Anlagenverantwortlicher**
  (Elektrofachkraft)
  - Er muss Grundsätze des AuS kennen.
  - Er muss Arbeitsverfahren so weit beurteilen können, dass er die Auswirkungen der AuS auf Anlagen in seinem Zuständigkeitsbereich kennt.
- **Vorgesetzter des Arbeitsverantwortlichen**
  (verantwortliche Elektrofachkraft)
  - Er muss Grundsätze des AuS kennen
  - Er muss Qualifikation der Mitarbeiter kennen
- **Arbeitsverantwortlicher**
  (Elektrofachkraft)
  - Er muss Grundsätze des AuS kennen
  - Er muss Qualifikation der Mitarbeiter kennen
  - Er muss einen Befähigungsnachweis AuS haben (Grund- und Spezialausbildung für AuS)
- **Ausführender der AuS**
  (Elektrofachkraft, für einzelne Tätigkeiten elektrotechnisch unterwiesene Person)

- Er muss Grundsätze des AuS kennen
- Er muss einen Befähigungsnachweis AuS haben (Grund- und Spezial-ausbildung für AuS)

Anmerkung: Je nach Schwierigkeitsgrad der Arbeiten unter Spannung können die oben genannten Verantwortlichen auch ein und dieselbe Person sein.

Voraussetzung für die Zulassung zum Arbeiten unter Spannung

- Befähigte Person im Sinne der BGV A2
- Mindestalter 18 Jahre
- Gesundheitliche Eignung. Diese kann z. B. durch die Vorsorgeuntersuchung nach berufsgenossenschaftlichem Grundsatz G 25 nachgewiesen werden
- Ersthelferausbildung mit Herz-Lungen-Wiederbelebung (HLW)

Entscheidend für die Eignung ist, ob in Abhängigkeit vom beabsichtigten Grad der Befähigung zum AuS ausreichend Grundkenntnisse und Erfahrung zum Erkennen und Vermeiden von Gefahren durch Elektrizität vorhanden sind. Durch speziell zugeschnittene Ausbildungsprogramme werden den Anwendern die Fähigkeit zum Arbeiten unter Spannung vermittelt.

Hierzu gehört, dass die auszubildende Person die vorgegebenen Arbeits- und Montageverfahren im spannungslosen Zustand beherrscht und mit den elektrischen Anlagen vertraut ist. Die auszuführenden Arbeiten werden theoretisch besprochen, danach wird die Handhabung der neuen Tätigkeiten zuerst an spannungsfreien Anlageteilen geübt. Dabei geht es um die richtige Handhabung der Ausrüstung in Verbindung mit der jeweiligen Technologie und den dazugehörenden Sicherheits-abständen.

Die Reihenfolge der Trainingsabschnitte soll dem Anwender in Trainingsanlagen die notwendige Sicherheit für das Arbeiten unter Spannung vermitteln. Erst wenn der gesamte Arbeitsablauf in der entsprechenden Qualität und der notwendigen Sicherheit beherrscht wird, erfolgt die Durchführung des Trainings an der unter Spannung stehenden Anlage.

Nach erfolgreicher Beendigung der gesamten Ausbildung erhalten die Ausführen-den ein entsprechendes Zertifikat für die ausgebildeten Technologien und die Span-nungsebene. Dieser Befähigungsausweis ist zeitlich begrenzt. Danach ist (im Bedarfsfall) rechtzeitig in regelmäßigen Abständen eine Wiederholungsausbildung zu absolvieren und zu dokumentieren.

5.1.3.3 Auswahl von persönlicher Schutzausrüstung gegen thermische Auswirkungen durch einen Störlichtbogen

Zitat der Internationalen Sektion der ISSA für die Verhütung von Arbeitsunfällen und Berufskrankheiten durch Elektrizität – Gas – Fernwärme – Wasser:

Täglich werden weltweit elektrotechnische Arbeiten ausgeführt, bei denen die Gefahr besteht, dass durch eine Fehlhandlung oder durch eine technische Ursache ein Störlichtbogen ausgelöst wird. Die dabei auftretenden Wirkungen des Lichtbogens können im Vorhinein aber nur annähernd bestimmt werden. Auch nach der Lichtbogeneinwirkung sind Angaben über die freigesetzte Wärmeenergie nur schwer möglich, da vielfach nur unzureichende Angaben über die Höhe des geflossenen Stroms und der Brenndauer des Lichtbogens vom Netzbetreiber angegeben werden können. Des Weiteren kann die Richtwirkung des Lichtbogens durch das vom Kurzschlussstrom selbst verursachte Magnetfeld und sich daraus ergebenden Wanderungen des Plasmabogens und der Lichtbogenfußpunkte in einer elektrischen Anlage nur schlecht vorherbestimmt werden. Ein mit absoluter Sicherheit wirkender Personenschutz gegen einen Störlichtbogen wird es insofern kaum geben können. Jedoch lassen sich mit geeigneten Maßnahmen die Auswirkungen des Lichtbogens reduzieren.

Eine Personengefährdung ist an erster Stelle durch technische Maßnahmen an der elektrischen Installation zu verhindern. Sind aber Arbeiten in der Nähe einer elektrischen Installation oder unter Spannung erforderlich, befindet sich die Person im Allgemeinen in einem Bereich, der der allgemeinen Bevölkerung nicht zugänglich ist. In diesen Fällen müssen die allgemeinen technischen Schutzmaßnahmen, wie Abdeckungen und Türen, zwecks dieser Arbeiten vorübergehend geöffnet oder entfernt werden. Der Monteur steht dann vor einer geöffneten Anlage, bei der im günstigsten Fall nur die Gehäusetür geöffnet wurde und weitere Abdeckungen nicht abgenommen wurden. Da es sich bei diesen Tätigkeiten um Wartungs- bzw. Reparaturarbeiten an der elektrischen Installation handelt, wird auch zukünftig weiterhin eine Gefährdung durch Störlichtbogen nicht ausgeschlossen werden können.

Unter Berücksichtigung der oben aufgeführten Problematik und der jährlich zu verzeichnenden Zahlen für Störlichtbogenunfälle hat der Vorstand der IVSS-Sektion Elektrizität im Jahre 1998 beschlossen, eine internationale Arbeitsgruppe zu dieser Thematik einzuberufen. Nach Sichtung der international auf diesem Gebiet bestehenden Aktivitäten beschloss die Arbeitsgruppe, sich intensiv mit dem Vergleich der bestehenden Prüfverfahren für Arbeitskleidungen für elektrotechnische Arbeiten zu befassen. Dabei sollte auf die Erfahrungen und ersten Ergebnisse der Normung von Prüfverfahren mit Störlichtbogen zurückgegriffen werden, eine Parallelarbeit zur Normung aber vermieden werden. Die Arbeitsgruppe hatte auf ihrer ersten Sitzung beschlossen, die Arbeitsergebnisse in Form der nunmehr vorliegenden Leitlinie für die Auswahl von Arbeitskleidungen für elektrotechnische Arbeiten zu veröffentlichen. Die Leitlinie folgt den Anforderungen und Empfehlungen der „Richtlinie des Rates der Europäischen Gemeinschaften zur Angleichung der Rechtsvorschriften der Mitgliedsstaaten für persönliche Schutzausrüstungen" (89/686/EEC)

Was ist ein Störlichtbogen?

Ein Lichtbogen ist eine durch Gasionisation entstandene leitende elektrische Verbindung zwischen Elektroden unterschiedlichen Potentials, unterschiedlicher Phasenlage oder einer dieser Elektroden und Erde. Tritt ein Lichtbogen an einer elektrischen Anlage bzw. in einem elektrischen Betriebsmittel nicht betriebsmäßig, sondern durch eine Störung auf, spricht man von einem Störlichtbogen. Verursacht werden kann ein Störlichtbogen durch einen technischen Fehler oder – wie in den meisten Fällen – durch eine Fehlhandlung.

Ist im Niederspannungsbereich zum Auslösen eines Lichtbogens zuvor ein galvanischer Kurzschluss erforderlich, so genügt im Hochspannungsbereich schon das Unterschreiten des entsprechenden Luftabstands zu den unter Spannung stehenden Teilen.

Auswirkungen von Störlichtbögen

Technische Auswirkungen

Je nach der Leistung und der Brennzeit eines Störlichtbogens können sehr differenzierte physikalische Wirkungen entstehen. Das resultiert aus dem großen Temperaturbereich, den ein Lichtbogen annehmen kann. Temperaturen bis zu 10 000 °C sind bei einem Lichtbogen möglich, am Fußpunkt sogar bis zu 20 000 °C. Das an den Fußpunkten befindliche Material wird dabei verdampft und bildet somit eine leitfähige Verbindung zwischen den Elektroden. Durch den sich verstärkenden Stromfluss erhöht sich die Temperatur weiter, und es kommt zur Ausbildung eines Plasmas zwischen den Elektroden.

Ein Plasma zeichnet sich dadurch aus, dass in ihm alle chemischen Verbindungen aufgebrochen sind und die Elemente in ionisierter Form vorliegen. Diese Plasmawolke besitzt deshalb eine sehr hohe chemische Aggressivität. Mit der Verdampfung von Metall und der nachfolgenden starken Erhitzung kommt es durch die Ausdehnung zu einer Massenexpansion, die die metallischen Dämpfe und Spritzer explosionsartig vom Fußpunkt des Lichtbogens abtransportiert. Durch Abkühlung und Reaktion mit dem Luftsauerstoff entstehen dann Metalloxide, die mit weiterer Abkühlung als schwarzer bzw. grauer Rauch sichtbar werden. Solange die Dämpfe und der Rauch noch ausreichend heiß sind, bilden sie bei Ablagerung eine sehr gut haftende Kontamination.

Eine weitere physikalische Wirkung während des Aufbaus des Lichtbogens ist der hohe Druckanstieg, der innerhalb von 5 ms bis 15 ms einen ersten Maximalwert von bis zu 0,3 MPa erreichen kann. Das entspricht einem Druck von 20 t/m^2 bis 30 t/m^2. Soweit sich die Druckwelle nicht ungehindert ausbreiten kann, besteht für die umgebenden baulichen Anlagen die Gefahr einer mechanischen Zerstörung. Das kann zum Wegschleudern von Türen oder Abdeckungen, Bersten von Gehäusen oder Einbrechen von Zwischenwänden führen.

Mit dem schlagartigen Druckaufbau beim Zünden des Lichtbogens entstehen durch den explosionsartigen Knall auch Schalldruckpegel über 140 dB (unbewertet), die zu gesundheitlichen Schäden des menschlichen Gehörs führen können.

In Abhängigkeit von der Intensität des Lichtbogens entzündet und entflammt die starke Wärmestrahlung in der näheren Umgebung befindliche brennbare Materialien. Die von dem Lichtbogen ausgehenden flüssigen Metallspritzer verstärken zusätzlich die Gefahr einer **Brandentstehung.**

Letztlich besteht auch für in der Nähe befindliche Personen eine hohe Gefährdung durch die bei dem Lichtbogen freigesetzten **toxischen Zersetzungsprodukte,** *die neben einer Schädigung der äußerlichen Hautflächen auch bei Inhalation zu schweren Lungenschäden führen können.*

Auswirkungen auf den Menschen

Unabhängig von der Kleidung bzw. Schutzausrüstung, die ein Verunfallter bei der Störlichtbogeneinwirkung trug, sind bei der Erarbeitung von präventiven Maßnahmen auch die Verteilung der äußerlichen Verbrennungen von Interesse. Zu dieser Thematik führte das Institut zur Erforschung elektrischer Unfälle (Deutschland) eine Studie durch. Ausgewertet wurden schwere Störlichtbogenunfälle der Elektrizitätswirtschaft, die sich im Jahre 1998 in Deutschland ereigneten. Für die Erhebung standen medizinische Unterlagen von 61 Fällen zur Verfügung. Die Auswertung bezog sich auf die Verteilung der thermischen Schädigungen auf die einzelnen Körperteile. Als Schädigungen wurden hier Verbrennungen ersten und höheren Grades einbezogen. Stark betroffen bei Störlichtbogenunfällen sind besonders die Hände und der Kopf mit Halsbereich, in mehr als $^2/_3$ der Unfälle die rechte Hand und mit etwa der Hälfte die Gesichts- und Halspartie. Aber auch die Unterarme werden mit 41 % bei dem rechten und 34 % bei dem linken relativ oft geschädigt. Alle weiteren Körperteile sind nur mit Anteilen unter 10 % beteiligt. Das Ergebnis ist in der Abbildung zu sehen (siehe **Bild 5.1.3.3 A***).*

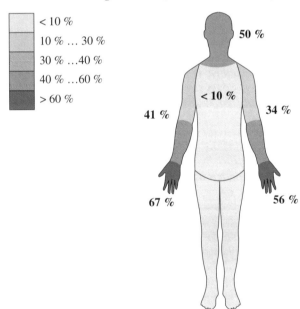

Bild 5.1.3.3 A Verbrennungen am menschlichen Körper bei Störlichtbogenunfällen

Zum Schutz gegen die Auswirkung von Störlichtbögen auf den menschlichen Körper wurde Schutzkleidung entwickelt, die praxisnahe getestet wird (**siehe Bilder 5.1.3.3 B/C/D/E**).

Bild 5.1.3.3 B Testaufbau für die Prüfung der Schutzkleidung

Bild 5.1.3.3 C Zünden des Lichtbogens

Bild 5.1.3.3 D Ausbrennen des Lichtbogens

Bild 5.1.3.3 E Auswirkung des Lichtbogens auf die Schutzkleidung

5.1.3.4 Werkzeuge, Schutz- und Hilfsmittel

Der derzeitige Stand der einschlägigen Geräte-Bestimmungen ist in der **Tabelle 5.1.3.4 A** dargestellt, unterteilt in Niederspannung (DIN VDE 0680) und Hochspannung (DIN VDE 0681) und getrennt dazu die bereits erschienenen europäischen und internationalen Normen (VDE 0682).

Hinweis: Nur geprüftes Werkzeug gewährleistet ein sicheres Arbeiten.

Niederspannung	Hochspannung	CENELEC/IEC
DIN VDE 0680 „Körperschutzmittel, Schutzvorrichtungen und Geräte zum Arbeiten an unter Spannung stehenden Teilen bis 1000 V	DIN VDE 0681 „Bestimmung für Geräte zum Betätigen, Prüfen und Abschranken unter Spannung stehender Teile mit Nennspannung über 1 kV"	VDE 0682 „Geräte und Ausrüstungen zum Arbeiten an unter Spannung stehenden Teilen" (harmonisierte EN- bzw. IEC-Normen)
Teil 1 Isolierende Körperschutzmittel und isolierende Schutzvorrichtungen	Teil 1 Betätigungsstangen	Teil 201 Isolierende Handwerkzeuge bis 1000/1500 V
Teil 3 Betätigungsstangen	Teil 2 Schaltstangen	Teil 211 Isolierende Arbeitsstangen über 1 kV
Teil 4 NH-Sicherungsaufsteckgriffe	Teil 3 Sicherungszangen	Teil 311 Isolierende Handschuhe
Teil 6 Einpolige Spannungsprüfer	Teil 5 Phasenvergleicher	Teil 312 Isolierende Ärmel bis 36 kV
Teil 7 Passeinsatzschlüssel	Teil 6 Spannungsprüfer für Oberleitungsanlagen elektrischer Bahnen	Teil 401 Zweipolige Spannungsprüfer für Niederspannung
	Teil 7 Spannungsanzeigesysteme	Teil 411 Kapazitiver Spannungsprüfer über AC 1 kV
	Teil 8 Isolierende Schutzplatten	Teil 412 Ohm'scher Spannungsprüfer über AC 1 kV
		Teil 415 Spannungsprüfsysteme
		Teil 431 Phasenvergleicher
		Teil 551 Starre Schutzabdeckungen
		Teil 651 Mastsättel, Stangenschellen, Zubehör
		Teil 741 Hubarbeitsbühnen über 1 kV

Tabelle 5.1.3.4 A Gerätenormen

Die **Bilder 5.1.3.4 A/B/C/D** zeigen einige Beispiele für Schutz- und Hilfsmittel sowie persönliche Schutzausrüstungen, die sich in der Praxis bewährt haben.

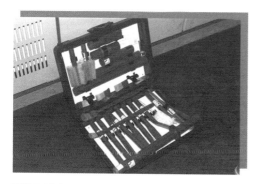

Bild 5.1.3.4 A Niederspannung-Reinigungsset

Bild 5.1.3.4 B Anbringen von Abdeckun gen beim Auswechseln von Stützisolatoren Quelle: ICOLIM 2000

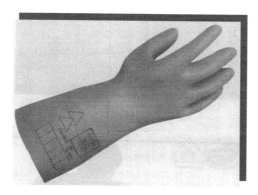

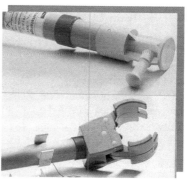

Bild 5.1.3.4 C Isolierender Handschuh

Bild 5.1.3.4 D Schaltstange und Sicherungszange

Die berufsgenossenschaftliche Regel für das „Arbeiten unter Spannung" (Niederspannung) befindet sich momentan in der Erstellungsphase und soll aus heutiger Sicht erst Ende 2003 veröffentlicht werden. Dieser Fachinformation soll nicht vorgegriffen werden, deshalb wird als Basis für die isolierenden Schutz- und Hilfsmittel die zugehörige Norm DIN VDE 0680 zitiert. Weitere Informationen über isolierende Körperschutzmittel und Schutzvorrichtungen werden im Kapitel 6 behandelt.

Isolierender Handschutz

Als wirksamer Schutz der Hände gegen eine gefährliche Körperdurchströmung stehen isolierende Handschuhe aus Elastomeren oder Plastomeren zur Verfügung. Diese Handschuhe werden in Kapitel 6 behandelt.

Isolierender Kopfschutz

Isolierende Schutzhelme müssen der DIN EN 397 entsprechen. Weitere Informationen dazu im Kapitel 6.

Gesichtsschutz

Der Gesichtsschutz dient dem Schutz gegen einen evtl. auftretenden Störlichtbogen. Die Gesichtsschutzschirme werden meist mit einem Schutzhelm kombiniert. Gesichtsschutzschirme für elektrotechnische Arbeiten sind an der Kennzeichnung „DIN 8" zu erkennen.

Eine Schutzbrille kann einen Vollschutz des Gesichts, z. B. auch einen Schutz gegen Metallspritzer und einwirkendes Plasma, nur bedingt für den Bereich der Augen erfüllen und ist deshalb nicht zulässig. Durch praktische Versuche wurde nachgewiesen, dass auch extreme Störlichtbögen von handelsüblichen Gesichtsschutzschirmen mit einer Dicke von 1,5 mm ausgehalten werden.

Gesichtsschutzschirme bedürfen keiner Wiederholungsprüfung. Weitere Informationen im Kapitel 6.

Isolierender Fußschutz

Als Fußschutz stehen isolierende Schuhe bzw. Stiefel zur Verfügung. Weitere Informationen im Kapitel 6.

Körperschutz

Der Einsatz von isolierender Schutzkleidung (siehe **Bild 5.1.3.4 E**) beschränkt sich im Wesentlichen auf Arbeiten an Niederspannungsfreileitungen, bei denen die Gefahr des „Hineintauchens" zwischen unter Spannung stehenden Teilen besteht. Weitere Informationen im Kapitel 6.

Bild 5.1.3.4 E Isolierender Schutzanzug

Bei den isolierenden Anzügen genügt keinesfalls nur eine Sichtprüfung als Wiederholungsprüfung. Sie müssen in einem regelmäßigen Zeitabstand von höchstens einem Jahr zusätzlich einer elektrischen Prüfung an festgelegten, besonders beanspruchten Stellen unterzogen werden.

Anforderungen an Arbeitskleidung bzw. Schutzkleidung mit verstärktem Schutz gegen Störlichtbogeneinwirkung sind erst in Arbeit. Vorzugsweise sollte an Arbeitsplätzen, an denen eine erhöhte Störlichtbogengefahr besteht, ein Kleidungsmaterial aus flammhemmenden Materialien eingesetzt werden. Aber auch die Kleidung darunter sollte möglichst einen hohen Baumwollanteil haben.

Schmiegsame isolierende Abdeckungen

Die Vielfalt der schmiegsamen Abdeckungen (siehe **Bild 5.1.3.4 F**) für Anlagen bis AC 1000 V ist recht groß. Dazu gehören neben isolierenden Tüchern, Isolator- und Leiterseilabdeckungen auch andere Formstücke. Zur Herstellung werden Elastomere oder Plastomere eingesetzt. Nach dem jeweiligen Einsatzzweck (Schutzwirkung, Einsatzdauer, Sonnenlicht usw.) sollte auch das Material ausgewählt werden.

Weitere Informationen im Kapitel 6.

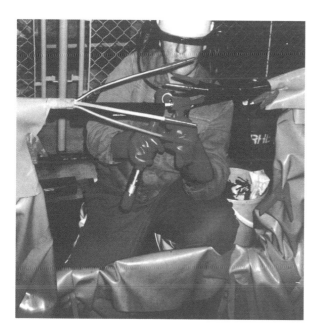

Bild 5.1.3.4 F Schmiegsame isolierende Abdeckungen

Isolierende Matten/Standortisolierung

Isolierende Matten/Standortisolierung werden im Kapitel 6 dieses Buchs behandelt.

Isoliertes und isolierendes Werkzeug

Isoliertes und isolierendes Werkzeug wird deshalb ausführlich im Kapitel 6 vorgestellt.

Zum Schutz gegen Beschädigungen sollten isolierende Werkzeuge immer gesondert aufbewahrt werden. Wiederholungsprüfungen sind für Werkzeuge nicht vorgesehen. Werkzeuge mit Beschädigungen, die die elektrische Sicherheit beeinträchtigen könnten, müssen der weiteren Benutzung entzogen werden.

Isolierende Hubarbeitsbühnen

Die isolierende Hubarbeitsbühne wird ebenfalls zu den Schutz- und Hilfsmitteln gezählt, und sie wird im Kapitel 6 behandelt.

Wiederholungsprüfungen

Schutz- und Hilfsmittel unterliegen durch die beim Gebrauch auftretende Abnutzung einem Verschleiß. Aber auch witterungsbedingte Einflüsse und natürliche Alterung verändern ihre isolierenden Eigenschaften. Obwohl die Hersteller immer widerstandsfähigere Materialien bei den Sicherheitsausrüstungen einsetzen, kann auf wiederkehrende Prüfungen nicht verzichtet werden.

Prüfobjekt	Prüffrist	Art der Prüfung	Prüfer
Isolierende Schutzbekleidung (soweit benutzt)	vor jeder Benutzung	auf augenfällige Mängel	Benutzer
	12 Monate	auf Einhaltung der in den elektrotechnischen Regeln vorgegebenen Grenzwerte	Elektrofachkraft
	6 Monate	für isolierende Handschuhe	
Isolierte Werkzeuge, Kabelschneidgeräte; isolierende Schutzvorrichtungen sowie Betätigungs- und Erdungsstangen	vor jeder Benutzung	auf äußerlich erkennbare Schäden und Mängel	Benutzer
Spannungsprüfer, Phasenvergleicher		auf einwandfreie Funktion	
Spannungsprüfer, Phasenvergleicher und Spannungsprüfsysteme (kapazitive Anzeigesysteme) für Nennspannungen über 1 kV	6 Jahre	auf Einhaltung der in den elektrotechnischen Regeln vorgegebenen Grenzwerte	Elektrofachkraft

Tabelle 5.1.3.4 B Fristen für Widerholungsprüfungen

[Quelle: Durchführungsanweisungen zur BGV A2 (VBG 4)]

Die im § 5 der BGV A2 vorgeschriebene Sichtkontrolle auf äußerlich erkennbare Schäden und Mängel vor jeder Benutzung von isolierenden Schutz- und Hilfsmitteln stellt einen wichtigen Aspekt der Arbeitssicherheit dar. Beschädigte bzw. verschmutzte Ausrüstungen bergen ein großes Risiko und müssen einer weiteren Benutzung sofort entzogen werden.

In vielen Fällen schreibt die BGV A2 aber auch periodische Wiederholungsprüfungen in bestimmten Zeitabständen vor (siehe **Tabelle 5.1.3.4 B**), die durch Elektrofachkräfte durchgeführt werden müssen. Der Umfang und die einzuhaltenden Grenzwerte dieser Prüfungen sind (in der Regel) den jeweiligen Normen zu entnehmen. Schutzausrüstungen, die erfolgreich die Wiederholungsprüfung bestanden haben, sind entsprechend zu kennzeichnen. Dem Benutzer gibt die Angabe des Termins für die nächste wiederkehrende Prüfung zusätzliche Sicherheit.

5.1.3.5 Anwendung von „sicheren", national erprobten Verfahren

Das ausgebildete Personal muss für den beim Arbeiten unter Spannung praktizierten Arbeitsablauf sowohl theoretisch als auch praktisch geschult werden. Dabei geht es um die richtige Handhabung der Ausrüstung in Verbindung mit der jeweiligen Technologie und den dazu gehörenden Sicherheitsabständen.

Ein technisches Verfahren wird als „sicher" bezeichnet, wenn sein Einsatz keinerlei Schädigung oder Gesundheitsbeeinträchtigung für den Anwender hervorruft und nach national erprobten Verfahren ausgeübt wird.

Die Sicherheit ergibt sich durch die Anwendung der Vorschriften, deren Kenntnis und die Gefährdungsbeurteilung jeder Baustelle vor Arbeitsbeginn. Diese Vorschriften beziehen sich auf physikalische Größen, auf die Struktur und den Zustand des von den Arbeiten betroffenen Anlagenteils, die Art der verwendeten Mittel und die geplanten (eingeübten) Arbeitsschritte.

Das Erreichen von Sicherheit hängt größtenteils von der Zuverlässigkeit und dem Verantwortungsbewusstsein des Anwenders ab. Dieser hat in seiner Ausbildung gelernt, dass er beim Arbeiten unter Spannung bewusst in die Gefahrenzone eindringt.

5.1.3.6 Gefährdungsbeurteilung und Machbarkeit

Gemäß Gesetz zur Umsetzung der EG-Rahmenrichtlinie Arbeitsschutz und weiterer Arbeitsschutz-Richtlinien vom 7. August 1996 wurde vom Bundestag mit Zustimmung des Bundesrats Folgendes beschlossen:

Im § 5 Beurteilung der Arbeitsbedingungen heißt es:

(1) Der Arbeitgeber hat durch eine Beurteilung die für die Beschäftigten mit ihrer Arbeit verbundene Gefährdung zu ermitteln, welche Maßnahmen des Arbeitsschutzes erforderlich sind.

(2) Der Arbeitgeber hat die Beurteilung je nach Art der Tätigkeit vorzunehmen. Bei gleichartigen Arbeitsbedingungen ist die Beurteilung eines Arbeitsplatzes oder einer Tätigkeit ausreichend (z. B. Musterarbeitsplatz).

(3) Eine Gefährdung kann sich insbesondere ergeben durch

   1. die Gefährdung und die Einrichtung der Arbeitsstätte und des Arbeitsplatzes

   2. physikalische, chemische und biologische Einwirkungen

   3. die Gestaltung, die Auswahl und den Einsatz von Arbeitsmitteln, insbesondere von Arbeitsstoffen, Maschinen, Geräten und Anlagen sowie den Umgang damit

   4. die Gestaltung von Arbeits- und Fertigungsverfahren, Arbeitsabläufen und Arbeitszeit und deren Zusammenwirken

   5. unzureichende Qualifikation und Unterweisung der Beschäftigten

Das Ergebnis der Gefährdungsbeurteilung ist von grundlegender Bedeutung für die Entwicklung einer AuS – Einsatzmethode und deren Weiterentwicklung. So ist es wichtig, immer den letzten Stand der technologischen und wissenschaftlichen Erkenntnisse mit zu berücksichtigen.

Die Gefährdungsermittlung bei Arbeiten unter Spannung ist keine einmalige Tätigkeit, sondern muss immer dann erfolgen, wenn neue oder geänderte Bedingungen an den Arbeitsplätzen zu berücksichtigen sind.

Bei der Auslegung der betroffenen Vorschriften kann es sich um Pflichten, Verbote, physikalische Grenzwerte, die nicht überschritten werden dürfen, handeln. Es ist zu beachten, dass landesspezifische Vorschriften existieren können, die viel höhere Schutzziele vorgeben, als der Anwender dies aus der Vergangenheit gewohnt ist. In diesem Fall sind selbstverständlich die Vorgaben mit den höheren Schutzzielen einzuhalten.

Grundlagen einer Risikobeurteilung sind in Tabelle **5.1.3.6 A** zusammengestellt.

Eine Analyse beurteilt die typischen Gefahren des AuS wie Kurzschluss, Körperdurchströmung usw. und muss jeweils den angetroffenen Konfigurationen vor Ort

Risiko		**Ausmaß**		**Wahrscheinlichkeit des Eintrittes dieses Schadens**
Bezogen auf die betrachtete Gefährdung	Ist eine Funktion von	des möglichen Schadens, der durch die betrachtete Gefährdung verursacht werden kann	und	→ Häufigkeit und Dauer der Gefährdungsexposition → Eintrittswahrscheinlichkeit eines Gefährdungsereignisses → Möglichkeit zur Vermeidung oder Begrenzung des Schadens

Tabelle 5.1.3.6 A Risikoelemente
[Quelle: DIN EN 1050; Bild 2]

angepasst werden (Struktur des Stromnetzes eines Landes, Abmessungen der Bauten, Spannungshöhe, Umgebungseinflüsse usw.). Das Ergebnis dieser Beurteilung ergibt dann das Konzept für die weitere Vorgehensweise der Anwendung der AuS-Technologien.

Je nach Intensität des Kurzschlusses treten noch weitere Gefährdungen für den Anwender und die Anlage auf, wie z. B. Blenden bzw. Verblitzen der Augen, Lärm, Druckwelle, giftige Metalldämpfe, durch die auftretenden Kräfte gelöste herumfliegende Teile. Auch diese „Begleiterscheinungen eines Kurzschlusses" müssen bei einer Analyse mit berücksichtigt werden.

Es wird unterschieden zwischen den **spezifischen, mit dem Arbeiten unter Spannung** zusammenhängenden Gefahren sowie den anderen **allgemeinen Gefahren**, die den anderen Arten von Arbeiten gemeinsam sind.

Ein Arbeiten unter Spannung bedeutet, dass während der Ausführung der Arbeiten die Anlage/das Anlagenteil weiter unter Spannung steht.

Es ist somit während der gesamten Dauer der Arbeiten die „elektrische Gefahr" vorhanden.

Da diese Gefahr nicht aufgehoben werden kann, ist sie und alle Nebenerscheinungen vor Beginn der Arbeiten zu beurteilen und bei der Bewertung mit zu berücksichtigen.

Im **Bild 5.1.3.6 B** werden die Auswirkungen eines Kurzschlusses auf ein „Dummy" demonstriert.

Bild 5.1.3.6 B Störlichtbogen-Kurzschluss im Verteilerkasten
[Quelle: BG FuE]

101

Es wird immer zwischen drei Gefahren unterschieden:

- Gefahr durch Kurzschluss
- Gefahr durch Körperdurchströmung
- Gefahr der Sekundärunfälle

Der **Kurzschluss** entsteht in der Verbindung von zwei aktiven Teilen, die ursprünglich unterschiedliche Potentiale aufweisen, durch einen Leiter oder durch einen elektrisch leitenden Kontakt. Dabei fließt zwischen diesen beiden Teilen, die zwangsweise auf dasselbe Potential gebracht wurden, ein als Kurzschlussstrom bezeichneter Strom.

Bei einem Kurzschluss kann ein Lichtbogen auftreten. Er kann das Auftreten akustischer und thermischer Auswirkungen zur Folge haben (Verbrennungen, Blenden bzw. Verblitzen, Zerschmelzen von Metall, elektrodynamische Kräfte, Lärmeinwirkung, Druckwelle usw.). Ein Kurzschlussstrom kann z. B. durch eine mangelnde Isolierung oder herabfallende Metallteile auftreten.

Im **Bild 5.1.3.6 C** werden die Auswirkungen eines Kurzschlusses auf einen „Dummy" demonstriert, hier mit vorbildlicher persönlicher Schutzausrüstung.

Bild 5.1.3.6 C Schutz durch persönliche Schutzausrüstung beim Störlichtbogen-Kurzschluss [Quelle: BG FuE]

Die **Körperdurchströmung** findet statt, wenn zwei verschiedene Teile des menschlichen Körpers infolge eines Kontakts mit unter Spannung stehenden Teilen einem Potentialunterschied ausgesetzt werden. Die Körperdurchströmung stellt einen Sonderfall des Kurzschlusses dar, wobei der menschliche Körper einen spannungsabhängigen Ohm'schen Widerstand darstellt. Der durch den Körper fließende Strom kann zum Tod der Person führen, entscheidend sind u. a. die Faktoren Höhe des Stroms, Zeit des Stromflusses, Stromweg durch den Körper (z. B. über das Herz). Eine Körperdurchströmung kann durch eine zweifache Fehlersicherheit vermieden werden. Der Fehlerfall wird beherrscht, wenn beim Ausfall einer Isolierstrecke das Vorhandensein einer zweiten wirksamen Isolierstrecke in jedem Falle garantiert ist. Diese Bedingung ist z. B. erfüllt mit dem Benutzen von Isolierhandschuhen und isolierten Werkzeugen sowie geeigneter Standortisolierung. Die isolierten Werkzeuge garantieren die zweite wirksame Isolierstrecke nicht, da sie nicht ständig im Einsatz sind. Die zweite Isolierstrecke stellt in diesem Fall die Standortisolierung dar.

Sekundärunfall – Gefahr besteht durch

- Fallrisiko (ebenerdig, aus der Höhe)

- körperliche Verletzungen (Schnitte, Stiche usw.)

- Gefahr durch herabfallende Gegenstände

Die erkannten Gefährdungen müssen bezüglich **der Risikohöhe und der Eintritts-wahrscheinlichkeit** eingeschätzt und bewertet werden. Dem schließt sich die Beantwortung der Frage an, ob die auszuführenden Arbeiten unter Spannung sicher sind, d. h. ob das Restrisiko gleich oder kleiner einem **vertretbaren Risiko** ist.

Was ist nun ein vertretbares Risiko?

Eine Hilfe bietet die Definition in der DIN EN 292-1 (IEC/ISO 12100), dort heißt es:

„Auf den jeweils gültigen Werten der Gesellschaft (z. B. nationale Regelungen oder Gesetze) beruhendes Risiko, das in gegebenem Zusammenhang akzeptiert wird" (siehe **Grafik 5.1.3.6 D**).

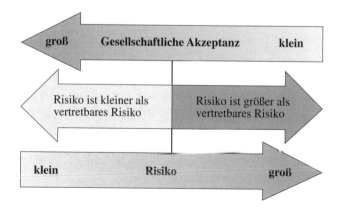

Grafik 5.1.3.6 D Sicherer Betrieb durch Maßnahmen zur Risikominimierung

Diese Definition bedeutet, dass es keinen objektiven Maßstab für das „vertretbare Risiko" gibt. Es kommt auf einen gesellschaftlichen Konsens an. Für die Praxis bedeutet dies:

Liegen für ein bestimmtes Risiko noch keine allgemein akzeptierten Erfahrungswerte vor, so empfiehlt es sich, dass der Anwender und der Betreiber (Anlagenverantwortlicher), eventuell unter Einbeziehung der Aufsichtsbehörden und/oder Unfallversicherungsträger, sich rechtzeitig darüber einigen, was in dem speziellen Fall vertretbar ist und wie dies beurteilt wird.

Anmerkung: Das vertretbare Risiko kann sich abhängig von den jeweils gültigen Werten der Gesellschaft für eine Gefährdungssituation ändern. Das Restrisiko sollte in der Praxis kontinuierlich mit dem Ziel bewertet werden, das Maß des vertretbaren Risikos weiter zu verringern (siehe **Bild 5.1.3.6 D**).

Generell muss eine Risikobeurteilung auch zu Beginn jeder Ausführung von Arbeiten unter Spannung gemacht werden. Diese Aufgabe erfordert Sorgfalt und Verantwortungsbewusstsein. Nun gibt es für diese Arbeiten weder eine umfassende Liste der in Betracht zu ziehenden Risiken noch einen objektiven Maßstab, wann ein Risiko vertretbar ist oder nicht. Hier kommt dem Anwender aber die in DIN EN 1050 aufgezeigte Möglichkeit eines „Risikovergleichs" zu Hilfe.

Als Teil des Verfahrens der Risikobewertung können hier die Risiken einer Aufgabe/ Arbeit auch mit einer ähnlichen verglichen werden, falls die folgenden Kriterien erfüllt sind, z. B:

- Die Aufgabe/Arbeit ist sicher, sie wird nach national erprobten Verfahren durchgeführt
- Die bestimmungsgemäße Ausführung und die Art der Aufgabe/Arbeit sind vergleichbar
- Die Gefährdungen und die Risikoelemente sind vergleichbar
- Die technischen Voraussetzungen und die Umgebungsbedingungen sind vergleichbar
- Die Einsatzbedingungen sind vergleichbar
- Der spannungsfreie Zustand kann nicht hergestellt werden
- Der Unternehmer hat eine schriftliche Anweisung erstellt
- Die befähigte Person kann die beschriebenen Grundsätze des AuS anwenden

Das Prinzip des Risikovergleichs gilt nicht nur für den kompletten Umfang der Aufgabe/Arbeit, sondern kann auch auf Teilaspekte angewendet werden. Die Durchführung eines Risikovergleichs hebt nicht die Notwendigkeit auf, eine Risikobeurteilung nach dieser Norm für abweichende oder auch spezifische Einsatzbedingungen durchzuführen.

Die Beantwortung der Frage, ob die auszuführenden Arbeiten unter Spannung sicher sind, d. h. ob das Restrisiko gleich oder kleiner einem **vertretbaren Risiko** ist, muss vor Beginn der Arbeiten beantwortet werden.

Es handelt sich nicht um ein starres Konzept. Die jeweiligen Maßnahmen müssen teilweise der vor Ort angetroffenen Situation angepasst werden (Konfiguration des Einsatzorts, Art der Schaltgeräte, Witterungsbedingungen usw.). Ein wichtiger Bestandteil bei der Gefährdungsbeurteilung ist auch die Betrachtung der auszuführenden Arbeiten bezogen auf die verschiedenen Spannungsebenen (Nieder-, Mittel- und Hochspannung).

Die Sicherheit ergibt sich aus den anzuwendenden Vorschriften, deren Kenntnis und der Analyse jedes Einzelfalls, den jedes AuS-Projekt darstellt.

Wird diese Frage negativ beantwortet, so müssen in einer Rangfolge Maßnahmen zur Risikominimierung ergriffen werden. Danach ist der gesamte Prozess der Risikobeurteilung neu zu durchlaufen, bis dass das Restrisiko hinreichend klein ist und die Arbeiten unter Spannung weder für den Anwender noch für die Anlage eine Gefährdung darstellen.

Bei der Festlegung der Schutzziele gilt immer zu berücksichtigen, dass organisatorische und technische Schutzmaßnahmen Vorrang vor persönlichen Schutzmaßnahmen haben.

Als Beispiel soll die folgende Analyse der Gefährdungen beim Arbeiten unter Spannung dienen, hier begrenzt auf die Analyse bezüglich der Gefahr durch **Kurzschluss bzw. Körperdurchströmung.** Diese Aufstellung erhebt jedoch keinen Anspruch auf Vollständigkeit und muss anwendungsbezogen angepasst bzw. ergänzt werden.

Die Einstufung in diesem Fallbeispiel könnte wie folgt ausgeführt werden:

● Beseitigung der Gefährdung

● Vermeidung der Berührung mit der Gefährdung

● Verringerung der Folgen der Berührung mit der Gefährdung

Beseitigung der Gefährdung

Im ersten Ansatz muss man unterscheiden zwischen den spezifischen Gefahren beim AuS (Berührung aktiver Teile bzw. Entstehung eines Kurzschlusses) und den allgemeinen Gefahren. Während sich die spezifischen Risiken der Arbeiten unter Spannung nicht beseitigen lassen, können hingegen bestimmte allgemeine Risiken aufgehoben werden, wie z. B. die Vermeidung von scharfen Kanten und Ecken an den Werkzeugen für das Arbeiten unter Spannung.

Vermeidung der Berührung mit der Gefährdung (aktive Teile)

Dies ist der Großteil der anzuwendenden Maßnahmen. Um eine mögliche Berührung zwischen dem Menschen und der Gefährdung zu vermeiden, ist es notwendig, eine Trennung zwischen dem Anwender und der Gefährdung zu erreichen und für die gesamte Zeit der Ausführung der Arbeiten sicherzustellen. Diese Trennung kann im Fall der Arbeiten unter Spannung z. B. durch Information, durch Abstand, durch Isolierung oder durch eine Markierung der Arbeitszone ausgeführt werden.

Die Arbeitszone wird auf Verlangen des Arbeitsverantwortlichen eingerichtet. Durch diesen Vorgang kann vermieden werden, dass sich Personen, die nicht an den Arbeiten beteiligt sind, in die Annäherungszone gelangen können.

Die Potentialtrennung durch Abstand besteht in der Einhaltung eines ausreichenden Abstands zwischen der Gefährdung und dem Anwender, um deren Berührung zu vermeiden. Diese Entfernung ist durch die Annäherungszone in der entsprechenden Norm festgelegt. Bei diesem Abstand werden auch die ungewollten Bewegungen des Anwenders berücksichtigt. Die Festlegungen entbinden den Anwender von der ständigen Sorge um die Einhaltung der Minimalentfernungen und ermöglichen es ihm, seine ganze Aufmerksamkeit der Ausführung seiner Arbeit zu widmen.

Die Potentialtrennung durch ein Hindernis stellt das Grundprinzip aller isolierenden Schutzvorrichtungen dar. Das Hindernis, z. B. das Abschranken oder Absperren, muss den Anwender daran hindern, in den Gefahrenbereich einzudringen.

Bei der Ausführung von Arbeiten unter Spannung sind teilweise mehrere Schutzeinrichtungen wie Abschirmungen und Schutzabdeckungen parallel zu treffen.

Das Tragen der persönlichen Schutzausrüstung (PSA) sollte sich hier auf die allgemeinen Risiken beziehen, wie z. B. Sicherheitsschuhe, isolierende Schutzhandschuhe, Schutzbrille gegen UV-Strahlen beim Schalten bzw. ungewollten Entladungen, zertifizierte Arbeitskleidung mit Schutzwirkung gegen Störlichtbogen. Nicht betrachtet sind hier das Tragen verfahrensspezifischer Schutzausrüstungen beim Arbeiten unter Spannung. Für den Niederspannungsbereich sind die gängigen Schutzausrüstungen im Abschnitt 5.1.3.4 beschrieben.

Verringerung der Folgen einer Berührung mit der Gefahr

Man kann nie sicher sein, dass die im Vorfeld ergriffenen Maßnahmen den erhofften 100%igen Schutz bieten. Deshalb lässt sich durch organisatorische Festlegungen eine weitere Risikominimierung erreichen, wie z. B. das Ein- und Ausschalten der Spannung (Schalthandlungen). Diese können während der AuS-Arbeiten ausgesetzt werden, somit sind schon sämtliche daraus resultierenden Folgen vermieden.

Wie bei der Vorbereitung aller Arbeiten muss auch hier die Möglichkeit einer Rettung mit berücksichtigt werden. Diese Maßnahme ermöglicht es in Verbindung mit einer gültigen Erste-Hilfe-Ausbildung (mit Herz-Lungen-Wiederbelebung) **aller** Anwender, die Folgen eines während der Arbeiten eintretenden Unfalls oder Unwohlseins zu begrenzen.

Zusammenfassung zur Sicherheit beim Arbeiten unter Spannung

Ein technisches Verfahren wird als „sicher" bezeichnet, wenn sein Einsatz keinerlei Schädigung oder Gesundheitsbeeinträchtigung für den Anwender und die Anlage hervorruft und nach national erprobten Verfahren ausgeübt wird.

Die Sicherheit ergibt sich durch die Anwendung der Vorschriften, deren Kenntnis und die Gefährdungsbeurteilung jeder Arbeitsstelle vor Arbeitsbeginn. Diese Vorschriften beziehen sich auf physikalische Größen, auf die Struktur und den Zustand des von den Arbeiten betroffenen Anlagenteils, die Art der verwendeten Mittel und die geplanten Arbeitsschritte.

Der Arbeitsverantwortliche ist für die Sicherheitskoordination am Einsatzort verantwortlich.

Das Arbeiten unter Spannung ist eine freie unternehmerische Entscheidung. Es ist keine Frage der Technik, keine Frage der Sicherheit. Die angewandten AuS-Verfahren müssen sicher sein und nach national erprobten Verfahren ausgeführt werden. Bei der Entscheidung für das Arbeiten unter Spannung sind dann geeignete Maßnahmen zu treffen, die ein sicheres Arbeiten gewährleisten. Dabei sind immer die örtlichen Gegebenheiten zu beachten. In der zuständigen Norm DIN VDE 0105-100 ist beschrieben, wie diese Schutzziele erreicht werden können. Wird eine Arbeit von mehreren Personen gemeinschaftlich ausgeführt, so ist ein Arbeitsverantwortlicher zu benennen, der auch dann für die Durchführung und die Aufsicht/Beaufsichtigung der auszuführenden Arbeiten verantwortlich ist.

Anmerkung: Der Arbeitsverantwortliche entscheidet letztlich über die Machbarkeit des Einsatzes vor Ort.

5.1.3.7 Arbeitserlaubnis bzw. Arbeitsauftrag

Das Vorgehen beim Arbeiten unter Spannung muss den geltenden Vorschriften und Regeln entsprechen; deshalb ist für das Arbeiten unter Spannung generell eine schriftliche Arbeitserlaubnis erforderlich. Grundsätzlich ist die Arbeitserlaubnis für jede Arbeit einzeln zu erteilen (keine Pauschalregelungen) und sollte beispielhaft folgenden Inhalt haben:

- Die Auftragsdaten, wie Arbeitsstelle mit Kundenanschrift, Arbeitsaufgabe, Anlagenverantwortlicher, Arbeitsverantwortlicher, Arbeitsgruppe
- Die Umgebungsbedingungen, Einweisung in den Arbeitsbereich, Unterrichtung über mögliche Gefahren bei unsachgemäßem Verhalten
- Festlegung des Arbeitsbeginns
- Bestätigung nach Abschluss der Arbeiten und Rückgabe an den Betreiber

Der Unternehmer muss zunächst entscheiden, ob Arbeiten unter Spannung durchgeführt werden sollen oder der betroffene Anlagenteil gemäß den fünf Sicherheitsregeln freigeschaltet wird. Gründe für das Arbeiten unter Spannung sind für das jeweilige Arbeitsverfahren schriftlich festzulegen.

Wenn die Entscheidung für ein Arbeiten unter Spannung getroffen ist, so sind Maßnahmen zur Organisation, zur Ausführung der Arbeiten und zur Qualifikation des Personals in einer betrieblichen Anweisung festzulegen. Eine derartige Anweisung sollte nur für jede Arbeit einzeln erteilt werden. Eine Pauschalregelung kann zu Missverständnissen führen und erhöht das Unfallrisiko.

Die Arbeiten, die unter Spannung ausgeführt werden sollen, sind genau festzulegen. Im Vorfeld ist festzustellen, ob es für diese Arbeiten geeignete national erprobte Ver-

1 Arbeitsauftrag und Arbeitserlaubnis

Anlage (Anlagenteil):_____

Anlagenverantwortlicher: _____

Arbeitsumfang: _____

Arbeitsgruppe:_____

Arbeitsverantwortlicher: _____

Die Verantwortung innerhalb der Gruppe trägt immer der oben genannte Arbeitsverantwortliche. Dieser ist laut DIN VDE 0105 Teil 100 eine Elektrofachkraft mit Spezialausbildung. Die gemäß Arbeitsschutzgesetz erforderliche Gefährdungsbeurteilung ist ausgeführt und dokumentiert.

_____   Datum
Unterschrift Anlagenverantwortlicher des Betriebs

2 Bestätigung vor Aufnahme der Arbeiten

2.1 Die isolierenden Arbeitsmittel, die Schutzbekleidung und die Abgrenzungen sind überprüft und einsatzbereit. Eine Betauung der Arbeitsmittel liegt nicht vor. Das Arbeitsverfahren ist festgelegt.

Beginn der Arbeiten wurde gemeldet.

2.2 Die meteorologischen Voraussetzungen (Feuchtigkeit, Temperatur) sind erfüllt.

Relative Luftfeuchte:

Temperatur:

Besonderheiten:

_____   Datum
Unterschrift des Arbeitsverantwortlichen

2.3 Die zugehörige Arbeitsanweisung habe ich gelesen und verstanden.

Aufsicht von – bis.

1 _____

2 _____

3 _____

4 _____

(Namen und Unterschriften aller Mitarbeiter der Arbeitsgruppe)

3 Bestätigung nach Abschluss der Arbeiten

Die Arbeiten sind beendet. Die Beendigung der Arbeiten wurde gemeldet.

_____   Datum
Unterschriften des Arbeitsverantwortlichen und des Anlagenverantwortlichen

Bild 5.1.3.7 A Beispielhafter Inhalt eines Arbeitsauftrags

fahren gibt oder diese erst entwickelt werden müssen. Es muss sich um ein Verfahren handeln, das bei sachgerechter Durchführung keinerlei Gefahr für Anwender und Anlage darstellt.

Es wird empfohlen, dem AuS-Anwender zur Hilfestellung eine Checkliste über Arbeitsablauf und Sicherheitsmaßnahmen in chronologischer Reihenfolge zur Verfügung zu stellen. Damit ist auch organisatorisch sichergestellt, dass das Arbeiten unter Spannung immer mit der gleichen Sorgfalt, Zuverlässigkeit und Gründlichkeit ausgeführt wird. Des Weiteren wird empfohlen, den AuS-Arbeitsauftrag immer getrennt von eventuellen Qualitätssicherungsmaßnahmen (ISO 9001) oder speziellen Auftragsdaten zu erstellen. Dieser AuS-Arbeitsauftrag sollte ein in sich geschlossener Vorgang sein.

Das **Bild 5.1.3.7 A** zeigt beispielhaft einen AuS-Arbeitsauftrag.

5.1.3.8   Arbeitsanweisung

Für die genannten Arbeiten unter Spannung sind jeweils Arbeitsanweisungen zu erstellen. Sie beschreiben u. a. die Grundsätze für das Arbeiten unter Spannung, legen den Arbeitsablauf fest und benennen die einzusetzenden Werkzeuge, Ausrüstungen, Schutz- und Hilfsmittel. Es werden des Weiteren die Aufgaben des Arbeitsverantwortlichen beschrieben, das Vorbereiten der Arbeitsstelle usw. Die Beziehungen zwischen den am AuS Beteiligten (Anlagenverantwortlicher – Arbeitsverantwortlicher – ausführende Personen (Arbeitsgruppe)) sind zu beschreiben. Bei den Schutz- und Hilfsmitteln handelt es sich um speziell gekennzeichnete isolierte Werkzeuge, isolierte und isolierende Hilfsmittel und isolierende persönliche Schutzausrüstungen.

Für jede AuS-Technologie bzw. jedes AuS-Verfahren ist eine gesonderte Arbeitsanweisung erforderlich, diese enthält beispielhaft:

• Voraussetzungen für das Arbeiten unter Spannung

• Anwendungsbereich

• Gefährdungsbeurteilung

• Schutzmaßnahmen und Verhaltensregeln

• Verhalten bei Unregelmäßigkeiten

• Verhalten bei Unfällen

• Aufgaben des Anlagenverantwortlichen

• Aufgaben des Arbeitsverantwortlichen

• Arbeitsablauf und Sicherheitsmaßnahmen

• Abschluss der Arbeiten

• Rückgabe der Anlage an den Betreiber

5.1.3.9 Arbeitsauftrag, Arbeitsanweisung, Bereitstellung der Geräte, Arbeitsvorbereitung

Sobald eine bestätigte Arbeitsanweisung vorliegt und die Gefährdungsbeurteilung mit Risikobewertung erfolgt ist, kann das Arbeiten unter Spannung (AuS), sofern es als „sicher" erkannt und nach einem national erprobten Verfahren ausgeführt wird, begonnen werden.

Der erforderliche Arbeitsauftrag/die Arbeitserlaubnis ist täglich und für jede Anlage (Anlagenteil) oder jeden Arbeitsort neu auszustellen. Die Arbeitsanweisung muss an der Arbeitsstelle in schriftlicher Form zur Verfügung stehen. Die Form der Verteilung ist nicht entscheidend, es kann auch ein Fax sein.

Beim AuS-Service handelt es sich um gleichartige, wiederkehrende Arbeiten (z. B. Instandhaltungsarbeiten an einer bestimmten Anlage/Anlagenart, zur Störungsbeseitigung in einem Betriebsteil). Der Formalismus kann hier vereinfacht werden, so dass der Arbeitsauftrag bzw. die Arbeitserlaubnis für eine begrenzte Zeit gilt. Dies darf aber kein „Pauschalauftrag" werden, so sind auch in diesem Fall sämtliche Einsatzorte täglich an eine im Arbeitsauftrag/in der Arbeitserlaubnis festgelegte Stelle (z. B. an den Anlagenverantwortlichen/Betreiber) zu melden. Hier ist besonders darauf zu achten, dass allen Beteiligten die jeweilige Kompetenz des anderen bei dem jeweiligen Einsatz bekannt ist.

Anmerkung: Bei Einsätzen außerhalb der regulären Dienstzeit sind besondere Vorkehrungen bezüglich der Überwachung/Kontrolle der Serviceeinsätze und der ersten Hilfe/Rettungskette zu treffen.

Arbeiten unter Spannung dürfen nur von dazu befähigten Personen ausgeführt werden.

Die in der Fachliteratur oft verwendeten Begriffe, wie z. B. unter **Aufsicht** einer Elektrofachkraft bzw. **Beaufsichtigung** durch eine Elektrofachkraft, führen oft zu Verwirrungen. Bei einer **Aufsichtsführung** kann der Aufsichtführende ohne weiteres Arbeiten ausführen, die ihn nicht bei seiner Tätigkeit der Aufsichtsführung einschränken. Bei einer **Beaufsichtigung** überwacht der Beaufsichtigende die laufenden Arbeiten. Er darf während der Beaufsichtigung keine weiteren Tätigkeiten übernehmen. Die Beaufsichtigung kann während der Ausführung der Arbeiten auch innerhalb der Arbeitsgruppe wechseln. Dies bedarf jedoch ebenfalls einer schriftlichen Festlegung, von wann bis wann welcher Mitarbeiter mit der Beaufsichtigung beauftragt wurde. Bei Bedarf sind Sicherungsposten zusätzlich einzusetzen, z. B. bei Arbeitsstellen auf Gehwegen.

Vor Beginn der Arbeiten unter Spannung sind die Geräte, Ausrüstungen, Schutz- und Hilfsmittel hinsichtlich ihres technischen und baulichen Zustands zu kontrollieren. Wichtig ist die Kontrolle, dass die einzusetzenden Geräte für den bestimmungsgemäßen Gebrauch geeignet sind, z. B. für die entsprechende Spannungsebene (NS/MS/HS).

Das Bereitlegen der erforderlichen Ausrüstungen bedarf einer besonderen Sorgfalt. Ausrüstungen sind vor ihrer Anwendung einer gewissenhaften Sichtkontrolle durch den Arbeitsverantwortlichen zu unterziehen. Sie müssen sauber, trocken und in einem ordnungsgemäßen Zustand sein. Die Ausrüstungen dürfen nur von ausgebildeten Mitarbeitern bestimmungsgemäß benutzt werden. Eine gründliche Reinigung der verwendeten Ausrüstungen und Geräte und gewissenhafte Sichtkontrolle auf ordnungsgemäßen Zustand ist nach der Beendigung der Arbeiten notwendig. Beschädigte Ausrüstungen, Schutz und Hilfsmittel sind sofort auszusondern und dem weiteren Gebrauch zu entziehen.

Vor Beginn der Arbeiten können netztechnische Maßnahmen durchgeführt werden, z. B. das Auftrennen von Ring- und Maschennetzen zu Strahlennetzen. Dadurch wird die Kurzschlussleistung reduziert.

Es können noch weitere technische Maßnahmen vor Ort zur Erhöhung der Arbeitssicherheit ergriffen werden. So kann eine Arbeitsanweisung vorsehen, dass vor Beginn der Arbeiten die Kurzschlussleistung an der Arbeitsstelle zu reduzieren ist. Im Kabel bzw. Freileitungsnetz wird eine einseitige Einspeisung hergestellt, und die normalerweise eingesetzten NH gl Sicherungen werden durch Sicherungen der Reihe NH aR (so genannte Arbeitssicherungen) ersetzt.

Die Isoliermatte(n) für die Standortisolierung ist (sind) auszulegen. Für die Anwendung gelten die Festlegungen der jeweiligen Arbeitsanweisung. Bei Montagearbeiten in Muffengruben und Kabelgräben ist eine Standortisolierung so auszulegen, dass nicht nur alle in der Nähe befindlichen leitenden Teile, sondern auch die dort befindlichen Kabel abgedeckt werden. Gummimatten mit einer Mindestdicke von 2,5 mm sind gemäß gültiger Norm dafür geeignet.

Für das Arbeiten unter Spannung dürfen nur geprüfte und zugelassene Werkzeuge, Schutz- und Hilfsmittel verwendet werden.

Die isolierende persönliche Schutzausrüstung ist anzulegen. Art und Umfang muss jeweils in der Arbeitsanweisung festgelegt sein, ebenso der Zeitpunkt des Ablegens der isolierenden persönlichen Schutzausrüstung.

Mit dem Arbeiten unter Spannung darf nicht begonnen werden, bzw. es muss das AuS abgebrochen werden:

• wenn der Mitarbeiter aus physischen und/oder psychischen Gründen nicht in der Lage ist, diese Arbeiten ordnungsgemäß durchzuführen, hier reicht die Einschätzung des jeweiligen Verantwortlichen (z. B. Anlagen- und/oder Arbeitsverantwortlichen)

• wenn Gefährdungen aus dem Anlagenzustand erkennbar bzw. zu erwarten sind,

• wenn Werkzeuge, Schutz- und Hilfsmittel beschädigt sind

• bei wahrnehmbarem Gewitter

• bei Niederschlägen (es darf nur unter einer Überdachung weitergearbeitet werden)

- an Freileitungen bei Windgeschwindigkeiten über 9,5 m/s
- in explosionsgefährdeten Arbeitsstätten

Durch den Abbruch der Arbeiten und durch das Verlassen des Arbeitsplatzes dürfen sich keine Gefährdungen für Menschen, Nutztiere oder Sachwerte ergeben. Der Zutritt Unbefugter muss auch beim Verlassen des Arbeitsplatzes auf Dauer sichergestellt sein.

Die Abdeckung ist so vorzunehmen, dass

- ungeschützte Körperteile nicht mit leitfähigen Teilen in Berührung kommen können
- eine Berührung von aktiven Teilen unterschiedlichen Potentials untereinander nicht möglich ist
- herunterfallende Teile keine Gefährdungen hervorrufen
- technologisch bedingte Hilfsmittel keine Gefährdung hervorrufen

5.1.3.10 Besonderheiten bei der Arbeitsdurchführung

Grundsätzlich hat bei Montagearbeiten unter Spannung eine zweite Person, die für Arbeiten an unter Spannung stehenden Teilen ausgebildet ist, an der Arbeitsstelle anwesend zu sein.

Aus der Arbeitsanweisung muss ersichtlich sein, ob für die Durchführung der Arbeiten eine zweite ausgebildete Elektrofachkraft erforderlich ist oder ob unter gewissen Voraussetzungen auf diese verzichtet werden kann. Bei der Ausführung der Arbeiten unter Spannung wird teilweise eine Beaufsichtigung verlangt, dies bedeutet, dass der Beaufsichtigende keine weiteren Arbeiten durchführen darf. Bei einer Aufsichtsführung kann der Aufsichtführende selbst Arbeiten durchführen, diese dürfen ihn aber nicht bei der Aufsichtführung beeinträchtigen.

5.1.3.11 Zusammenfasssung der wichtigsten Voraussetzungen für das AuS

- Unternehmerische Entscheidung zum AuS muss getroffen sein
- Schriftlich erteilter Arbeitsauftrag muss vorliegen
- Isolierte Werkzeuge, isolierende Ausrüstungen, Schutz- und Hilfsmittel müssen im erforderlichen Umfang und in einem einwandfreien Zustand vorhanden sein
- Der Anlagenverantwortliche gibt den Umfang, Ort und Termin der vorgesehenen Arbeit frei und erteilt somit die erforderliche Arbeitserlaubnis
- Prüfen und Bewerten der Vor-Ort-Bedingungen nach AuS-Grundsätzen
- Einrichten und Sichern der Arbeitsstelle. (Arbeitsstättenverordnung und die Regeln für die Sicherung von Arbeitsstellen an Straßen (RSA))
- Kontrollieren aller Werkzeuge, Ausrüstungen, Schutz- und Hilfsmittel vor jedem Einsatz

- Lichtbogendauer durch superflinke Sicherungen begrenzen
- Abdecken oder Abschranken der benachbarten leitfähigen Teile
- Die Freigabe zur Arbeit wird nur vom Arbeitsverantwortlichen erteilt
- Durchführung der Arbeiten gemäß Arbeitsanweisung
- Der Arbeitsverantwortliche meldet dem Anlagenverantwortlichen das Ende der Arbeiten
- Kontrolle, Säuberung und eventuelles Aussondieren defekter Werkzeuge, Ausrüstungen, Schutz- und Hilfsmittel

Das Arbeiten unter Spannung ist eine freie unternehmerische Entscheidung. Solange das AuS nach den national erprobten Verfahren ausgeführt wird, ist es keine Frage der Technik. Die Sicherheit der Ausführenden und der Anlage haben Vorrang, deshalb ist es vor jedem Beginn der Arbeit erforderlich, dass die örtlichen Begebenheiten an den AuS-Grundsätzen gespiegelt werden und eine Gefährdungsbeurteilung mit Risikoabschätzung erstellt wird. Erst dann darf der Beginn der Arbeiten erfolgen.

Jede Unregelmäßigkeit bei den AuS-Arbeiten muss vor Ort neu bewertet werden.

5.1.4 Schulung und Ausbildung, Wiederholungsausbildung

Die zu erwartenden berufsgenossenschaftlichen Regeln über das Arbeiten unter Spannung werden aus heutiger Sicht die Gleichwertigkeit der Ausbildung sicherstellen. Durch das neue Betriebssicherheitsgesetz und die zu erwartende Überarbeitung der BGV A2 können sich teilweise Anpassungen ergeben.

Somit werden folgende Voraussetzungen für die Zulassung zur Ausbildung AuS erwartet:

- Befähigte Person im Sinne der neuen überarbeiteten BGV A2
- Mindestalter 18 Jahre
- Gesundheitliche Eignung; diese kann z. B. durch die Vorsorgeuntersuchung nach Grundsatz G 25 nachgewiesen werden
- Ersthelferausbildung mit Herz-Lungen-Wiederbelebung (**HLW**)

Entscheidend für die Eignung ist, ob in Abhängigkeit vom beabsichtigten Grad der Befähigung zum AuS ausreichend Grundkenntnisse und Erfahrung zum Erkennen und Vermeiden von Gefahren durch Elektrizität vorhanden sind. Des Weiteren werden bei der Ausbildung Differenzierungen bezüglich der verschiedenden Spannungsebenen gemacht.

Empfehlung für die Grundausbildung von Elektrofachräften für AuS bis 1000 V AC bzw. 1500 V DC.

Die erworbenen Kenntnisse vermitteln Elektrofachkräften die notwendigen Fertigkeiten für das AuS. Die Spezialausbildung (siehe DIN VDE 0105 Abs. 6.3) umfasst einen theoretischen und einen praktischen Teil. Die Praxisausbildung erfolgt nach national erprobten und anerkannten Arbeitstechnologien.

Die Teilnahme an einer Spezialausbildung für AuS setzt die fachliche Qualifikation „Elektrofachkraft gemäß BGV A2 § 2, Abs. 3" und den Nachweis einer gültigen Erste-Hilfe-Ausbildung mit Herz-Lungen-Wiederbelebung voraus.

Mindestanforderungen an die theoretische Ausbildung

- Grundlagen des Arbeitsschutzes und der Haftung bei Schäden
- Gefahren und Wirkungen des elektrischen Stroms
- Unfallgeschehen
- Forderungen für AuS gemäß BGV A1, BGV A2, DIN VDE 0105 Teil 100
- Organisatorische Voraussetzungen für das AuS
- Sicherheitstechnische Maßnahmen für das AuS
- Grundsätze für das AuS
- Erstellen der erforderlichen Gefährdungsbeurteilung (Arbeitsschutzgesetz)

Die theoretische Ausbildung wird mit einer Prüfung abgeschlossen. Die bestandene Prüfung ist Voraussetzung für den praktischen Teil der Ausbildung.

- Die Ausbildungseinrichtung arbeitet nach national erprobten AuS-Verfahren.
- Jedem Teilnehmer stehen für die Ausbildung eine Arbeitsanweisung und die darin geforderten Werkzeuge, Ausrüstungen, Schutz- und Hilfsmittel zur Verfügung
- Die Ausbildung erfolgt unter Spannung
- Die Ausbildungsobjekte sind unter größtmöglicher Praxisnähe zu gestalten

Die Praxisausbildung wird in einem Abschlussgespräch ausgewertet. Der Ausbilder beurteilt die Leistungen der Teilnehmer und teilt das Ergebnis der Ausbildung – „bestanden" bzw. „nicht bestanden" – mit.

Zertifizierung

- Der Teilnehmer erhält nach bestandener Ausbildung ein Zertifikat
- Das Zertifikat gilt nur für die ausgewiesenen AuS und ist zeitlich auf maximal vier Jahre begrenzt. Eine Fortschreibung der Gültigkeit ist durch die erfolgreiche Teilnahme an einer Wiederholungsausbildung möglich

Nachausbildung

Innerhalb der Gültigkeitsdauer einer Zertifizierung kann eine Elektrofachkraft mit Spezialausbildung AuS – ohne Teilnahme an einer erneuten theoretischen Ausbildung – eine praktische Nachausbildung in weiteren AuS absolvieren. Die erfolgreich absolvierten AuS werden im Zertifikat nachgetragen. Die Gültigkeitsdauer des Zertifikats wird dadurch nicht verändert. Die nächstfolgende Wiederholungsausbildung umfasst dann alle zertifizierten AuS.

Wiederholungsausbildung

Die Wiederholungsausbildung von Elektrofachkräften für das AuS dient der Aktivierung und Aktualisierung erworbener Kenntnisse und Fertigkeiten für das AuS und ist in regelmäßigen Abständen auszuführen.

Grundausbildung von Elektrofachräften für AuS über 1000 V AC bzw. 1500 V DC

Die Grundausbildung bei Spannungsebenen über 1000 V AC bzw. 1500 V DC ist technologiebezogener als die Ausbildung im Niederspannungsbereich. Detaillierte Informationen über die speziellen Ausbildungswege zu definieren, würde den Umfang sprengen.

Basisliteratur

- Arbeitsschutzgesetz
- Unfallverhütungsvorschrift BGV A1 „Allgemeine Vorschriften"
- Unfallverhütungsvorschrift BGV A2 „Elektrische Anlagen und Betriebsmittel"
- DIN VDE 0105 Teil 100 „Betrieb von elektrischen Anlagen"
- VDE-Schriftenreihe Band 13, „Betrieb von elektrischen Anlagen", Erläuterungen zu DIN VDE 0105 Teil 100
- Merkblatt BG F + E „Erste Hilfe bei Unfällen durch elektrischen Strom"

5.1.5   Gegenüberstellung der AuS-Verfahren und AuS-Technologien

Die **drei Arbeitsverfahren** für das Arbeiten unter Spannung sind:

- Arbeiten auf Abstand
- Arbeiten mit Isolierhandschuhen
- Arbeiten auf Potential

Diese Verfahren werden den einzelnen Spannungsebenen unterschiedlich zugeordnet.

Beim Arbeiten mit Isolierhandschuhen berührt der Arbeitende, geschützt durch Isolierhandschuhe und möglicherweise isolierenden Armschutz, unter Spannung stehende Teile.

Beim Arbeiten auf Abstand bleibt der Arbeitende in einem festgelegten Abstand von unter Spannung stehenden Teilen und führt seine Arbeit mit isolierenden Stangen aus.

Beim Arbeiten auf Potential befindet sich der Arbeitende auf dem Potential der unter Spannung stehenden Teile und berührt diese direkt; dabei ist er gegenüber der Umgebung ausreichend isoliert.

Im Niederspannungsbereich (bis AC 1000 V bzw. DC 1500 V) kommen überwiegend die Verfahren „Arbeiten mit Isolierhandschuhen" oder „Arbeiten auf Abstand" zum Einsatz.

Beispiele für das **Arbeiten mit Isolierhandschuhen** sind

● Anschließen von Kabeln in Verteilungen

● Herstellen von Hausanschlussmuffen (siehe **Bild 5.1.5 A**)

● Herstellen von Dachständer- und Giebelanschlüssen

● Auswechseln von Geräten in Schaltanlagen

● Auswechseln von Zählern

● Auswechseln von Isolatoren in Freileitungen

Beispiele für das **Arbeiten auf Abstand** sind

● Trocken- und Feuchtreinigen von Schaltanlagen und Kabelverteilerschränken (siehe **Bilder 5.1.5.B** und **C**)

Im „**Mittelspannungsbereich**" (über 1 kV bis 36 kV) kommt vorzugsweise das Verfahren **Arbeiten auf Abstand** zur Anwendung, d. h., es wird mit isolierenden Stangen gearbeitet, deren Isolationsfestigkeit geprüft ist und bei denen der maximal zulässige Ableitstrom nicht überschritten wird.

Bild 5.1.5 A Herstellen von Hausanschlussmuffen

Bild 5.1.5 B Feuchtreinigung von
Stutzisolatoren

Bild 5.1.5 C Trockenreinunung eines Stützisolators am
MS-Eingang eine Transformators

Infolge ihres Isoliermaterials sind sie überbrückungssicher und geben darüber hinaus dem Arbeitenden einen Schutzabstand gegenüber blanken, spannungsführenden Anlageteilen (aktiven Teilen).

Die bewährte Trockenreinigung durch Absaugen mittels Düsen und Bürsten ermöglicht es, Anlagen von losen Stäuben und Spinnengeweben schnell und wirkungsvoll zu reinigen. Bei verölten und festsitzenden Staubbelägen kann der gewünschte Reinigungseffekt mit der Trockenreinigung durch Absaugen allein jedoch nicht erreicht werden. Die speziell entwickelte Feuchtreinigung erfüllt auch die Anforderungen an eine Intensivreinigung.

Die Feuchtreinigung wird, wie die Trockenreinigung, nach dem Verfahren „Arbeiten auf Abstand" durchgeführt. Dazu werden isolierende Arbeitsstangen und Schwämme verwendet. Letztere sind mit einer isolierenden Reinigungsflüssigkeit angefeuchtet. Die Ausrüstung zum Feuchtreinigen ist in Anlehnung an E DIN VDE 0682-621 gebaut und geprüft.

Weitere Beispiele für AuS-Arbeiten im Mittelspannungsbereich sind

● Trockenreinigung von Schaltanlagen und Umspannern durch Absaugen

● Feuchtreinigung von Schaltanlagen und Umspannern

● Reinigen und Fetten der Schaltstücke an Trennschaltern

● Schmieren von Schalterantrieben

● Nachfüllen von Löschflüssigkeit in Schaltgeräte

● Nachfüllen von Isolieröl in Ortsnetz-Umspanner

- Nachfüllen von Kabelimprägniermasse
- Ausmessen von offenen Schaltfeldern für das Anbringen von isolierenden Schutzplatten
- Montage von Vogelschutzeinrichtungen an Freileitungsmasten
- Isolatorenwechsel in Freileitungen (**Bild 5.1.5 D**)

Bild 5.1.5 D Isolatorenwechsel   **Bild 5.1.5 E** Isolatorenwechsel in Freileitungen
in Freileitungen   (Methode auf Potential und mit Isolierhandschuhen)
(Stangenmethode)

Anmerkung: Für den Isolatorenwechsel in Freileitungen kommt auch das Verfahren **Arbeiten mit Isolierhandschuhen** zur Anwendung, praktiziert von einer entsprechend isolierten Hubarbeitsbühne aus (**Bild 5.1.5 E**).

Nachfüllen von Massekabel-Endverschlüssen bis 36 kV

Das Nachfüllen von Isoliermasse in Massekabelendverschlüsse erfolgt oft noch im spannungsfreien Zustand der Anlagen. Dazu wird Isoliermasse in einem Behälter so lange erhitzt, bis Blasen sichtbar werden. Beim Einfüllen der erhitzten Masse mit einfachsten Hilfsmitteln besteht die Gefahr von Hautverbrennungen.

Nach dem neuen AuS-Verfahren (Arbeiten auf Abstand) wird die Isoliermasse in einem Nachfüllgerät nach Herstellervorgaben erhitzt, die Verschlussschraube am Endverschluss mit einem speziellen isolierenden Schraubendreher geöffnet und die Masse (bei eingeschalteter Anlage) per Knopfdruck über ein Isolierrohr in den Massekabelendverschluss eingefüllt (siehe **Bilder 5.1.5 Fa/Fb**).

Bild 5.1.5 Fa Nachfüllen von Isoliermasse in Kabelendverschlüsse

Bild 5.1.5 Fb Nachfüllen von Isoliermasse in Kabelendverschlüsse (Detailaufnahme)

Beispiel für das Arbeiten auf Potential

Im **Hochspannungsbereich** (über 110 kV bis etwa 400 kV) wird fast ausschließlich auf Potential gearbeitet, bedingt durch die relativ großen Abstände zwischen den Leitern und zwischen den Leitern und Erdpotential. Viele Arbeiten, die an HS-Freileitungen mit Nennspannungen ab 110 kV in Deutschland zz. im spannungslosen Zustand ausgeführt werden, könnten ebenso unter Spannung durchgeführt werden (siehe **Bild 5.1.5 G**)

Bild 5.1.5 G Montage von Abstandhaltern

119

Weitere Beispiele für das AuS an Hochspannungsfreileitungen sind

- Befahren von Leiterseilen (siehe **Bild 5.1.5 H**)
- Anbringen von Seilmarkierungen (siehe **Bild 5.1.5 I**)
- Reparatur von Seilschäden
- Entfernen von Fremdkörpern
- Wechsel von Isolatoren und Isolatorenketten an Trag- und Abspannmasten
- Befahren von Bündelleitern, zur Montage oder Kontrolle von Abstandhaltern
- Einbau von Schutzplatten im Rahmen von Korrosionsschutzmaßnahmen
- Erhöhung von Masten mit einer hydraulischen Masterhöhungsvorrichtung

Diese Technologien werden überwiegend von Dienstleistern angeboten und weniger in Eigenleistung ausgeführt. Die mit schirmender Kleidung ausgerüsteten Ausführenden steigen vom Mastschaft über isolierte Leitern zum jeweiligen Leiterseil oder werden vom Hubschrauber aus auf die Leitung abgeseilt.

Bild 5.1.5 H Befahren von Leiterseilen

Bild 5.1.5 I Anbringen von Seilmarkierungen

5.2 Arbeiten unter Spannung bis 1000 V

Beispiele für das Arbeiten unter Spannung im Niederspannungsbereich sind:

- Verstärken von Straßenkabeln und Hausanschlüssen
- Schließen von Baulücken, Anschluss neuer Bauvorhaben
- Reparatur/Auswechseln zerrissener oder beschädigter Kabel
- Reparatur/Auswechseln angefahrener Laternenmasten oder Kabelverteilerschränken
- Herstellen von Baustromanschlüssen
- Reinigen von Schaltanlagen
- Reinigen von Kabelverteilerschränken (z. B. nach Überschwemmungen)

Die **Bilder 5.2 A/B/C** zeigen Anwendungsbeispiele vom Herstellen eines 380-V-Abzweigs unter Spannung.

Für die Nassreinigung von Kabelverteilerschranken steht ein erprobtes Nassreinigungsverfahren zur Verfügung. Bei dem Verfahren wird ein auf etwa 95 °C erhitztes, normales Leitungswasser mit einem Hochdruck-Flüssigkeitsstrahlgerät verwendet. Das erhitzte Leitungswasser wird mit etwa 70 bar mit einer Reinigungslanze aus einem festgelegten Abstand in den Kabelverteilerschrank gesprüht. Mit diesem Verfahren wird eine sehr hohe Reinigungseffektivität erreicht. Zum Reinigen eines Kabelverteilerschranks sind wenige Minuten und nur etwa 30 l Wasser nötig.

Die **Bilder 5.2 D/E/F** zeigen Anwendungsbeispiele vom **Nassreinigen eines Kabelverteilerschranks.** Nachteil der Methode ist, dass gefettete und geölte Teile bei der Reinigung entfettet werden und somit nach der Reinigung gezielt nachgeölt und nachgefettet werden müssen. Bei nicht abgedeckten und nicht abgedichteten Kabelenden besteht die Gefahr von Folgeschäden durch eindringende Feuchtigkeit in das Erdkabel.

Bei dieser Methode sind mehrere Sicherheitsmaßnahmen „in Reihe geschaltet":

- Das Mundstück an der Reinigungslanze besteht aus hochwertigem Isolierstoff und verhindert so die Einleitung von Störlichtbögen (Überbrückungssicherheit) und den Stromübertritt auf das Strahlrohr
- Das leitfähige Strahlrohr ist durch ein Isolierstück in seinem Verlauf unterbrochen
- Der Monteur trägt isolierende Handschuhe, isolierende Stiefel und Gesichtsschutzschild

Diese Art der Reinigung von Kabelverteilerschränken wurde in den vergangenen Jahren vor allem in süddeutschen EVU's ausgeführt. Es ergaben sich bisher keine Zwischenfälle, Unfälle oder Sachschäden.

Bild 5.2 A Herstellen eines 380-V-Abzweigs unter Spannung

Bild 5.2 B Herstellen eines 380-V-Abzweigs unter Spannung

Bild 5.2 C Herstellen eines 380-V-Abzweigs unter Spannung

122

Bild 5.2 D Nassreinigen eines Kabelverteilerschranks unter Spannung

Bild 5.2 E Nassreinigen eines Kabelverteilerschranks unter Spannung

Bild 5.2 F Nassreinigen eines Kabelverteilerschranks unter Spannung

123

Trockenreinigung von Kabelverteilerschränken bis 1000 V

Beim Öffnen von mit Staubbelägen, Spinnweben und eingewachsenen Gräsern verschmutzten Kabelverteilerschränken kann bei ungünstigen Witterungsbedingungen (z. B. Betauung) ein Lichtbogen auftreten, der neben Anlagenschäden auch Personenschäden verursacht.

Das bewährte Trockenreinigungs-Verfahren durch Absaugen mittels Düsen und Bürsten ermöglicht es, Anlagen von losen Stäuben und Spinnweben sicher, schnell und wirkungsvoll zu reinigen.

Die Praxis zeigt, dass, je nach Verschmutzungsgrad und Intensität, Reinigungsarbeiten an offenen Innenraumanlagen und Kabelverteilerschränken in turnusmäßigen Abständen zwischen etwa einem und zwei Jahren erforderlich sind.

Die **Bilder 5.2 G** und **H** zeigen praktische Beispiele.

Bild 5.2 G Spinnwebengeflecht in einem Kabelverteilerschrank

Bild 5.2 H Nach der Reinigung des Schranks

5.3 Arbeiten unter Spannung von 1 kV bis 36 kV

5.3.1 Allgemeines

Das Arbeiten unter Spannung in Mittelspannungs-Innenraumanlagen besitzt im Vergleich mit denjenigen in Mittelspannungs-Freileitungen die größere Bedeutung. Das Reinigen der offenen Innenraumanlagen steht hinsichtlich ihrer Häufigkeit mit Abstand an der Spitze der in Mittelspannungsanlagen durchzuführenden Instandhaltungsarbeiten. Nach dem Prinzip des indirekten Berührens ist das Reinigen problemlos und sicher ausführbar – das beweisen langfristige und umfangreiche Untersuchungen an den Arbeitsgeräten im Zusammenspiel mit der elektrischen Anlage. Nicht zuletzt bestätigen die fast 20-jährigen positiven Erfahrungen bei der

Anwendung des AuS, dass die gewählten Verfahrensweisen sowohl hinsichtlich der Sicherheitsvorschriften als auch der Schulung der Monteure zweckmäßig sind. Aufgrund seiner ökonomischen und sicherheitstechnischen Vorzüge sollte das AuS die Wartungs- und Instandhaltungsmethode sein.

AuS an Mittelspannungs-Innenraumanlagen muss wegen der geringen Abstände zwischen Teilen unterschiedlichen Potentials sowie zwischen spannungsführenden Teilen und dem Bediengang ausschließlich nach dem Prinzip des indirekten Berührens ausgeführt werden. Für die Arbeiten sind in der Regel zwei Personen – ein Verantwortlicher für das AuS sowie ein Ausführender – erforderlich. Letzterer hat seinen Standort im Bedienungs- oder Kontrollgang so zu wählen, dass er stets den geforderten Mindestabstand zu den unter Spannung stehenden Teilen der Anlage einhalten kann. Der Verantwortliche hat u. a. die Aufgabe, die Arbeiten und die Bewegungsabläufe zu beaufsichtigen.

Verfahren, in denen Roboter das Arbeiten unter Spannung ausführen, werden weiterentwickelt. Diese Roboter sollen geeignet sein, in europäischen Mittelspannungs-Freileitungsnetzen das AuS ferngesteuert durchzuführen. Ziel dieser Entwicklung ist, die Ausschaltzeiten für Instandhaltungsarbeiten in Strahlennetzen deutlich zu senken. Dabei wird davon ausgegangen, dass sich die derzeitigen deutschen Netzstrukturen mittelfristig ändern werden (z. B. weniger Ringnetze usw.)

Beispiele für das AuS im Bereich 1 kV bis 36 kV sind:

- Nachfüllen von Löschflüssigkeit in Schaltgeräten
- Abschmieren von Schalter-Antriebselementen
- Nachfüllen von Isolieröl in Ortsnetztransformatoren
- Nachfüllen von Kabelimprägniermasse
- Ausmessen von offenen Schaltfeldern für den Einsatz isolierender Schutzplatten
- Reinigen durch Absaugen
- Schneiden von Kabeln

Im Folgenden werden vier typische AuS im Mittelspannungsbereich vorgestellt:

- Reinigen von Mittelspannungsanlagen durch Absaugen
- Kabelschneiden
- Überbrückungseinheit zur Wartung von Mittelspannungsschalter
- Auswechseln von Isolatoren durch Einsatz einer isolierten Hubarbeitsbühne

5.3.2 Reinigen von elektrischen Anlagen bis 36 kV unter Spannung

5.3.2.1 Trocken- und Feuchtreinigung

Die **Trockenreinigung** durch Absaugen wird nach dem Verfahren auf Abstand durchgeführt. Dabei hält der Ausführende grundsätzlich einen festgelegten Mindestabstand von unter Spannung stehenden Teilen ein und führt seine Arbeiten mit isolierten Rohren aus. Beim Reinigen unter Spannung (Spannungsbereich 1 kV bis 36 kV) ist ein Mindestabstand von spannungsführenden Teilen von mindestens 525 mm einzuhalten (Isolierstrecke zwischen Begrenzungsscheibe und rotem Ring am Saugrohr).

Anmerkung: Reinigungsarbeiten unter Spannung bis 36 kV können heute problemlos und sicher als zustandsabhängige, vorbeugende Instandhaltung oder auch als periodisch vorbeugende Instandhaltung während der normalen Arbeitszeiten durchgeführt werden.

Aufgrund der Anforderung in DIN VDE 0105-100, Absatz 7.1.1 ist Instandhaltung regelmäßig durchzuführen, um Ausfälle zu verhüten und die Betriebsmittel in ordnungsgemäßem Zustand zu erhalten. Reinigungsarbeiten müssen heute nicht mehr als ausfallbedingte Instandhaltung eingruppiert werden.

Nach den Erläuterungen DIN VDE 0105-100 ist die ausfallbedingte Instandhaltung für einfache Anlagen, deren störungsbedingte Ausfälle nur geringe Schäden oder Folgeschäden verursachen, geeignet. Die Erfahrung zeigt aber, dass nicht gereinigte Transformatorzellen, Schaltfelder usw. keinesfalls nur geringe Betriebsmittelschäden verursachen. Die Praxis zeigt, dass, je nach Verschmutzungsgrad und Intensität, Reinigungsarbeiten an offenen Innenraumanlagen in turnusmäßigen Abständen zwischen etwa einem und zwei Jahren erforderlich sind.

Die bewährte Trockenreinigung durch Absaugen mittels Düsen und Bürsten ermöglicht es, Anlagen von losen Stäuben und Spinnweben sicher, schnell und wirkungsvoll zu reinigen.

Bei verölten und festsitzenden Staubbelägen kann der gewünschte Reinigungseffekt mit der Trockenreinigung durch Absaugen allein nicht erreicht werden. Die entwickelte **Feuchtreinigung** in Kombination zur Trockenreinigung erfüllt hier die Anforderungen an eine Intensivreinigung. Diese Kombination aus Trocken- und Feuchtreinigung unter Spannung wird heute in Anlagen bis 36 kV problemlos, sicher und effektiv praktiziert.

Die Feuchtreinigung wird, wie die Trockenreinigung durch Absaugen, nach dem Verfahren auf Abstand durchgeführt.

In den **Bildern 5.3.2.1 A/B** sind die Ergebnisse einer Kombireinigung (Trocken- und Feuchtreinigung) zu sehen.

Die Trockenreinigung durch Absaugen in Kombination mit der Feuchtreinigung mit angefeuchteten Schwämmen ist anlagen- und umweltfreundlich einsetzbar. Bei der Feuchtreinigung werden nicht, wie beim Ausspritzen mit Wasser oder Reinigungsmitteln, von gefetteten Kontaktflächen und geölten Gelenken ungewollt Gleit- und Schmiermittel entfernt. Unter Beachtung des bestimmungsgemäßen Gebrauchs tritt auch bei der Feuchtreinigung unter Berücksichtigung der entsprechenden EG-Sicherheitsdatenblätter keine Umweltbelastung auf.

Bild 5.3.2.1 A Transformatorzelle vor den
Reinigungsarbeiten

Bild 5.3.2.1 B Transformatorzelle nach den
Reinigungsarbeiten

Anmerkung: Die Kombination aus Trocken- und Feuchtreinigung erfüllt in vollem Umfang die Anforderung an eine Intensivreinigung und ist damit der Reinigung im abgeschalteten Zustand mit Pinsel, Bürsten, Putzlappen und Sauger praktisch gleichzusetzen.

5.3.2.2   Gerätenormen für das Reinigen elektrischer Anlagen bis 36 kV

Die für Reinigungsarbeiten unter Spannung entwickelten Geräte zum Trockenreinigen durch Absaugen, Feuchtreinigung mittels angefeuchteter Schwämme und Nassreinigen durch Abspritzen entsprechen den Anforderungen in DIN VDE 0105 und BGV A2.

Die grundsätzlichen Anforderungen, Schutz gegen Lichtbogenbildung und Körperdurchströmung, sind bei ordnungsgemäßem Umgang mit den Geräten im vollen Umfang erfüllt.

Reinigen von Mittel- und Niederspannungsanlagen durch Absaugen

Die Norm E DIN VDE 0682-621 gilt für Vorrichtungen zum Reinigen durch Absaugen unter Spannung stehender Teile für Nennspannungen bis 30 kV mit Nennfrequenzen 15 Hz bis 60 Hz.

127

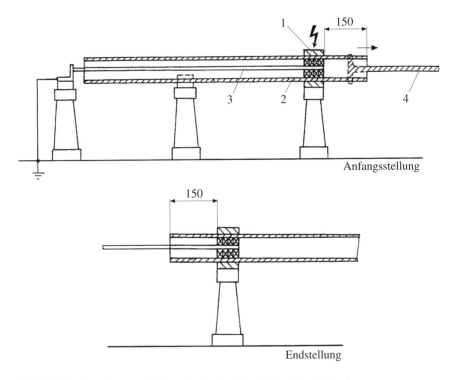

Anfangsstellung

Endstellung

Bild 5.3.2.2 A Anordnung zur Prüfung der Durchschlagsfestigkeit der Isolierrohre

1 ringförmige Außenelektrode, minimal 25 mm breit
2 Innenelektrode
3 Innenelektrodenhalterung
4 isolierende Zugvorrichtung

Die Gerätenorm legt detaillierte Prüfungen für nicht elektrische Anforderungen und elektrische Anforderungen fest. Die elektrischen Anforderungen der Typprüfung sind grundsätzlich auch als Stückprüfungen in angepasster Ausführung gefordert.

Als Stückprüfung sind folgende Prüfungen festgelegt:

- Durchschlagsfestigkeit der isolierenden hohlen Rohre (Prüfaubau siehe **Bild 5.3.2.2 A)**
- Aufbau, Maß und Zusammenbau
- Ableitstrom und Isoliervermögen (Prüfaufbau siehe **Bild 5.3.2.2 B)**
- Überbrückungssicherheit (Prüfaufbau siehe **Bild 5.3.2.2 C)**

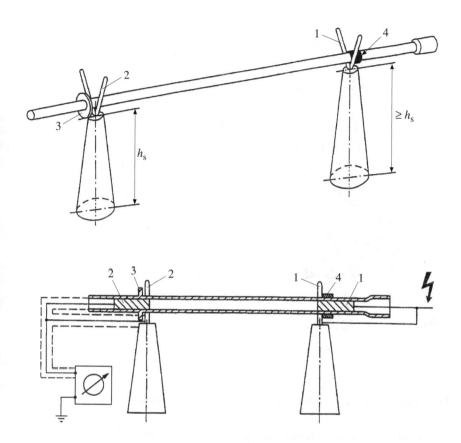

Bild 5.3.2.2 B Aufbau zur Prüfung auf Ableitstrom und Isoliervermögen

1 Hochspannungselektrode, innen und außen
2 Erdelektrode, innen und außen
3 Begrenzungsscheibe
4 Roter Ring
h_s Bodenabstand, mindestens 500 m

Die nach E DIN VDE 0682-621 geforderten elektrischen Stückprüfungen sind vergleichbar mit denjenigen Standards für kapazitive Spannungsprüfer, Schaltstangen, Sicherungszangen und isolierende Schutzplatten aus den Normenreihen DIN VDE 0681 und VDE 0682.

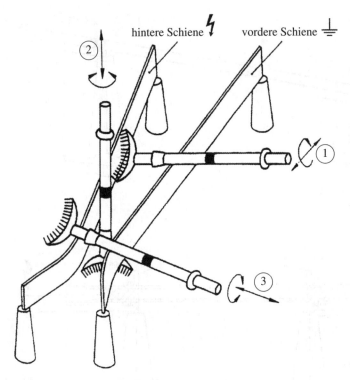

hintere Schiene ⚡   vordere Schiene ⏚

Bild 5.3.2.2 C Prüfung auf Überbrückungssicherheit der Saugrohrs in drei Prüfschritten (① bis ③)

Bei der Prüfung auf Durchschlagsfestigkeit gilt diese Prüfung als bestanden, wenn bei der Prüfspannung von 43,2 kV:

- kein Durchschlag aufgetreten ist
- an der Oberfläche des Rohrs keine Entladungsspuren oder sonstige Veränderungen, z. B. Blasenbildung, aufgetreten sind

Anmerkung: Beim Feuchtreinigungsset (Mittelspannung) entfällt die Durchschlagsprüfung an isolierenden hohlen Rohren, da diese hermetisch verschlossen sind. Hier wird nur die Ableitstromprüfung am Außenrohr durchgeführt.

Bei der Prüfung auf Ableitstrom gilt die Prüfung als bestanden, wenn bei 43,2 kV über 20 s lang der Ableitstrom nicht größer als 0,2 mA ist.

Bei der Prüfung auf Isoliervermögen wird 1 min lang die Prüfspannung von 84 kV angelegt:

- Die Prüfung ist bestanden, wenn kein Überschlag aufgetreten ist und keine bleibenden Entladungsspuren erkennbar sind.

130

Bei der Prüfung auf Überbrückungsssicherheit werden das Saugrohr, alle zugehörigen Verlängerungsrohre und alle Reinigungsköpfe geprüft. Dabei müssen sowohl Anordnungen von Saugrohren mit Reinigungsköpfen als auch Anordnungen von Saugrohren mit Verlängerungsrohren und Reinigungsköpfen mit geprüft werden. Die Prüfung gilt als bestanden, wenn bei keiner Einzelprüfung bei den drei Prüfschritten bei einer Prüfspannung von 43,2 kV ein Durchschlag oder Überschlag auftritt.

Anmerkung: Beim Reinigen unter Spannung durch Absaugen tritt keine Gefährdung durch Körperdurchströmung oder durch Lichtbogen auf, auch nicht beim Abrutschen der Geräte. Herunterfallende Arbeitsköpfe wie Bürsten, Düsen oder Verlängerungteile des Reinigungssets führen zu keiner Lichtbogengefährdung, da diese Arbeitsköpfe auf Überbrückungssicherheit geprüft sind.

Vor jedem Gebrauch der Gerätschaften ist die vom Hersteller beigefügte Gebrauchsanleitung zu beachten.

5.3.3 Kabelschneiden mit Geräten nach VDE 0682 Teil 661 und Sicherheitsregeln der BG

5.3.3.1 Allgemeines

Kann ein freigeschaltetes Kabel nicht eindeutig festgestellt werden, so sind nach DIN VDE 0105 Teil 100 vor Beginn der eigentlichen Arbeiten andere Sicherheitsmaßnahmen gegen Gefährdung der Arbeitenden zu treffen. Das Kabel kann z. B. mit einem Kabelschneidgerät geschnitten werden.

Ein Kabelschneidgerät ist ein tragbares Gerät zum gefahrlosen Schneiden von Kabeln, bei denen nicht eindeutig festgestellt werden kann, ob ihr spannungsfreier Zustand hergestellt und sichergestellt ist.

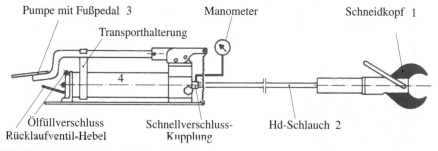

Bild 5.3.3.1 A Beispiel eines Kabelschneidgeräts

1 Schneidkopf
2 Isolierschlauchleitung
3 Pumpe
4 Isolierende Flüssigkeit

Kabelschneidgeräte sind Geräte, die beim Schneiden eines Kabels gleichzeitig die Kabeladern kurzschließen. Die Geräte müssen so ausgelegt sein, dass ein versehentlicher Einsatz an einem unter Spannung stehenden Kabel zu keiner Personengefährdung führt.

Kabelschneidgeräte bestehen im Wesentlichen aus Schneidkopf, Isolierschlauchleitung, Pumpe und isolierender Flüssigkeit (**Bild 5.3.3.1 A**).

Der Schneidkopf hat eine Anschlussmöglichkeit für entsprechende Erdungsmaßnahmen.

Mögliche Ausführungsformen von Kabelschneidgeräten zeigen die **Bilder 5.3.3.1 B und C.**

   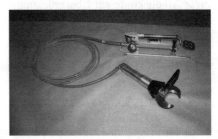

Bild 5.3.3.1 B Kabelschneidgerät im Koffer

Bild 5.3.3.1 C Kabelschneidgerät zum Einsatz vorbereitet

5.3.3.2   Kabelschneidgeräte nach VDE 0682 Teil 661

Die Norm VDE 0682 Teil 661 gilt für Kabelschneidgeräte, mit denen nach DIN VDE 0105 Teil 100, Abschnitt 6.2.3, an der Arbeitsstelle in Verbindung mit organisatorischen Maßnahmen festgestellt werden kann, ob Kabel mit Nennspannungen bis 30 kV (höchstzulässige Betriebsspannung bis 36 kV (Bemessungsspannung)) und Nennfrequenzen bis 60 Hz unter Spannung stehen.

Für Kabelschneidgeräte zum Einsatz an Kabeln mit Nennspannungen über 30 kV bis 60 kV (höchstzulässige Betriebsspannung 36 kV bis 72,5 kV (Bemessungsspannung)) und an Einleiterkabeln mit Nennspannungen bis 110 kV (höchstzulässige Betriebsspannung bis 123 kV (Bemessungsspannung)) kann diese Norm entsprechend angewendet werden.

Mit der Norm VDE 0682 Teil 661 sind einheitliche Anforderungen und Prüfungen für Kabelschneidgeräte geschaffen worden. Im Vordergrund stehen dabei Kriterien hinsichtlich der Sicherheit des Bedienenden.

Jedem Kabelschneidgerät ist eine Gebrauchsanleitung beizugeben, die alle für den Gebrauch, die Wartung und den Zusammenbau erforderlichen Hinweise enthalten muss. Dies sind mindestens:

- Erläuterung der Aufschriften
- Beschreibung des Kabelschneidgeräts
- Hinweise zum bestimmungsgemäßen Gebrauch
- Verhalten bei Störungen am Kabelschneidgerät
- Verhalten nach Kurzschlusseinwirkung

VDE 0682 Teil 661 erschien im Dezember 2002 als Europäische Norm EN 50340.

5.3.3.3 Sicherheitsregeln für Betrieb, Bau und Ausrüstung von Kabelschneidgeräten

1996 veröffentlichte die Berufsgenossenschaft der Feinmechanik und Elektrotechnik (BG) ihre „Sicherheitsregeln für den Betrieb, den Bau und die Ausrüstung von Kabelschneidgeräten". Es wurden dabei der Stand der Technik und der Stand der Praxis festgeschrieben.

Unter Abschnitt 3 „Allgemeine Anforderungen" heißt es:

„Vor Beginn der Arbeiten an Erdkabelanlagen muss nach der Durchführungsanweisung zur VBG 4 § 6 Abs. 2 der spannungsfreie Zustand hergestellt und für die Dauer der Arbeiten sichergestellt werden.

Da bei Kabeln, speziell bei Erdkabeln, das Feststellen der Spannungsfreiheit an der Arbeitsstelle nicht immer möglich ist, ist eine Ersatzmaßnahme für das Feststellen der Spannungsfreiheit, das Durchtrennen der Kabel mit speziellen Kabelschneidgeräten in Verbindung mit einer Überprüfung an der Ausschaltstelle (z. B. Rückfrage bei der netzführenden Stelle) anzuwenden. "

Im Absatz 4.9 „Störung" heißt es:

„Sollte beim Schneidvorgang ein unter Spannung stehendes Kabel geschnitten worden sein, so kann mit dem Kabelschneidgerät das Kabel durchtrennt werden. Das Kabelschneidgerät bleibt in den meisten Fällen funktionstüchtig. Grundsätzlich immer ist mit der netzführenden Stelle Kontakt aufzunehmen. Nach dem Schneiden eines unter Spannung stehenden Kabels ist mit dem Kabelschneidgerät nach den Angaben des Herstellers aus der Bedienungsanleitung zu verfahren. Häufig muss es zwecks Funktionskontrolle und Inspektion an den Hersteller eingesandt werden. "

Mit Kabelschneidgeräten muss bei bestimmungsgemäßem Gebrauch sicheres Arbeiten in Innenräumen, im Freien und auch bei Niederschlägen im Temperaturbereich von –20 °C bis +40 °C möglich sein.

Seitens der BG existieren für das Kabelschneiden bisher bereits folgende Schriften:

- „Tipps für die sichere Handhabung von Kabelschneidgeräten" Ausgabe Januar 1987 (Bestell-Nr. F 78)

- „Regeln für Sicherheit und Gesundheitsschutz bei der Arbeit mit Kabelschneidgeräten"
Ausgabe Juni 1995 (Bestell-Nr. MBL 24)

Die oben genannten Sicherheitsregeln wurden im Jahr 2002 überarbeitet und werden in absehbarer Zeit als BG-Information BGI 845 „Arbeit mit Kabelschneidgeräten" veröffentlicht.

5.3.4 Überbrückungseinheit zur Wartung von Mittelspannungs-Schaltern

Bild 5.3.4 A zeigt eine mobile Überbrückungseinheit für Mittelspannungsanlagen bis 24 kV, die als „Bypass" angeordnet wird, wenn eine mit ihr überbrückte und dann abgeschaltete Einheit (z. B. Lasttrennschalter) gewartet, gereinigt oder instand gesetzt werden soll.

Das in Bild 5.3.4.A gezeigte Überbrückungssystem besteht aus einem dreipoligen Lasttrennschalter mit HH-Sicherungsauslösung, 3 × 20 m Zuleitung und 3 × 15 m Einspeiseleitung als auf- bzw. abrollbares Trossenkabel. Zusammen mit seinem Zubehör, wie z. B. Isolierstange, Klemmen, Abdeckmaterial, Strommessgerät, ist das Überbrückungssystem auf einem PKW-Anhänger aufgebaut.

Der Lasttrennschalter mit Sicherungsauslösung ermöglicht zum einen ein potentialfreies Einbringen und Kontaktieren der Trossenkabel, zum anderen eine dreipolige Schnellabschaltung bei z. B. einem Kurzschluss in der versorgten Anlage.

Bild 5.3.4 A Mobiles Überbrückungssystem (Typ DELTEC/UEBS MS) für Lasttrennschalter bis 24 kV

Das Einbringen der Trossenkabel wird mit Isolierstangen nach dem Verfahren „Arbeiten auf Abstand" durchgeführt. Spannungsführende und geerdete Schalt-Anlageteile werden mit Isoliermatten oder festen Kunststoffabdeckungen abgedeckt. Vor dem Parallelschalten des Überbrückungssystems mit dem Anlagenschalter ist auf Phasengleichheit zu prüfen. Vor dem Öffnen des Anlagenschalters wird mittels Strommessungen die Stromaufteilung ermittelt, um die spätere Lastübernahme (nach Öffnen des Anlagenschalters) überprüfen zu können.

Nach Öffnen des Anlagenschalters können auch die notwendigen Wartungsarbeiten durchgeführt werden.

5.3.5 Auswechseln von Isolatoren durch Einsatz einer isolierten Hubarbeitsbühne

Eine wesentliche Arbeitserleichterung kann durch den Einsatz isolierender Hubarbeitsbühnen für das Arbeiten unter Spannung, z. B. bei der Wartung und Reinigung von Transformatoren, dem Wechsel von Isolatoren, der Reparatur beschädigter Leiterseile und dem Wechseln von Überspannungsableitern, Schaltern, Traversen und Masten, erreicht werden. Es kann aber auch das Anbringen/Erneuern von Vogelschutzeinrichtungen und das Wechseln von Holzmasten unter Zuhilfenahme einer isolierten Hubarbeitsbühne ausgeführt werden.

Bild 5.3.5 A Basisfahrzeug Unimog
U 500 mit einem isolierenden Aufbau
[Quelle: EON Bayern]

Die notwendige Spezialausbildung für das AuS wird noch ergänzt durch die Ausbildung über die Handhabung des Steigerfahrzeugs (z. B. Positionierung, Verhalten im Gelände und im Straßeneinsatz). Diese Ausbildung kann bis zu zwei Wochen in Anspruch nehmen.

Im **Bild 5.3.5 A** ist ein geländegängiges Basisfahrzeug (Unimog U 500) mit einem isolierenden Aufbau (19 m Arbeitshöhe) dargestellt. Die Hubarbeitsbühne erfüllt hinsichtlich der elektrischen Eigenschaften sowohl die Anforderungen der amerikanischen Norm ANSI A92.2 (Klasse B) als auch die der europäischen EN 61057 (VDE 0682 Teil 741). Die Prüfung der Hauptisolierstrecke und die der isolierten Korbeinsätze ist dabei jährlich zu wiederholen und in einem Prüfbuch zu dokumentieren.

5.4 Arbeiten unter Spannung von 110 kV bis 400 kV

5.4.1 Allgemeines

In diesem Spannungsbereich erfolgt das AuS in fast allen Fällen „Auf Potential". Die AuS-Fachleute sind mit schirmender Kleidung ausgerüstet und steigen – z. B. beim Wechseln von Isolatorenketten – vom Mastschaft über auf isolierende Leitern, die an den Traversen eingehängt sind.

Eine ebenfalls mehr und mehr praktizierte Methode ist das Abseilen von Monteuren vom Hubschrauber aus, z. B. beim Reparieren von Abstandshaltern in Bündelleitern.

Hauptsächliche Arbeiten unter Spannung im Bereich 110 kV bis 400 kV sind:

● Auswechseln von Langstabisolatoren oder Kappenisolatoren an Freileitungen

● Befahren von Bündelleitern mit dem Seilwagen

● Einbau von Abdeckplatten auf Freileitungen zur Durchführung von Anstricharbeiten

● Entfernung von Fremdkörpern

● Abstandsmessungen

Das AuS in dieser Spannungsebene wird im Zusammenhang mit der angestrebten höheren Auslastung der Übertragungsnetze und deren Versorgungssicherheit zukünftig an Bedeutung gewinnen.

Das Beispiel von **Bild 5.4.1 A** zeigt, dass es durchaus möglich ist, auch Isolatoren im Hochspannungsbereich unter Spannung zu wechseln.

Bild 5.4.1 A Auswechseln von Langstab-Hängeisolatoren

5.4.2 Masterhöhung ohne Freischaltung der Leitung

Die Erhöhung der Belastungsgrenze bei bestehenden Freileitungen bringt zwangsweise auch eine Erhöhung der Leiterseiltemperatur mit sich. Als Beispiel soll hier eine Erhöhung von 40 °C auf 80 °C angenommen werden. Diese Temperaturerhöhung hat jedoch Konsequenzen: Leiterseilausdehnungen und damit Durchhangsvergrößerungen sind die Folge. Einzuhaltende Mindestabstände können hierbei unterschritten werden, was durch eine Erhöhung der Maste korrigiert werden kann. Die herkömmlichen Masterhöhungen sind aufwändig und erfordern beispielsweise das Freischalten der betroffenen Stromkeise, was jedoch nicht immer möglich ist. Als Alternative zur Leitungsabschaltung wurde bereits in der ehemaligen DDR ein Verfahren entwickelt, welches eine Masterhöhung durch Anwendung einer hydraulischen Hebevorrichtung ohne Abschaltung der Hochspannung ermöglicht. Dieses Verfahren wurde zwischenzeitlich weiterentwickelt und zeichnet sich nun durch folgende wesentliche Vorteile aus:

- Kein zusätzlicher Wegebau
- Masterhöhung ist auch im schwer zugänglichen Gelände möglich
- Keine Leitungsabschaltungen
- Reduzierung des Organisationsaufwands

Bild 5.4.2 A Masterhöhung durch Anwendung einer hyraulische Hebevorrichtung

Im **Bild 5.4.2 A** ist eine derartige Masterhöhung dargestellt. Die Hebevorrichtung besteht aus dem Zentralmast mit Schwellenfundament, der oberen und unteren Rollenebene, der Hebestütze und den Hydraulikzylindern.

5.4.3   Verlegen von Lichtwellenleitern (LWL)

Bei diesem Installationsverfahren wird das vorhandene Erdseil als „Transport"-Seil für das Ziehen eines neuen LWL-Erdseils verwendet. Nach der Installation wird das alte Erdseil entfernt. Das neue Erdseil bekommt zu seinen bisherigen Funktionen:

- Blitzschutz für aktive Leiter
- Führen des Kurzschlussstroms

eine **neue** Funktion: die Datenübertragung über LWL.

Das neue Erdseil wird damit zu einem Optical Ground Wire Cable (OPGW).

Zum Einsatz kommen verschiedene Anordnungen des LWL-Leiters mit bis zu 48 Einzel-LWL innerhalb des Erdleiters. Im **Bild 5.4.3 A** ist die Zugmaschine für das Verlegen des Lichtwellenleiterkabels dargestellt.

138

Bild 5.4.3 A Zugmaschine für das Ziehen der Lichtwellenleiterkabel

Anmerkung: Mit welchen Maßnahmen Erdseile mit integriertem LWL vor zu großen Bewegungen, z. B. durch Wind, geschützt werden können, war Inhalt eines Vortrags auf der Icolim 2002 in Berlin. Hierzu wurde in Zusammenarbeit mit der TU Dresden eine neue Technologie entwickelt. Ergebnis der Entwicklungsarbeit ist, dass das Erdseil auf eine andere Mastposition verlegt wird. In der neuen Position kann das LWL-Kabel nachträglich installiert werden, ohne dass es zu gefährlichen Überschlägen bei Annäherung an einen Phasenleiter kommt. Dazu muss aber während des Zugvorgangs die Seilspannung aufwändig kontrolliert werden.

5.5 Stand der Normen und Vorschriften zum AuS

Werkzeuge, Ausrüstungen, Schutz- und Hilfsmittel müssen nach DIN VDE 0105-100, Abs. 4.6, den Anforderungen einschlägiger nationaler, regionaler oder internationaler Normen entsprechen, soweit solche existieren.

Neben den Festlegungen, die in Kapitel 6 für Werkzeuge, Ausrüstungen, Schutz- und Hilfsmittel enthalten sind, wird gefordert, dass die für AuS-Ausrüstungsgegenstände notwendigen Eigenschaften sowie Anforderungen für Anwendung, Aufbewahrung, Transport, Prüfung und Instandhaltung festgelegt sein müssen. Diese Gegenstände müssen außerdem deutlich gekennzeichnet sein.

Nach BGFE (BGV A2) sind für AuS nur Werkzeuge, Ausrüstungen, Schutz- und Hilfsmittel zugelassen, die nach den einschlägigen elektrotechnischen Regeln (Gerätenormen) gebaut und geprüft sind.

5.5.1 AuS aus der Sicht des K214 – DIN VDE 0680, 0681, 0682, 0683

Die entsprechenden Normen der Reihe DIN VDE 0680, 0681, 0682 und 0683 wurden bereits in den anderen Abschnitten dieses Buchs vorgestellt, wobei aus diesen „Herstellerbestimmungen" die jeweiligen Passagen entnommen wurden, die für den Benutzer derartiger Geräte und Ausrüstungen von Bedeutung sind.

5.5.2 AuS aus der Sicht des K224 – DIN VDE 0105 Teil 100

Für den „Betrieb von elektrischen Anlagen" gilt DIN VDE 0105 Teil 100. Diese Bestimmung enthält alle Festlegungen der Europäischen Norm EN 50110-1, mit der zum ersten Mal die grundlegenden Anforderungen für den Betrieb elektrischer Anlagen in Europa harmonisiert wurden. Sie enthält ferner zusätzliche deutsche normative Festlegungen, die zum größten Teil aus der Vorgängernorm DIN VDE 0105 Teil 1 von 1983 übernommen worden sind.

DIN VDE 0105-100 unterscheidet **drei Arbeitsmethoden**:

- Arbeiten im spannungsfreien Zustand
- Arbeiten unter Spannung
- Arbeiten in der Nähe unter Spannung stehender Teile

Alle drei Methoden setzen wirksame Sicherheitsmaßnahmen gegen elektrischen Schlag sowie gegen Auswirkungen von Störlichtbögen voraus.

Anmerkung: Bei Einhaltung der erforderlichen Sicherheitsmaßnahmen sind alle drei Methoden als **gleichwertig** zu betrachten.

Es müssen beim Arbeiten unter Spannung alle Forderungen der Abschnitte 6.3.1. bis 6.3.12 von DIN VDE 0105-100 eingehalten werden, wobei Abschnitt 6.3.12 AuS betrifft.

6.3.12   Spezielle Arbeiten unter Spannung

*„Für Arbeiten wie z. B. **Reinigen**, Abspritzen von Isolatoren, Entfernen von Raureif müssen jeweils besondere Arbeitsanweisungen vorliegen. Diese Arbeiten dürfen nur von Elektrofachkräften oder elektrotechnisch unterwiesenen Personen ausgeführt werden. "*

Für Arbeiten unter Spannung, wozu auch das Reinigen elektrischer Anlagen unter Spannung bis 36 kV zählt, ist eine spezielle Ausbildung der Elektrofachkräfte erforderlich. **In DIN VDE 0105 Teil 100, Juni 2000 werden die Bedingungen für das Arbeiten unter Spannung im Kapitel 6.3 a bis 6.3 c folgendermaßen aufgegliedert:**

6.3 Arbeiten unter Spannung

Arbeiten unter Spannung müssen nach national erprobten Verfahren ausgeführt werden. Danach sind die Anforderungen in 6.3 möglicherweise nicht in vollem Umfang anzuwenden auf Arbeiten wie Feststellen der Spannungsfreiheit, Anbringen von Erdungs- und Kurzschließvorrichtungen usw.

Beim Arbeiten unter Spannung besteht eine erhöhte Gefahr der Körperdurchstromung oder Störlichtbogenbildung. Dies erfordert besondere technische und organisatorische Maßnahmen, je nach Art, Umfang und Schwierigkeitsgrad der Arbeiten in a) bis c).

a) Arbeiten, die generell unter Spannung durchgeführt werden dürfen

Alle Arbeiten, wenn

- *sowohl die Nennspannung zwischen den aktiven Teilen als auch die Spannung zwischen aktiven Teilen und Erde nicht höher als 50 V Wechselspannung oder 120 V Gleichspannung ist (SELV oder PELV) oder*

- *die Stromkreise nach DIN VDE 0165 (VDE 0165) eigensicher errichtet sind oder*

- *der Kurzschlussstrom an der Arbeitsstelle höchstens 3 mA Wechselstrom (Effektivwert) oder 12 mA Gleichstrom oder die Energie nicht mehr als 350 mJ beträgt*

- *Heranführen von Spannungsprüfern und Phasenvergleichern*

- *Anbringen von Isolierplatten, Abdeckungen und Abschrankungen*

- *Abklopfen von Raureif mit isolierenden Stangen*

- *Anspritzen unter Spannung stehender Teile bei der Brandbekämpfung. Hierbei ist DIN VDE 0132 (VDE 0132) zu beachten*

- *Heranführen von Prüf-, Mess- und Justiereinrichtungen bei Nennspannungen bis 1000 V*

- *Heranführen von Werkzeugen und Hilfsmitteln zum Reinigen von Anlagen mit Nennspannungen bis 1000 V*

- *Heranführen von Werkzeugen zum Bewegen leichtgängiger Teile, bei Nennspannungen über 1 kV mit Hilfe von Isolierstangen*

- *Herausnehmen oder Einsetzen von nicht gegen direktes Berühren geschützten Sicherungseinsätzen unter Beachtung von 7.4.1 und 7.4.1.101 bzw. 7.4.1.102.*

141

Bei Nennspannungen über 1 kV sind Sicherungszangen oder gleichwertige anlagenspezifische Hilfsmittel zu verwenden

- *Abspritzen von Isolatoren in Freiluftanlagen*

Hierbei sind die Normen der Reihe DIN EN 50186 (VDE 0143) zu beachten.

b) Arbeiten, die aus technischen Gründen unter Spannung durchgeführt werden müssen

Hierzu gehören z. B.:

- *Arbeiten an Akkumulatoren oder Photovoltaikanlagen unter Beachtung geeigneter Vorsichtsmaßnahmen. Bei Nennspannungen über 1 kV muss eine Elektrofachkraft oder elektrotechnisch unterwiesene Person als zweite Person anwesend sein*

- *Arbeiten in Prüfanlagen unter Beachtung geeigneter Vorsichtsmaßnahmen. wenn es die Arbeitsbedingungen erfordern. DIN VDE 0104 (VDE 0104) ist zusätzlich zu beachten*

- *bei Nennspannungen bis 1000 V: Fehlereingrenzung in Hilfsstromkreisen. Arbeiten bei Fehlersuche. Funktionsprüfung von Geräten und Schaltungen. Inbetriebnahme und Erprobung*

c) Sonstige Arbeiten, die unter Einhaltung bestimmter Voraussetzungen unter Spannung durchgeführt werden dürfen

Für diese Arbeiten müssen die folgenden Bedingungen erfüllt sein:

- *Anweisung durch eine verantwortliche Elektrofachkraft (siehe DIN VDE 1000-10 (VDE 1000 Teil 10)): – Sicherstellung, dass die Anforderungen nach 6.3.1 bis 6.3.12 von DIN VDE 0105-100 erfüllt sind*

Bei Arbeiten unter Spannung berühren Personen mit Körperteilen, Werkzeugen, Ausrüstungen oder Hilfsmitteln blanke, unter Spannung stehende Teile oder dringen in die Gefahrenzone ein.

Die jeweiligen Vorgesetzten sind verantwortlich für Personenauswahl, Sicherheitsmaßnahmen, Unfallverhütung.

Betreiber von Anlagen >1 kV müssen in Eigenverantwortung Einzelfestlegungen treffen, z. B.

- Weisungsbefugnis, Verantwortlichkeiten

- Arbeitsmethoden, Arbeitsablauf

- Spezialausbildung

142

5.5.3 AuS aus Sicht der Unfallverhütungsvorschrift der Berufsgenossenschaft der Feinmechanik und Elektrotechnik „Elektrische Anlagen und Betriebsmittel" (BGV A2, früher VBG 4)

Im § 3 (Grundsätze) dieser Bestimmung heißt es:

Der Unternehmer hat dafür zu sorgen, dass elektrische Anlagen und Betriebsmittel nur von einer Elektrofachkraft oder unter Leitung und Aufsicht einer Elektrofachkraft den elektrotechnischen Regeln entsprechend errichtet, geändert und instand gehalten werden. Der Unternehmer hat ferner dafür zu sorgen, dass die elektrischen Anlagen und Betriebsmittel den elektrotechnischen Regeln entsprechend betrieben werden.

Ist bei einer elektrischen Anlage oder einem elektrischen Betriebsmittel ein Mangel festgestellt worden, d. h. entsprechen sie nicht oder nicht mehr den elektrotechnischen Regeln, so hat der Unternehmer dafür zu sorgen, dass der Mangel unverzüglich behoben wird und, falls bis dahin eine dringende Gefahr besteht, dafür zu sorgen, dass die elektrische Anlage oder das elektrische Betriebsmittel im mangelhaften Zustand nicht verwendet werden.

Im § 6 wird das „Arbeiten an aktiven Teilen" geregelt, d. h. das „Arbeiten im spannungsfreien Zustand".

Dies setzt die Einhaltung der fünf Sicherheitsregeln voraus.

Im § 7 wird das „Arbeiten in der Nähe aktiver Teile" geregelt, d. h. Schutz gegen aktive Teile durch Abdecken oder Abschranken oder durch Einhalten bestimmter Schutzabstände.

Im § 8 werden die „Zulässigen Abweichungen" geregelt, d. h. Arbeiten unter Spannung.

Wichtig für das Thema „Arbeiten unter Spannung" ist ferner die folgende **Tabelle 5.5.3 A.**

In der BGV A2 sind für das AuS „**zwingende Gründe**" genannt. Diese waren in VDE 0105 Teil 1 in Abschnitt 12.3 i enthalten und wurden von dort auch in den Entwurf der EN 50110 Teil 100 (Deutscher normativer Anhang zur EN 50110 Teil 1) übernommen. Aufgrund zahlreicher Einsprüche wurde dieser Passus aber im Zuge der Einspruchberatung gestrichen, mit der Begründung, dass die Europäische Grundnorm EN 50110 Teil 1 für das Arbeiten unter Spannung umfangreiche Anforderungen an die Qualifikation des Personals und auch an die Gerätschaften stellt (wie sie im Abschnitt 5.1.3 aufgezeigt sind).

Dieser Änderung wird im Zuge der derzeitigen Überarbeitung der BGV A2 Rechnung getragen. Die neue BGV A2 wird voraussichtlich im Jahr 2003 erscheinen.

Nenn-spannung	Arbeiten	EF	EUP	L
bis AC 50 V *bis DC 120 V*	*Alle Arbeiten, soweit eine Gefährdung z. B. durch Lichtbogen-bildung ausgeschlossen ist*	×	×	×
über AC 50 V *über DC 120 V*	*1. Heranführen von geeigneten Prüf-, Mess- und Justier-einrichtungen, z. B. Spannungsprüfern, von geeigneten Werkzeugen zum Bewegen leichtgängiger Teile, von Betäti-gungsstangen*	×	×	
	2. Heranführen von geeigneten Werkzeugen und Hilfsmitteln zum Reinigen sowie das Anbringen von geeigneten Abdeckungen und Abschrankungen	×	×	
	3. Herausnehmen und Einsetzen von nicht gegen direktes Berühren geschützten Sicherungseinsätzen mit geeigneten Hilfsmitteln, wenn dies gefahrlos möglich ist	×	×	
	4. Anspritzen von unter Spannung stehenden Teilen bei der Brandbekämpfung oder zum Reinigen in Freiluftanlagen	×	×	
	5. Arbeiten an Akkumulatoren und Photovoltaikanlagen unter Beachtung geeigneter Vorsichtsmaßnahmen	×	×	
	6. Arbeiten in Prüfanlagen und Laboratorien unter Beachtung geeigneter Vorsichtsmaßnahmen, wenn es die Arbeitsbedin-gungen erfordern	×	×	
	7. Abklopfen von Raureif mit isolierenden Stangen	×	×	
	8. Fehlereingrenzung in Hilfsstromkreisen (z. B. Signalverfol-gung in Stromkreisen, Überbrückung von Teilstromkreisen) sowie Funktionsprüfung von Geräten und Schaltungen	×	×	
	9. Sonstige Arbeiten, wenn • *zwingende Gründe durch den Betreiber festgestellt wur-den und* • *Weisungsbefugnis, Verantwortlichkeiten, Arbeitsmetho-den u. Arbeitsablauf (Arbeitsanweisung) schriftlich für speziell ausgebildetes Personal festgelegt worden sind*	×		
Bei allen Nenn-spannungen	*Alle Arbeiten, wenn die Stromkreise mit ausreichender Strom-und Energiebegrenzung versehen sind und keine besonderen Gefährdungen (z. B. wegen Explosionsgefahr) bestehen*	×	×	×
	Arbeiten zum Abwenden erheblicher Gefahren, z. B. für Leben und Gesundheit von Personen oder Brand- und Explosions-gefahr	×		
	Arbeiten an Fernmeldeanlagen mit Fernspeisung, wenn Strom kleiner als AC 10 mA oder DC 30 mA	×	×	

Tabelle 5.5.3 A Randbedingungen für das Arbeiten an unter Spannung stehenden Teilen hinsichtlich der Auswahl des Personals in Abhängigkeit von der Nennspannung

Elektrofachkraft:	EF
Elektrotechnisch unterwiesene Person:	EUP
Elektrotechnischer Laie:	L

Besondere Regelungen für das Reinigen unter Spannung

Das Reinigen unter Spannung

bis 1000 V darf von Elektrofachkräften oder elektrotechnisch unterwiesenen Personen durchgeführt werden (siehe Tabelle 5.5.3 A),

über 1 kV dagegen nur von Elektrofachkräften mit besonderer Ausbildung (lt. Kommentar zur BGV A2).

Der Unternehmer hat weitere technische, organisatorische und persönliche Sicherheitsmaßnahmen festzulegen und durchzuführen, die einen ausreichenden Schutz gegen eine Gefährdung durch Körperdurchströmung oder durch Lichtbogenbildung sicherstellen.

5.5.4   Anforderungen an die im Bereich der Elektrotechnik tätigen Personen (DIN VDE 1000 Teil 10)

Zweck dieser Norm ist es, Auswahlkriterien für die im Bereich der Elektrotechnik tätigen Personen nach ihrer fachlichen Qualifikation festzulegen, so dass bei allen technischen Vorgängen und Zuständen, die mit den in Abschnitt 1 dieser Norm genannten Tätigkeiten verbunden sein können, das Risiko unter Beachtung der sicherheitstechnischen Festlegungen nicht größer als das zulässige Grenzrisiko ist.

Tätigkeiten	Qualifikation	Leitung eines elektro-technischen Betriebs oder Betriebsteils
• Planen, Projektieren, Kontruieren	Elektrotechnisch unterwiesene Person	
• Einsetzen von Arbeitskräften	⬇	⬇
• Errichten	Elektrofachkraft	Verantwortliche Elektrofachkraft
• Prüfen	⬇	
• Betreiben		
• Ändern	Verantwortliche Elektrofachkraft (Techniker, Meister, Ingenieur)	

Diese Tätigkeiten umfassen das Errichten, Prüfen, Betreiben und Ändern elektrischer Anlagen, wie sie früher schon in DIN VDE 0105 enthalten waren. Sie umfassen neuerdings aber auch das **Planen, Projektieren, Konstruieren sowie das Einsetzen von Arbeitskräften.**

Definiert ist hier neben der Elektrofachkraft und der elektrotechnisch unterwiesenen Person auch die **Verantwortliche Elektrofachkraft**. Das ist eine Elektrofachkraft, die die Fach- und Aufsichtsverantwortung übernimmt und vom Unternehmer dafür beauftragt ist.

Neu ist in dieser Bestimmung auch, dass für die verantwortliche fachliche Leitung eines elektrotechnischen Betriebs oder Betriebsteils eine verantwortliche Elektrofachkraft erforderlich ist, mit einer Ausbildung als Techniker, Meister oder Ingenieur. Die Ausbildung zum Facharbeiter bzw. Gesellen reicht hierfür nicht aus.

Neu ist ferner, dass die für die Einhaltung der elektrotechnischen Sicherheitsfestlegungen verantwortliche Elektrofachkraft hinsichtlich deren Einhaltung keiner Weisung von Personen, die nicht entsprechend dieser Norm als verantwortliche Elektrofachkraft gelten, unterliegen darf.

5.6   Vergabe von Arbeiten unter Spannung an Fremdfirmen

Die jahrelange Praxis hat gezeigt, dass das AuS problemlos praktikabel und für alle Beteiligten von hohem Nutzen ist. Bei strikter Einhaltung der vorgegebenen Technologien und Sicherheitsvorschriften besteht für die Anwender kein höheres Risiko als bei Arbeiten im spannungslosen Zustand. Dieser Tatbestand hat dazu geführt, dass heute im 0,4-kV-Netz **mancher** Netzbetreiber bereits bis zu 90 % aller anfallenden Arbeiten unter Spannung ausführen lässt.

Bei der Vergabe von Arbeiten unter Spannung an Fremdfirmen sind folgende wesentlichen Punkte vor Auftragserteilung zu berücksichtigen:

- Über Art und Umfang der AuS entscheidet grundsätzlich der Anlagenbetreiber
- Der Anlagenverantwortliche entscheidet, ob, wie und wann die AuS durchgeführt werden können
- Nur fachkundige, leistungsfähige und zuverlässige Firmen sind auszuwählen (Präqualifikation der Firmen)
  - Nachweis über (gültige) Ausbildung und Kenntnisstand der Mitarbeiter
  - Isolierte Werkzeuge, Ausrüstungen, Schutz- und Hilfsmittel
  - Personenbezogene Zulassung zum Arbeiten unter Spannung
- Referenzen über auszuführende Arbeiten von der Fremdfirma einholen
- Die Fremdfirma darf erst nach vorheriger Regelung die Aufgaben des Anlagenverantwortlichen wahrnehmen. Kompetenzen, z. B. Schaltberechtigung, sind eindeutig festzulegen. – AuS sind vorteilhaft als Einzelauftrag mit genau definiertem Leistungsumfang zu vergeben (keine Pauschalaufträge)
- Einzelaufträge vertraglich regeln (keine Pauschalaufträge)
- Eventuell notwendige Schaltberechtigung schriftlich festlegen

- Gefährdungsbeurteilung mit Maßnahmen zur Gefahrenabwehr erstellen
- Mögliche Sachschäden (auch Folgeschäden sowie auch solche an Dritte) sind vertraglich zu regeln
- Dem Auftragnehmer sind die erforderlichen Anlagenpläne auszuhändigen
- Nur Elektrofachkräfte mit Spezialausbildung einsetzen
- Ein Nachweis über die Unterweisung der Mitarbeiter im Arbeitsschutz ist zu verlangen
- Einweisung vor Ort aller Beteiligten durch den Anlagenverantwortlichen

Anmerkung: Kontrollen und Sanktionen bei Verstößen gegen die Vertragsbedingungen sind von vornherein anzukündigen.

Es ist weiterhin zu beachten, dass die Fremdfirma voraussichtlich keine tiefgreifenden Kenntnisse über die betreffende Anlage hat.

Der Anlagenbetreiber wird von dem Verantwortlichen vor Ort, z. B. vom Anlagenverantwortlichen, über die notwendigen Arbeiten informiert.

Der Anlagenbetreiber ist eine vom Unternehmer beauftragte Person natürlicher oder juristischer Art, die die Unternehmerpflicht für den sicheren Betrieb und den ordnungsgemäßen Zustand der elektrischen Anlage wahrnimmt. Der Anlagenbetreiber hat die Organisationsverantwortung. Er trägt die Garanten- und die Verkehrssicherungspflicht und er entscheidet im ersten Ansatz über Art und Umfang der auszuführenden Arbeiten.

Anmerkung: Der Anlagenbetreiber ist nicht generell auch gleichzeitig der Anlagenverantwortliche, aber auch dann trägt der Anlagenbetreiber die unternehmerische Gesamtverantwortung.

Der Anlagenverantwortliche trägt die unmittelbare Verantwortung für den Betrieb der elektrischen Anlage. Er entscheidet, ob und wie die Arbeiten durchgeführt werden können, hat Umfang, Ort und Termin der Arbeiten festzulegen.

Der Arbeitsverantwortliche trägt die unmittelbare Verantwortung für die Durchführung der Arbeiten. Diese Verantwortung kann teilweise auch auf eine andere Person übertragen werden.

Die wesentlichen Aufgaben des Arbeitsverantwortlichen sind:

- den Arbeitsauftrag zu kontrollieren
- die Vorortbedingungen zu prüfen und zu bewerten
- die Arbeitsanweisung zu kontrollieren
- den Ausbildungsstand der Mitarbeiter zu überprüfen
- den Zustand der Werkzeuge, Ausrüstungen und Schutz- und Hilfsmittel zu prüfen
- sich vom Tragen erforderlicher persönlicher Schutzausrüstung zu überzeugen

- die Mitarbeiter vor Ort einzuweisen

- die Arbeitsstelle einzurichten und zu sichern

- die Arbeiten zu kontrollieren sowie deren Beginn und Ende dem Anlageverantwortlichen zu melden

Es sind klare und eindeutige schriftliche Festlegungen zu treffen.

Anmerkung: Alle drei hier genannten Personen ziehen sozusagen an einem Strang und müssen vor Arbeitsbeginn die erforderlichen Arbeiten unter Spannung genau definieren. Eine fachmännische Vorbereitung gewährleistet einen sicheren Arbeitsablauf.

Die Rückgabe der Anlage erfordert des Weiteren (beispielhaft):

- Informationen an den Anlagenverantwortlichen

- Rückgabe einer funktionsfähigen Anlage an den Anlagenbetreiber

Nicht jeder Netzbetreiber oder jedes Industrieunternehmen wird künftig Arbeiten unter Spannung in Eigenleistung ausführen können. In vielen Unternehmen sind keine Erfahrungen über das Arbeiten unter Spannung vorhanden. Arbeiten unter Spannung treten jeweils nur in bestimmtem Umfang auf, deswegen lohnen sich die dafür notwendigen Investitionen nicht immer (sowohl auf der Materialseite als auch auf der Personalseite), d. h. Beschaffung der notwendigen Spezialwerkzeuge und spezielle Ausbildung des Personals.

Vor Einsatz von nicht ausgelastetem eigenem Personal für die Durchführung der Arbeiten unter Spannung (sozusagen als „**Füllarbeit**") ist zu bedenken, was für einen Dienstleister spricht:

- Ständiges Arbeiten unter Anwendung der Technologien des Arbeitens unter Spannung in unterschiedlichen Betrieben

- Arbeiten unter Spannung sind zur geübten Tätigkeit geworden

- Verringerung der Unfallgefahren durch eingespielte Teams

- Umfangreiches Sortiment an Werkzeugen, Ausrüstungen, Schutz- und Hilfsmitteln für alle vorkommenden Arbeiten (welches ständig überprüft wird)

Der Einsatz von Fremdfirmen für das Arbeiten unter Spannung ist von Fall zu Fall zu untersuchen. Es macht oft keinen Sinn, von vornherein alle Arbeiten generell an Dienstleister zu vergeben, manchmal ist es durchaus günstiger, Arbeiten, die spezielle Anlagenkenntnisse erfordern, in Eigenregie auszuführen.

6 Körperschutzmittel, Schutzvorrichtungen und Geräte zum Arbeiten an unter Spannung stehenden Teilen bis 1000 V
– DIN VDE 0680
Geräte und Ausrüstungen zum Arbeiten an unter Spannung stehenden Teilen
– VDE 0682

6.1 Überblick

Tabelle 6.1 A zeigt die Unterteilung der VDE-Bestimmung 0680 und die zugehörenden Teile der VDE-Bestimmung 0682.

6.2 Isolierende Körperschutzmittel und isolierende Schutzvorrichtungen – DIN VDE 0680 Teil 1 (VDE 0682 Teile 301, 304, 311, 312, 314, 331, 551)

6.2.1 DIN VDE 0680 Teil 1

6.2.1.1 Aufbau, Begriffe

Diese Norm ist seit Januar 1983 gültig. Sie ist so aufgebaut, dass für jede Kategorie von Hilfsmitteln zum Arbeiten an unter Spannung stehenden Teilen alle zugehörigen Anforderungen und Prüfungen in jeweils für sich abgeschlossenen Abschnitten zusammengefasst sind. Neben einer guten Übersicht und Lesbarkeit lässt sich dadurch auch bei künftigen Überarbeitungen jede Änderung (wie das Ein- und Ausgliedern einzelner Hilfsmittel oder die Neuerung von Festlegungen) unkompliziert durchführen.

Diese Norm gilt für isolierende Körperschutzmittel und isolierende Schutzvorrichtungen, die zum Arbeiten an unter Spannung stehenden Teilen von Anlagen bis 1000 V Wechselspannung (Effektivwert) bzw. 1500 V Gleichspannung oder in deren Nähe bestimmt sind.

Diese Norm gilt jedoch nicht für fest eingebaute, isolierende Schutzvorrichtungen, die Bestandteil einer elektrischen Anlage sind.

Für Auswahl und Anwendung der isolierenden Körperschutzmittel und der isolierenden Schutzvorrichtungen bei Arbeiten an unter Spannung stehenden Teilen oder in deren Nähe gilt DIN VDE 0105 Teil 100.

DIN VDE 0680

VDE-Bestimmung für Körperschutzmittel, Schutzvorrichtungen und Geräte zum Arbeiten an unter Spannung stehenden Teilen bis 1000 V

Teil 1	Teil 2	Teil 3	Teil 4	Teil 5	Teil 6	Teil 7
Isolierende Körperschutzmittel und isolierende Schutzvorrichtungen	Isolierte Werkzeuge	Betätigungsstangen	NH-Sicherungsaufsteckgriffe	Zweipolige Spannungsprüfer	Einpolige Spannungsprüfer bis 250 V Wechselspannung	Passeinsatzschlüssel

⟨⟩   ⟨⟩   ⟨⟩

| Teil 301 Elektrisch isolierende Schutzkleidung
Teil 304 Schirmende Kleidung
Teil 311 Isolierende Handschuhe
Teil 312 Isolierende Ärmel
Teil 314 Handschuhe für mechanische Beanspruchung
Teil 331 Isolierende Schuhe
Teil 551 Starre Schutzabdeckungen | Teil 201 Handwerkzeuge zum Arbeiten an unter Spannung stehenden Teilen | | Teil 401/3 Zweipolige Spannungsprüfer | | | |

VDE 0682

Geräte und Ausrüstungen zum Arbeiten an unter Spannung stehenden Teilen

Tabelle 6.1 A   Unterteilung der VDE-Bestimmung 0680 und zugehörige Teile von VDE 0682

Körperschutzmittel

Als isolierende Körperschutzmittel gelten isolierende Schutzbekleidung und Augenschutzgeräte.

Isolierende Schutzbekleidung

Als isolierende Schutzbekleidung gelten Schutzanzüge (Jacke, Hose und Kopfbedeckung), Handschuhe und Fußbekleidung (Stiefel oder Überschuhe), die einen gefährlichen Stromübertritt von unter Spannung stehenden Teilen auf den menschlichen Körper verhindern und diesen ganz oder teilweise gegen die Einwirkungen von Störlichtbögen schützen.

Augenschutzgeräte

Als Augenschutzgeräte gelten Schutzschirm und Schutzbrille gegen die Einwirkung von Störlichtbögen. Die Schutzbrille schützt die Augen, der Schutzschirm schützt zusätzlich das Gesicht, die Ohren und die vordere Halspartie.

Schutzvorrichtungen

Als isolierende Schutzvorrichtungen gelten Geräte und Vorrichtungen aus Isolierstoff oder aus Werkstoff mit Isolierstoffüberzug, die ein zufälliges Berühren und Überbrücken von unter Spannung stehenden Teilen untereinander oder mit anderen Teilen durch Personen, Werkzeuge oder Werkstücke verhindern. Solche Schutzvorrichtungen sind Matten zur Standortisolierung, Abdecktücher, Umhüllungen, Faltabdeckungen, Formstücke und Klammern zum Befestigen von Abdecktüchern.

Umhüllungen

Als Umhüllungen gelten Vorrichtungen aus elastischem Isolierstoff zum Abdecken von unter Spannung stehenden elektrischen Leitern.

Als Faltabdeckung gelten isolierende Schutzvorrichtungen mit veränderlicher Abdeckbreite zum Schutz gegen Berühren unter Spannung stehender Teile in Niederspannungsverteilungen.

Als Formstücke gelten Vorrichtungen aus vorgefertigtem Isolierstoff zum Abdecken beim Arbeiten an und in der Nähe von unter Spannung stehenden Teilen.

6.2.1.2 Anforderungen

Isolierende Körperschutzmittel und isolierende Schutzvorrichtungen müssen so hergestellt und bemessen sein, dass sie bei bestimmungsgemäßem Gebrauch keine Gefahr für den Benutzer oder die Anlage bilden und allen elektrischen, mechanischen und thermischen Anforderungen genügen. Dies wird im Allgemeinen durch Beachtung aller Bestimmungen über Anforderungen und Prüfungen erreicht.

Isolierende Körperschutzmittel und isolierende Schutzvorrichtungen müssen so beschaffen sein, dass sie für den Arbeitenden keine wesentliche Behinderung darstellen.

Isolierende Schutzvorrichtungen müssen so gestaltet sein, dass mit ihnen unter Spannung stehende Teile zuverlässig abgedeckt werden können bzw. der Standort zuverlässig isoliert werden kann. Sie sollen sich mit einfacher Handhabung möglichst ohne besondere Hilfsmittel anbringen und entfernen lassen.

Isolierende Körperschutzmittel und isolierende Schutzvorrichtungen müssen folgende Aufschriften gut sichtbar, gut lesbar und dauerhaft tragen:

- Herkunftszeichen (Name oder Markenzeichen) des Herstellers
- Herstellungsjahr
- Sonderkennzeichen (siehe Kapitel 1.7) mit der Spannungsangabe 1000 V
- bei Schutzanzügen: Kennzeichnungsfeld für wiederkehrende Prüfungen:
  - bei Jacken: am unteren Saum, innen
  - bei Hosen: im Bund
  - beim Kopfschutz: am unteren Rand, hinten

6.2.1.3 Prüfungen

Die isolierenden Körperschutzmittel und isolierenden Schutzvorrichtungen müssen umfangreiche Prüfungen bestehen.

Besonders erwähnenswert ist die „Prüfung der Klemmkraft" der Klammern. Die Klammern sind in einem Wärmeschrank sieben Tage bei 55 °C so aufzuspannen, dass ihr Maul 12 mm weit geöffnet ist. Spätestens 5 min nach Herausnahme aus dem Wärmeschrank sind die Klammern auf eine 1 mm dicke Gummimatte mit glatter Oberfläche, die eine 10 mm dicke Kupferschiene umschlingt, zu spannen und abzuziehen. Die Prüfung gilt als bestanden, wenn die Abzugskraft jeder Klammer mindestens 30 N beträgt.

Wiederholungsprüfungen

In den Durchführungsanweisungen zum § 5 „Prüfungen" der BGV A2 heißt es in der Tabelle 1C, „Prüfung für Schutz- und Hilfsmittel" u. a.

- *Isolierende Schutzbekleidung (Körperschutzmittel nach DIN VDE 0680), soweit sie benutzt wird, ist mindestens alle 12 Monate durch eine Elektrofachkraft auf sicherheitstechnisch einwandfreien Zustand zu prüfen, isolierende Handschuhe alle sechs Monate.*

Der Kommentar zur BGV A2 von der Berufsgenossenschaft F&E enthält weitergehende Angaben:

- zur Prüfung von Schutz- und Hilfsmitteln
- zur Prüfung von isolierenden Anzügen der Klasse 00 (bis 500 V)
- zur Prüfung von isolierender Fußbekleidung

Der in der früheren DIN VDE 0105 Teil 1 von 1983 enthaltene Abschnitt 5.3.7 „Nachprüfung der Schutzbekleidung" ist in der jetzigen DIN VDE 0105-100 nicht mehr enthalten.

6.2.1.4 Beispiele aus der Praxis

Beim Errichten und Ändern elektrischer Anlagen muss häufig in der Nähe unter Spannung stehender aktiver Teile gearbeitet werden. Im Energieerzeugungs-, Verteilungs- und Anwendungsbereich, d. h. in Kraftwerken, Umspannwerken und Industrieanlagen, sind z. B. bereits Schaltanlagen und Verteiler in Betrieb, in die dann später noch Kabel eingeführt und angeschlossen werden müssen. Für ein sicheres Arbeiten ist hier besonders das Einhalten der fünften Sicherheitsregel „Benachbarte, unter Spannung stehende Teile abdecken oder abschranken" unerlässlich.

In den **Bildern 6.2.1.4 A/B** wird ein Sortiment an Abdeckmaterial vorgestellt, ein so genannter „Schutz- und Isoliermaterial-Koffer".

Er enthält im Wesentlichen:

- Gummitücher
- Kunststoffklammern
- geschlitzte Schläuche zum Aufstecken auf blanke Leitungen
- Isoliermatten
- Kunststoff-Klebeband

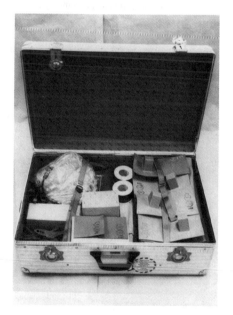

Bild 6.2.1.4 B Schutz- und Isoliermaterial (Teil des Kofferinhalts)
– Gummiformkappen für NH-Sicherungs- unterteile
– konische Gummitüllen usw.

Bild 6.2.1.4 A Koffer mit Schutz- und Isoliermaterial

Gummiformkappen für NH-Sicherungsunterteile decken z. B. die unter Spannung stehende Seite sicher ab; Gummitücher (mit Kunststoffklammern befestigt) decken die blanken Stromschienen ab (**Bilder 6.2.1.4 C/D/E**).

Bild 6.2.1.4 C Formstück für NH-Unterteile und Gummituch (mit Kunststoffklammern befestigt)

Bild 6.2.1.4 D Abdeckmaterial, Gummitücher
links: „Offene" Anlage: „blanke" Stromschiene und Umspanneranschlüsse
rechts: Stromschiene und Umspanneranschlüsse mit Gummitüchern abgedeckt

Bild 6.2.1.4 E „Blanke" Stromschienen mit Gummituch abgedeckt (mit Kunststoffklammern sicher gehalten)

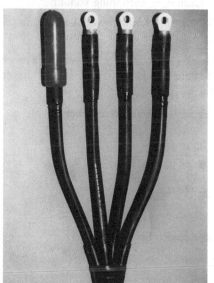

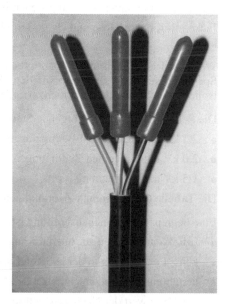

Bild 6.2.1.4 F Kabelader-Ende mit aufgesteckter Gummitülle

Bild 6.2.1.4 G Kabelader-Enden komplett abgedeckt

155

Im Schutz- und Isoliermaterialkoffer befinden sich unter anderem auch konische Gummitüllen verschiedener Größen zum Aufstecken auf abisolierte oder vorbereitete Kabelader-Enden (**Bilder 6.2.1.4 F/G**).

Die Notwendigkeit solcher einfachen und preiswerten Gummitüllen veranschaulicht folgender Unfallhergang:

Ein Monteur hatte ein Ende des Kabels an einen Motor angeschlossen. Auf der anderen Seite wurde das Kabel – wegen der besseren Zugänglichkeit – vor der Schaltanlage abisoliert. Beim Einführen des fertigen Kabelendes in die Schaltanlagen kam die PE-Ader einem blanken spannungsführenden Anlagenteil zu nahe. Es entstand ein Lichtbogen. Folgen: Verbrennungen an den Händen, an den Unterarmen und im Gesicht, Verblitzen der Augen, drei Wochen Arbeitsunfähigkeit.

6.2.2 Elektrisch isolierende Schutzkleidung für Arbeiten in Niederspannungsanlagen (VDE 0682 Teil 301)

DIN EN 50286 (VDE 0682 Teil 301) gilt seit Mai 2000 für elektrisch isolierende persönliche Schutzkleidung, die beim Arbeiten unter Spannung oder in der Nähe unter Spannung stehender Teile bis 500 V Wechselspannung bzw. 750 V Gleichspannung verwendet wird. Elektrisch isolierende Schutzkleidung ist nicht leitende Schutzkleidung, die den Durchgang elektrischen Stroms verhindert, wenn der Träger mit einer unter Spannung stehenden Leitung in Berührung kommt.

Jacke mit Kapuze, Hose und Overall mit Kapuze sind Kleidungsstücke der Schutzkleidung.

Wenn das Risiko eines unbeabsichtigten Kontakts begrenzt ist, z. B. wenn sich unter Spannung stehende Teile nur vor dem Monteur befinden, ist das Tragen dieser isolierenden Schutzkleidung nicht erforderlich.

Die Schutzkleidung muss folgende Stehspannungs-Prüfungen bestehen:

- 2,5 kV unter trockenen Bedingungen
- 2,0 kV unter feuchten Bedingungen
- 1,5 kV nach Beregnung

Die **Tabelle 6.2.2 A** enthält Zuordnungen der Prüfungen.

Eine begrenzte Flammenausbreitung ist gefordert:

- kein Weiterbrennen zur oberen Kante oder zu den Seitenkanten
- keine Lochbildung in der äußeren Lage
- kein brennendes oder schmelzendes Abtropfen
- der Mittelwert der Nachbrennzeit muss ≤ 2 s betragen
- der Mittelwert der Nachglimmzeit muss ≤ 2 s betragen

Folgende Prüfungen sind durchzuführen:

Liste der Prüfungen	Typprüfung	Stückprüfung	Stichproben-prüfung
Sichtprüfung Ausführung, Größe usw.	×	×	
Begrenzte Flammenausbreitung	×		×
Weiterreißfestigkeit	×		×
Reißfestigkeit	×		×
Wasserdampfdurchgangswiderstand	×		×
Wasserdichtheit	×		×
Maßänderung durch Wäsche und/oder Reinigung	×		×
Elektrische Prüfungen	×		×
Stehspannungsprüfungen	×		×
Stückprüfungen		×	
Kennzeichnung	×	×	×
Gebrauchsanleitung	×	×	×

Tabelle 6.2.2 A Zuordnung der Prüfungen

Die Wiederholungsprüfung besteht aus einer Sichtprüfung, der eine zusätzliche elektrische Prüfung folgt. Sie muss in Zeitintervallen ausgeführt werden, die nationalen Vorschriften entsprechen. Ein Zeitintervall von einem Jahr wird empfohlen, falls keine nationalen Vorschriften bestehen.

6.2.3 Schirmende Kleidung zum Arbeiten an unter Spannung stehenden Teilen für eine Nennspannung bis AC 800 kV (VDE 0682 Teil 304)

DIN EN 60895 (VDE 0682 Teil 304) gilt seit Februar 1998.

Die schirmende Kleidung muss durch Zusammenfügen ihrer verschiedenen Einzelteile einen elektrisch durchgehenden Schutz bieten, der den Benutzer völlig umgibt (eventuell mit Aussparung des Gesichts). Das Gesicht kann jedoch durch einen Gesichtsschutz geschützt werden, der mit dem Anzug selbst elektrisch leitend verbunden ist.

Werden zum Zusammenfügen des kompletten Anzugs Druckknöpfe, Reißverschlüsse, Haken und Ösen oder ein anderes Verfahren verwendet, ist darauf zu achten, dass dadurch die elektrische Leitfähigkeit des Anzugs nicht beeinträchtigt wird.

Die schirmende Kleidung (vollständige Kombination) ist mit dem Leiter oder dem leitfähigen Teil elektrisch zu verbinden, an dem die Arbeit unter Spannung durchzuführen ist. Diese Verbindung wird mit Hilfe einer leitfähigen Litze hergestellt, die mit einem Ende an der Kleidung befestigt ist, während das andere Ende der Litze mit einer Spezialklemme versehen ist.

Anforderungen werden an die vollständige Kombination gestellt (d. h. an Handschuhe, Socken, Schuhe, Kapuze und Gesichtsschutzschirm), deren Einhaltung durch umfangreiche Prüfungen nachzuweisen ist.

Stromtragfähigkeit

Während sich die Elektrofachkraft (von der Metallkonstruktion des Mastes aus mit einer isolierten Leiter oder vom Erdboden aus mittels einer Hebebühne) zu ihrer Arbeitsstelle begibt, fließen in dem Augenblick, in dem sie sich an den unter Spannung stehenden Leiter anschließt, durch ihre Kleidung kapazitive Ströme. Diese können erheblich sein. Der Anzug muss diese Ströme ohne Schaden (Erwärmung, Verbrennung usw.) führen können.

Schutz gegen Funken-Entladung

Um die Einwirkung von Funken-Entladungen auf die Elektrofachkraft auszuschließen, darf der Abstand zwischen zwei leitfähigen, benachbarten Komponenten im Stoff (ausgenommen Gesichtsschutzschirm) beim Tragen unter normalen Bedingungen (einschließlich Dehnung, z. B. an den Knien oder Ellenbogen) 5 mm nicht überschreiten.

Reinigungsforderungen

Um sicherzustellen, dass Schirmwirkung und flammwidrige Eigenschaften der Kleidung durch wiederholtes Reinigen nicht übermäßig verschlechtert werden, wird die Kleidung zehn Wasch-Trocknungs-Gängen und/oder zehn Chemischreinigungsgängen unterzogen. Die Schirmwirkung und flammwidrige Eigenschaften müssen nach diesen Reinigungsprüfungen immer noch den Anforderungen der Bestimmung entsprechen.

6.2.4 Handschuhe aus isolierendem Material zum Arbeiten an unter Spannung stehenden Teilen (VDE 0682 Teil 311)

DIN EN 60903 (VDE 0682 Teil 311) vom Oktober 1994 mit der Änderung A 11 vom April 1999 ersetzt die bisherige Festlegung für Handschuhe bis 1000 V nach DIN VDE 0680 Teil 1 Abschnitt 3.3. Sie enthält die autorisierte Übersetzung der Europäischen Norm EN 60903:1992. Diese ist die modifizierte Fassung der Internationalen Norm IEC 903:1988 „Specification for gloves and materials of insulating material for live working".

Diese Norm bietet die Möglichkeit, isolierende Handschuhe mit zusätzlichen speziellen Eigenschaften und isolierende Handschuhe für die Verwendung über 1 kV zu fertigen und entsprechend DIN VDE 0105-100 Abschnitt 6.3.4.2 einzusetzen.

Die Handschuhe werden nach ihren elektrischen Eigenschaften in sechs Klassen mit der Bezeichnung Klasse 00, Klasse 0, Klasse 1 bis Klasse 4 eingeteilt (entsprechend der maximalen Dicke des isolierenden Elastomers von 0,5 mm bis 3,6 mm).

Nach ihrer unterschiedlichen Beständigkeit gegenüber Säure, Öl, Ozon, höherer mechanischer Beanspruchung und einer Kombination dieser Eigenschaften werden die Handschuhe in sechs Kategorien eingeteilt:

Kategorie	beständig gegen
A	Säure
H	Öl
Z	Ozon
M	hohe mechanische Beanspruchung
R	vereinigt die Eigenschaften von A, H, Z und M
C	extrem niedrige Temperaturen

In VDE 0682 Teil 311 ist eine wiederkehrende elektrische Prüfung nur für Handschuhe der Klassen über 1 kV vorgesehen. Für Handschuhe bis 1000 V wird aufgrund langjähriger Erfahrung eine Prüfung auf Vorhandensein von Löchern vor jedem Gebrauch sowie regelmäßig alle drei Monate durch Aufblasen mit Luft als ausreichend angesehen. Der Aufblasvorgang ist nicht näher festgelegt. Er erfolgt in der Regel durch Schleudern des Handschuhs um das seitlich gefasste Ende der Stulpe und anschließendes Zusammenpressen des entstandenen Luftpolsters – das Aufblasen kann aber auch mit einer Pumpe vorgenommen werden.

In VDE 0682 Teil 311 heißt es dazu im informativen Anhang G: „Handschuhe der Klassen 1, 2, 3 und 4 sowie dem Lager entnommene Handschuhe dieser Klassen sollten ohne vorherige Prüfung nicht benutzt werden, sofern die letzte elektrische Prüfung länger als sechs Monate zurückliegt. Die Prüfungen bestehen aus dem Aufblasen mit Luft, um zu prüfen, ob Löcher vorhanden sind, einer Sichtprüfung am aufgeblasenen Handschuh und einer elektrischen Prüfung nach den Abschnitten 6.4.2.1 („Spannungsprüfung") und 6.4.2.2 („Ableitstrom bei Prüfspannung") der Bestimmung. Für Handschuhe der Klassen 00 und 0 sind eine Prüfung auf Luftlöcher und eine Sichtprüfung ausreichend.

Jeder Handschuh nach VDE 0682 Teil 311 ist in Hinblick auf die Wiederholungsprüfung mit Herstellungsmonat und Herstellungsjahr wie folgt zu kennzeichnen (**siehe Bild 6.2.4 A**):

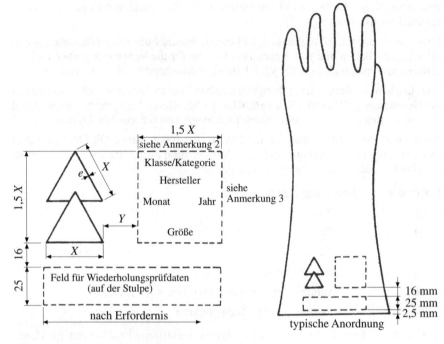

Bild 6.2.4 A Kennzeichnungsfeld für Wiederholungs-Prüfdaten

Anmerkung 1: Alle Maße in mm; die Grenzabweichungen sind ±10 %
Anmerkung 2: Die Positionen für die Beschriftung innerhalb des Schriftfelds dienen nur der Information. Das Schriftfeld kann auch unter dem Bildzeichen angeordnet werden.
Anmerkung 3: Höchstens 32 Buchstaben
Anmerkung 4: Maße: X darf 16, 25 oder 40 sein; $Y = {}^X\!/_2$; e = Strichstärke mindestens 1 mm
Anmerkung 5: Das Bildzeichen sollte mindestens 2,5 mm vom Stulpenrand entfernt sein

Zusätzliche Kennzeichnung:

- rechteckiges Feld zur Markierung des Datums der ersten Bereitstellung sowie der Daten der wiederkehrenden Prüfungen

oder:

- Band am Stulpenrand, in das das Datum der ersten Benutzung und die der wiederkehrenden Prüfungen durch gestanzte Löcher gegeben werden – dies ist jedoch für Handschuhe der Klassen 3 und 4 nicht zulässig

oder:

- andere geeignete Kennzeichnung der Angabe des Datums der ersten Benutzung und der Daten der wiederkehrenden Prüfungen

160

6.2.5 Isolierende Ärmel (VDE 0682 Teil 312)

Isolierende Ärmel nach DIN EN 60984 (VDE 0682 Teil 312) von 1994 (und der Änderung A 11 von 1999) werden zusammen mit isolierten Handschuhen vornehmlich zum Arbeiten an Freileitungssystemen vom Mast oder von Hubarbeitsbühnen aus benutzt.

6.2.6 Handschuhe für mechanische Beanspruchung (VDE 0682 Teil 314)

Es bestanden bisher keine nationalen Bestimmungen. Die jetzige Norm DIN EN 50237 (VDE 0682 Teil 314) September 1998 basiert auf der Norm EN 60903 für isolierende Handschuhe. Grundsätzlich wird dasselbe Qualitätsniveau für die isolierenden Eigenschaften gefordert.

Diese Norm gilt für Handschuhe und 3-Finger-Handschuhe aus Plastomer oder Elastomer, die ohne Überhandschuhe zum Gebrauch bei mechanischer Beanspruchung vorgehen sind. Soweit nichts anderes ausgesagt wird, umfasst der Begriff Handschuh sowohl 5-Finger-Handschuhe als auch solche mit weniger Fingern.

Die Handschuhe können für Arbeiten unter oder in der Nähe von unter Spannung stehenden Teilen bei Nennspannungen bis AC 30 kV (oder DC 35 kV) benutzt werden. Für andere Spannungen sind noch keine Daten verfügbar.

Handschuhe werden entsprechend den unterschiedlichen elektrischen Eigenschaften in drei Klassen mit den Bezeichnungen Klasse 00, Klasse 0, Klasse 1 eingeteilt. Für andere Klassen wie Klasse 2, Klasse 3 und Klasse 4 sind zusätzliche Daten erforderlich.

Die maximale Dicke an der ebenen Seite eines Handschuhs (nicht der strukturierten, falls vorhanden) muss den in **Tabelle 6.2.6 A** angegebenen Werten entsprechen, um die gewünschte Flexibilität zu erhalten.

Klasse	mm
00	1,80
0	2,30
1	in Bearbeitung

Tabelle 6.2.6 A Maximale Dicke

Anmerkung: Diese Dickenmaße ergeben sich aus den Herstellungsverfahren.

Die Mindestdicke ergibt sich durch das Bestehen der elektrischen Prüfungen.

Die Absicht ist, die Isoliereigenschaften der Handschuhe aus Elastomer und die mechanischen Eigenschaften der Lederhandschuhe, die üblicherweise zum Schutz der Isolierhandschuhe benutzt werden, zu kombinieren.

Gegenwärtig sind wegen des Fehlens von Daten und Praxiserfahrung auf höheren Spannungsebenen nur drei Handschuhklassen festgelegt. Beim Kombinieren der elektrischen und mechanischen Eigenschaften wurden einige Schwierigkeiten fest-gestellt. Es scheint schwierig zu sein, einen flexiblen Handschuh mit ausreichenden mechanischen Eigenschaften zu realisieren.

Vor dem Gebrauch sollten beide Seiten eines Handschuhs einer Sichtprüfung unter-zogen werden. Bestehen Zweifel an der Sicherheit eines Handschuhpaars, darf es nicht benutzt und muss zwecks Prüfung zurückgegeben werden.

Handschuhe, auch Lagerware, sollten nicht benutzt werden, wenn sie nicht jeweils innerhalb sechs Monaten geprüft wurden (die übliche Zeitspanne ist drei Monate).

Für Handschuhe der Klassen 00 und 0 wird die Prüfung der Dichtheit und der Sicht-prüfung als ausreichend angesehen. Die Prüfung gefütterter Handschuhe muss mit einem geeigneten Prüfgerät durchgeführt werden, um den einwandfreien Zustand nachzuweisen.

Bei den bisher oft verwendeten Lederhandschuhen war weniger ein Spannungs-durchschlag zu befürchten als die Einleitung eines Überschlags durch Feuchtigkeit oder oberflächliche Verschmutzung (d. h. nicht ausreichende Überbrückungssicher-heit).

6.2.7   Elektrisch isolierende Schuhe für Arbeiten an Niederspannungsanlagen (VDE 0682 Teil 331)

Die harmonisierte Norm DIN EN 50321 (VDE 0682 Teil 311) gilt seit Mai 2000.

Diese Norm gilt für elektrisch isolierende Schuhe zum Arbeiten unter Spannung oder in der Nähe unter Spannung stehender Teile bis 1000 V Wechselspannung.

Es soll der Schutz von Personen, die an oder in der Nähe elektrischer Anlagen arbei-ten, durch Übernahme einheitlicher elektrischer Anforderungen abgedeckt werden, wie z. B. derjenigen Anforderungen, die für andere persönliche Schutzausrüstungen (z. B. isolierende Handschuhe) definiert sind.

Diese Schuhe verhindern bei Verwendung mit anderen elektrisch isolierenden persönlichen Schutzausrüstungen (wie z. B. Handschuhen) eine gefährliche Körper-durchströmung über die Füße.

So werden die Schuhformen unterschieden:

- A Halbschuh
- B hoher Schuh
- C halbhoher Stiefel
- D Stiefel

Antistatische und leitfähige Schuhe fallen nicht in den Anwendungsbereich dieser Norm.

Anmerkung: Die Ausweitung des Anwendungsbereichs dieser Norm auf Über-schuhe ist in Beratung.

6.2.8 Starre Schutzabdeckungen zum Arbeiten unter Spannung in Wechselspannungssanlagen (VDE 0682 Teil 551)

Die Norm DIN EN 61229 (VDE 0682 Teil 551) gilt seit Januar 1997. Starre Schutzabdeckungen werden verwendet als Abdeckung für Leiterseile, Abspannketten, Tragketten, Abspannklemmen, Stützisolatoren u. a. m.

Sie werden entsprechend der höchstzulässigen Betriebsspannung in Klassen 0 (1 kV Wechselspannung) bis 5 (46 kV Wechselspannung) eingeteilt.

Für besondere Eigenschaften wurden Kategorien (siehe **Tabelle 6.2.8 A**) festgelegt, und zwar:

Kategorie	beständig gegen
A	Säure
H	Öl
C	sehr tiefe Temperaturen
W	sehr hohe Temperaturen
P	Feuchtigkeit

Tabelle 6.2.8 A Kategorien für starre Schutzabdeckungen

Bei Verwendung eines Farbcodes muss die Farbe des Kennzeichens (doppeltes Dreieck) mit **Tabelle 6.2.8 B** übereinstimmen:

Klasse 0	rot
Klasse 1	weiß
Klasse 2	gelb
Klasse 3	grün
Klasse 4	orange
Klasse 5	violett

Tabelle 6.2.8 B Farbcode für Klasseneinteilung

Wiederholungsprüfungen sind spätestens nach 12 Monaten durchzuführen (auch wenn die Abdeckung nur aus dem Lager entnommen wurde):

Sichtprüfung und elektrische Stückprüfung.

6.2.9 Flexible Leiterseilabdeckungen aus isoliertem Material (VDE 0682 Teil 513)

Die Norm DIN EN 61479 (VDE 0682 Teil 513) gilt seit Dezember 2002, und zwar für flexible isolierende Abdeckungen, zum Schutz von Personen vor einer unbeabsichtigten Berührung von unter Spannung stehenden oder geerdeten elektrischen Leiterseilen und zur Vermeidung von Kurzschlüssen während der Arbeiten unter Spannung.

Leiterseilabdeckungen werden entsprechend den elektrischen Eigenschaften in fünf Klassen eingeteilt (siehe **Tabelle 6.2.9 A**):

Klasse	AC	DC
0	$\leq 1\,\mathrm{kV}$	$\leq 1,5\,\mathrm{kV}$
1	$\leq 7,5\,\mathrm{kV}$	$\leq 11,25\,\mathrm{kV}$
2	$\leq 17,0\,\mathrm{kV}$	$\leq 25,5\,\mathrm{kV}$
3	$\leq 26,5\,\mathrm{kV}$	$\leq 39,75\,\mathrm{kV}$
4	$\leq 36,0\,\mathrm{kV}$	$\leq 54\,\mathrm{kV}$

Tabelle 6.2.9 A Klassen für elektrische Eigenschaften

Leiterseilabdeckungen haben Bauformen mit verschiedenen konstruktiven Eigenschaften, und sechs von diesen werden mit den Bauformen A, B, C, D, E und F bezeichnet.

Leiterabdeckungen werden in sechs Kategorien mit verschiedener Zusammensetzung und verschiedenen Eigenschaften eingeteilt:

A – säurebeständig, H – ölbeständig, C – für Umgebung mit extremer Kälte, W – für Umgebung mit extremer Hitze, Z – ozonbeständig, P – für feuchte Umgebung.

Jede Leiterseilabdeckung, die dieser Norm entspricht, muss wie folgt gekennzeichnet sein:

- Bildzeichen (Doppeldreieck)
- Nummer dieser Norm neben dem Bildzeichen
- Name, Warenzeichen oder Kurzzeichen des Herstellers
- Klasse
- Gegebenenfalls Kategorie
- Herstellungsmonat und -jahr
- Größe (Durchmesser)

Zusätzlich dürfen für die Klassen der Leiterseilabdeckung auch die folgenden Farbcodierungen des Bildzeichens (Doppeldreieck) verwendet werden:

- Klasse 0: rot
- Klasse 1: weiß
- Klasse 2: gelb
- Klasse 3: grün
- Klasse 4: orange

Jede Leiterseilabdeckung muss außerdem für die Eintragung des Datums der ersten Benutzung sowie der wiederkehrenden Prüfung ein Feld für Schilder oder Kennzeichnungen aufweisen.

Wiederkehrende elektrische Prüfungen

Sobald die elektrische Festigkeit der Leiterseilabdeckung fraglich sein sollte, ist diese an ein elektrisches Prüflabor zu geben, um sie einer Sichtprüfung und einer elektrischen Stückprüfung zu unterziehen. Bei Leiterseilabdeckungen der Klasse 0 ist nur eine Sichtprüfung erforderlich.

6.3 Isolierte Werkzeuge – VDE 0682 Teil 201

DIN EN 60900 (VDE 0682 Teil 201) – Handwerkzeuge zum Arbeiten an unter Spannung stehenden Teilen bis AC 1000 V und DC 1500 V – gilt seit August 1994, für Schraubwerkzeuge, Zangen, Abisolierzangen und Kabelschneidwerkzeuge mit Schenkeln, Kabelmesser und Pinzetten. Gegenüber der früheren DIN VDE 0680 Teil 2 wurde die Prüfspannung von 5 kV auf 10 kV heraufgesetzt.

Im April 1999 wurde die Änderung A11 veröffentlicht. Diese beantwortet folgende Fragen:

- Wie wird die Austauschbarkeit bezüglich der Isolierung bei zusammengesetzten Werkzeugen, deren Komponenten von verschiedenen Herstellern stammen, sichergestellt?
- Wie sind die Maße der Griffbegrenzungen bei Kleinwerkzeugen?

6.3.1 Aufbau, Begriffe, Anforderungen

Die Bestimmung VDE 0682 Teil 201 gilt für folgende voll- und teilisolierte, handbetätigte Werkzeuge:

- Schraubwerkzeuge und Gegenhalter
- Zangen, Abisolierzangen und kabelschneidende Werkzeuge mit Schenkeln
- Kabelmesser
- Pinzetten

Schraubwerkzeuge

Die Begriffe sind der entsprechenden ISO-Norm zu entnehmen (z. B. ISO 1703)

Isolierte Handwerkzeuge

sind Handwerkzeuge mit Isolierstoffüberzug, um den Benutzer vor elektrischer Körperdurchströmung zu schützen und die Gefahr von Kurzschlüssen möglichst gering zu halten.

Isolierende Handwerkzeuge

sind Handwerkzeuge, die vorwiegend aus isolierendem Werkstoff hergestellt sind, ausgenommen

● metallische Einsätze am Arbeitskopf oder an der Arbeitsfläche oder

● metallische Einsätze, die zur Verstärkung verwendet werden (jedoch mit nicht berührbaren Metallteilen),

um in jedem Fall den Benutzer vor elektrischer Körperdurchströmung zu schützen und einen Kurzschluss zwischen berührbaren Teilen bei unterschiedlichen Potentialen zu vermeiden.

6.3.2   Prüfungen

Die Prüfspannung für isolierte und isolierende Werkzeuge beträgt 10 kV, die Prüfdauer 3 min.

Beispielhaft ist in **Bild 6.3.2 A** die **Prüfeinrichtung** für die Prüfung der Haftfähigkeit des Isolierstoffüberzugs von Schraubendrehern auf leitfähigen Teilen gezeigt.

Als Aufschrift muss u. a. das Doppeldreieck mit Angabe von „1000 V" vorhanden sein.

Im informativen Anhang ZB der Bestimmung „Empfehlung zum Gebrauch und zur Pflege" heißt es:

Es wird eine jährliche Sichtprüfung durch eine entsprechend geschulte Person empfohlen, um die Eignung des Werkzeugs für die weitere Verwendung festzustellen. Falls eine elektrische Wiederholungsprüfung durch eine nationale Bestimmung oder durch Bestimmungen des Kunden oder im Zweifelsfall nach einer Sichtprüfung verlangt wird, dann muss die Stückprüfung gelten.

6.3.3   Beispiele aus der Praxis

Nach DIN VDE 0105-100 (Abschnitt 4.6, Anmerkung 3) müssen u. a. spezielle Werkzeuge, die während des Betriebs oder während der Arbeit an, mit oder in der Nähe einer elektrischen Anlage verwendet werden, ordnungsgemäß gelagert werden; das bedeutet eine getrennte Aufbewahrung der isolierten Werkzeuge von anderen Werkzeugen.

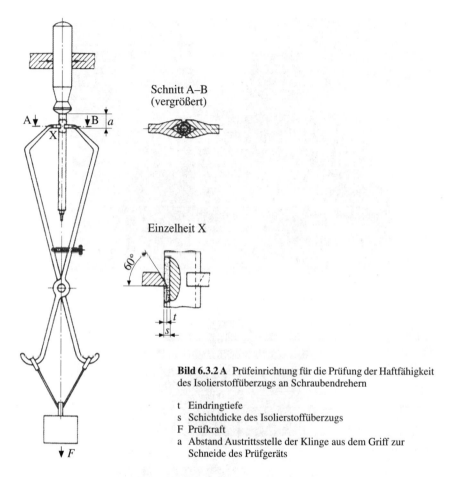

Schnitt A–B
(vergrößert)

Einzelheit X

Bild 6.3.2 A Prüfeinrichtung für die Prüfung der Haftfähigkeit
des Isolierstoffüberzugs an Schraubendrehern

t Eindringtiefe
s Schichtdicke des Isolierstoffüberzugs
F Prüfkraft
a Abstand Austrittsstelle der Klinge aus dem Griff zur
   Schneide des Prüfgeräts

Bei verschiedenen Anwendern gibt es bereits diverse Zusammenstellungen isolierter Werkzeuge. In **Bild 6.3.3 A** wird ein so genannter „Sonderwerkzeugkoffer 0105"
vorstellt: ein Sortiment Isolierter Werkzeuge, verpackt in einem praktischen Holz-
kasten.

Bei Batterieanschlussarbeiten muss meist unter Spannung gearbeitet werden.
Bild 6.3.3 B zeigt einen dafür speziell bestückten Sonderwerkzeugkoffer.

Für Inbetriebsetzungs-Tätigkeiten unter Spannung ist ein Sortiment isolierter Werkzeuge (**Bild 6.3.3 C**), gesondert verpackt, mit deutlicher Kennzeichnung empfeh-
lenswert.

Die einzelnen Werkzeuge sind mit dem Sonderkennzeichen (siehe Kapitel 1.7) und
dem VDE-Zeichen versehen (**Bild 6.3.3 D**).

167

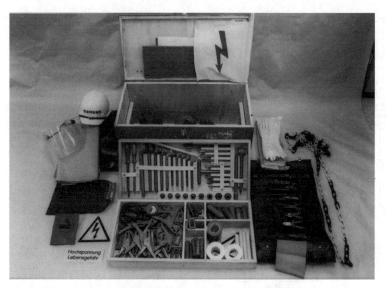

Bild 6.3.3 A „Sonderwerkzeugkoffer 0105"

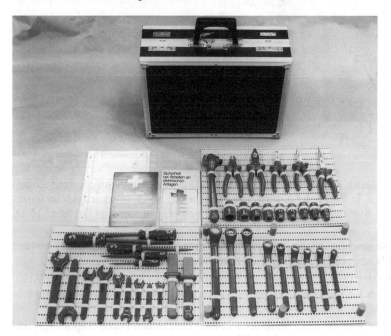

Bild 6.3.3 B Sonderwerkzeugkoffer für Batterie-Anschlussarbeiten

168

Bild 6.3.3 C Inhalt der Tasche für Inbetriebsetzungs-Tätigkeiten

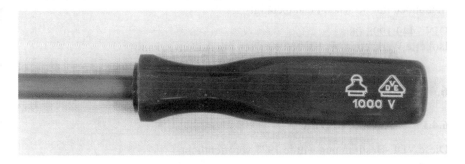

Bild 6.3.3 D Schraubendreherheft mit Aufschriften

6.3.4 Normen

DIN 3128:1994-01
Schraubendrehereinsatze für Schrauben mit Kreuzschlitz; Maße

DIN 7434:1998-08
Isolierte Werkzeuge bis 1000 V; Verlängerungen mit Innen- und Außenvierkant

DIN 7436:1998-08
Isolierte Werkzeuge bis 1000 V; Quergriffe mit Außenvierkant

169

DIN 7437:1998-08
Isolierte Werkzeuge bis 1000 V; Schraubendreher für Schrauben mit Schlitz

DIN 7438:1998-08
Isolierte Werkzeuge bis 1000 V; Schraubendreher für Schrauben mit Kreuzschlitz

DIN 7439:1998-08
Isolierte Werkzeuge bis 1000 V; Schraubendreher für Schrauben mit Innensechskant

DIN 7440:1998-08
Isolierte Werkzeuge bis 1000 V; Steckschlüssel mit festem T-Griff

DIN 7445:1998-08
Isolierte Werkzeuge bis 1000 V; Steckschlüssel mit Griff

DIN 7446:1998-08
Isolierte Werkzeuge bis 1000 V; Einmaulschlüssel

DIN 7447:1998-08
Isolierte Werkzeuge bis 1000 V; Einringschlüssel, gekröpft

DIN 7448:1998-08
Isolierte Werkzeuge bis 1000 V; Steckschlüsseleinsätze mit Innenvierkant für Schrauben mit Sechskant handbetätigt

DIN 7449:1998-08
Isolierte Werkzeuge bis 1000 V; Knarren mit Außenvierkant

6.4 Betätigungsstangen – DIN VDE 0680 Teil 3

6.4.1 Aufbau, Begriffe

Diese VDE-Bestimmung wurde 1977 veröffentlicht.

Die **Betätigungsstange** zum Einsatz in Anlagen bis 1000 V ist ein von Hand zu benutzendes Gerät zum Bedienen von und zum Arbeiten an unter Spannung stehenden Betriebsmitteln (**Bild 6.4.1 A**).

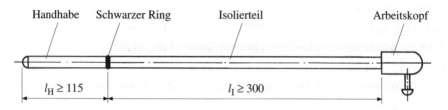

Bild 6.4.1 A Betätigungsstange nach DIN VDE 0680 Teil 3

170

Eine **Stromentnahmestange** ist eine Betätigungsstange mit einer Vorrichtung zur Stromentnahme aus Freileitungen oder Oberleitungen elektrischer Bahnen, die auch zum längeren Verbleib an den Einbaustellen (z. B. Baustellen) geeignet ist und die allen Witterungseinflüssen ausgesetzt werden kann **(Bilder 6.4.1 B/C)**.

Bild 6.4.1 B Einbringen von Stromentnahmestangen

Bild 6.4.1 C Stromentnahmestangen fertig montiert

171

Eine **Bahnstromabnehmer-Abziehstange** ist eine Betätigungsstange, mit der Bahnstromabnehmer elektrischer Triebfahrzeuge von der Fahrleitung getrennt werden können.

Der **Arbeitskopf** ist der Teil der Betätigungsstange, der das Betätigungselement enthält.

Der **Isolierteil** ist der Teil der Betätigungsstange zwischen dem Schwarzen Ring (Begrenzung der Handhabe) und dem Beginn des außen liegenden leitenden Teils des Arbeitskopfs oder dem Betätigungselement bei Arbeitsköpfen aus isolierendem Material. Er gibt dem Benutzer den notwendigen Schutzabstand und ausreichende Isolation für eine sichere Handhabung.

Der **Schwarze Ring** stellt bei Betätigungsstangen zum Einsatz in Anlagen bis 1000 V eine deutlich sichtbare Begrenzung der Handhabe zum Isolierteil dar.

6.4.2 Anforderungen

Ausreichendes Isoliervermögen

Betätigungsstangen müssen so gebaut und bemessen sein, dass sie bei bestimmungsgemäßem Gebrauch keine Gefahr für Benutzer und Anlage bilden. Betätigungsstangen müssen mindestens aus Handhabe, Isolierteil und Arbeitskopf bestehen. Der Isolierteil und die Handhabe müssen so bemessen sein, dass bei bestimmungsgemäßem Gebrauch ausreichendes Isoliervermögen vorhanden ist.

Holz darf als Material für Isolierteil und Handhabe nur bei Betätigungsstangen verwendet werden, die zum kurzzeitigen Einsatz, z. B. als Schaltstangen, vorgesehen sind. Die Länge des Isolierteils muss mindestens 300 mm betragen, ausgenommen bei Holz. Besteht das Isolierteil aus Holz, so muss die Länge L_I (Bild 6.4.1 A) bei Betätigungsstangen zum Einsatz in Anlagen bis 250 V gegen Erde mindestens 600 mm und bei Betätigungsstangen zum Einsatz in Anlagen über 250 V gegen Erde mindestens 1500 mm betragen.

Hohe mechanische Belastbarkeit

Die Handhabe darf nicht kürzer als 115 mm sein. Sie muss ein sicheres Arbeiten bei zumutbarem Kraftaufwand gewährleisten.

Betätigungsstangen müssen den bei bestimmungsgemäßem Gebrauch auftretenden Zug-, Biege- und Verdrehungs-Beanspruchungen standhalten.

Übersichtlicher Aufbau, eindeutige Aufschriften, Gebrauchsanweisung

Auf der Handhabe, angrenzend an den Isolierteil, muss ein mindestens 20 mm breiter, nicht verschiebbarer Schwarzer Ring angebracht sein.

Bauteile und Aufschriften müssen nach Form und Farbe so gewählt werden, dass keine Verwechslung mit dem Schwarzen Ring möglich ist.

In der Mindestlänge des Isolierteils dürfen außen liegende leitende Bauteile von höchstens 50 mm Länge für die Befestigung des Arbeitskopfs bzw. einer Kupplung zur Aufnahme des Arbeitskopfs vorhanden sein.

Bei Stromentnahmestangen darf der Nennstrom höchstens 100 A betragen. Ihr Arbeitskopf muss so ausgebildet sein, dass eine mechanisch und elektrisch einwandfreie Verbindung mit der Freileitung bzw. Oberleitung elektrischer Bahnen hergestellt werden kann. Die Klemmenverbindung muss den Anforderungen und Prüfungen nach DIN VDE 0212 entsprechen.

Bei Stromentnahmestangen zum Einsatz an Oberleitungen elektrischer Bahnen darf bis zu einem Nennstrom von 16 A der Kontakt durch Eigengewicht, bis zu einem Nennstrom von 63 A durch Federklemmen, gegeben werden. Neben Herkunftzeichen und Angabe der Nennspannung ist bei Stromentnahmestangen zusätzlich der Nennstrom anzugeben.

Die jeder Betätigungsstange beizugebende Gebrauchsanweisung muss unter anderem alle für Gebrauch und Instandhaltung erforderlichen Hinweise enthalten, insbesondere auch Hinweise zur Aufbewahrung, Pflege und gegebenenfalls Vorbehandlung.

6.4.3   Prüfungen

Der Hersteller von Betätigungsstangen muss die Fertigung durch Typ-, Stichproben und Stückprüfungen sowohl an Probestücken als auch an fertigen Geräten überwachen. Die durchzuführenden Prüfungen sind nach Art, Reihenfolge und Umfang in **Tabelle 6.4.3 A** angegeben.

Prüfling	Art der Prüfung	Prüfumfang
Probestück	Elektrische Prüfung der Isolierstoffe	Typ- und Stichprobenprüfung
fertiges Gerät	Prüfung des Aufbaus, der Maße, des Zusammenbaus, der Aufschrriften und der Gebrauchsanweisung	Typ- und Stückprüfung
	Prüfung auf Zug	Typ- und Stichprobenprüfung
	Prüfung auf Durchbiegung	Typprüfung
	Prüfung auf Verdrehung	Typ- und Stichprobenprüfung

Tabelle 6.4.3 A Zusammenstellung der Prüfungen und des Prüfumfangs an Betätigungsstangen

6.4.4   Einsatz von Betätigungsstangen an Niederspannungs-Freileitungen

Da in Niederspannungs-Freileitungsnetzen, vor allem bei der Dachständerbauweise, die Handhabung der Betätigungsstange meist vom gleichen Standort aus zu allen Leitern des Systems vorgenommen werden muss, ist zum Erreichen des entfernt gelegenen Leiters nicht zu umgehen, dass die Betätigungsstange über den

Bereich des Isolierteils, also mit dem Schwarzen Ring, in das Freileitungssystem hineinreichen muss.

Um auch hierbei eine sichere Handhabung zu gewährleisten, hat es sich in der Praxis als zweckmäßig erwiesen, zwischen der Hand des Benutzers und dem nächstgelegenen, unter Spannung stehenden Teil einen Abstand von etwa der Länge des Isolierteils einzuhalten.

6.5 NH-Sicherungsaufsteckgriffe – DIN VDE 0680 Teil 4

6.5.1 Aufbau, Begriffe

Die Bestimmung DIN VDE 0680 Teil 4 wurde 1980 veröffentlicht. Sie gilt für NH-Sicherungsaufsteckgriffe zum Einsetzen und Herausnehmen von NH-(Niederspannungs-Hochleistungs-)Sicherungseinsätzen in den Größen 00 bis für Nennspannungen bis AC 660 V bzw. DC 440 V sowie zum Einsetzen und Herausnehmen von Vorrichtungen, die anstelle von NH-Sicherungseinsätzen verwendet werden, wie Trennlaschen, Einsätze von Erdungs- und Kurzschließvorrichtungen, Blindsicherungselemente (als Sicherung gegen Wiedereinschalten) oder Abdeckungen. Der NH-Sicherungsaufsteckgriff besteht aus Griffbügel, Begrenzungsscheibe und Aufsetzteil (**Bild 6.5.1 A/B**).

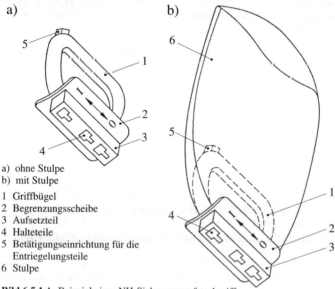

a) ohne Stulpe
b) mit Stulpe

1 Griffbügel
2 Begrenzungsscheibe
3 Aufsetzteil
4 Halteteile
5 Betätigungseinrichtung für die
 Entriegelungsteile
6 Stulpe

Bild 6.5.1 A Beispiel eines NH-Sicherungsaufsteckgriffs
[Quelle: DIN VDE 0680 Teil 4]

174

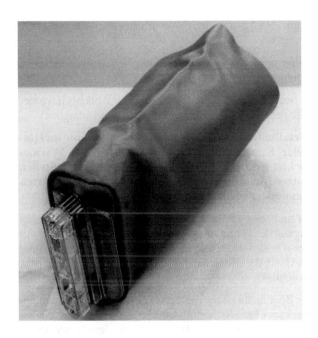

Bild 6.5.1 B NH-Sicherungsaufsteckgriff mit Stulpe

Die Stulpe ist ein Ergänzungsteil des NH-Sicherungsaufsteckgriffs, das fest oder lösbar mit diesem verbunden werden kann. Die Stulpe dient dem Schutz von Hand und Unterarm vor den Auswirkungen von Störlichtbögen.

6.5.2 Anforderungen

Die Begrenzungsscheibe muss fest mit dem Griff verbunden sein und übernimmt neben ihren mechanischen Aufgaben zum einen den Schutz gegen elektrische Durchströmung, zum anderen den Schutz der Hand vor der Einwirkung von Lichtbögen.

Das aus der Begrenzungsscheibe mit einer Mindesthöhe von 15 mm hervorstehende Aufsetzteil soll ein Benutzen des Griffs auch in eng gebauten Anlagen oder bei maximal zulässiger Trennhöhe zwischen den Unterteilen zulassen.

Wie Unfälle beim Betätigen mit Aufsteckgriffen zeigten, ist neben der Hand auch der Unterarm durch Verbrennungen infolge von Lichtbogeneinwirkung gefährdet. Daher waren auch Festlegungen für eine Stulpe als ergänzenden Bestandteil zum Aufsteckgriff zu treffen. Stulpen können mit dem Aufsteckgriff fest verbunden oder lösbar sein, wobei sich zum Nachrüsten bereits vorhandener Aufsteckgriffe anknöpfbare Stulpen bewährt haben.

Bei Aufsteckgriffen mit Stulpe muss die Begrenzungsscheibe stets vor dieser in Richtung Sicherungseinsatz liegen (Bild 6.5.1 B).

Weder für den Aufsteckgriff noch für die Stulpe sind bestimmte Werkstoffe vorgeschrieben; Werkstoffe, die alle geforderten Prüfungen bestehen, sind geeignet.

Auf die Verwendung von Metallteilen in und an Aufsteckgriffen konnte im Hinblick auf die Alterung vieler Kunststoffe sowie ihr Verhalten bei Wärmebeanspruchung nicht verzichtet werden. Daher dürfen an bestimmten Stellen und in festgelegten Maßgrenzen Metallteile vorhanden sein, ohne dass dadurch die Sicherheit unzulässig gemindert wird.

Die Maße für den Griffbügel und seinen Abstand zur Begrenzungsscheibe wurden festgelegt unter Berücksichtigung der Einsatzmöglichkeit des Griffs in Anlagen mit NH-Sicherungseinsätzen der Größe 00 sowie des zur sicheren Handhabung notwendigen Raums für die Hand des Benutzers (DIN 33402 „Körpermaße von Erwachsenen" wurde berücksichtigt).

Die Aufschriften sind auf der Begrenzungsscheibe anzubringen, damit sie auch bei angebrachter Stulpe und eingekuppeltem Sicherungseinsatz gut lesbar sind. Neben den üblichen Aufschriften muss der Sicherungsaufsteckgriff mit dem Sonderkennzeichen (siehe Abschnitt 1.8) versehen sein.

NH-Sicherungsaufsteckgriffe sind nicht für den dauernden Verbleib auf eingesetzten Sicherungseinsätzen geeignet; die langzeitig wirkende thermische Beanspruchung kann zu Materialversprödungen führen, die ein Zerbrechen des Aufsetzteils zur Folge haben kann.

6.5.3   Prüfungen

NH-Sicherungsaufsteckgriffe müssen folgende Prüfungen bestehen:

- Prüfung des Aufbaus, der mechanischen Eigenschaften, der Maße, der Kraft, der Aufschriften und der Gebrauchsanleitung

- Prüfung der Formbeständigkeit,

- Prüfung der Kältebeständigkeit,

- Prüfung der Spannungsfestigkeit,

- Prüfung der Widerstandsfähigkeit gegen Rosten,

- Prüfung der Verriegelung

- Prüfung der Brennbarkeit der Stulpe

176

6.6 Zweipolige Spannungsprüfer – DIN EN 61243-3 (VDE 0682 Teil 401):1999-09

Die nationale Bestimmung DIN VDE 0680 Teil 5 von 1988 galt noch bis zum 1. 7. 2001. Sie wurde zu diesem Zeitpunkt durch VDE 0682 Teil 401 abgelöst: „Arbeiten unter Spannung, Spannungsprüfer", Teil 3: „Zweipolige Spannungsprüfer für Niederspannungsnetze" (**Bild 6.6.1 A**).

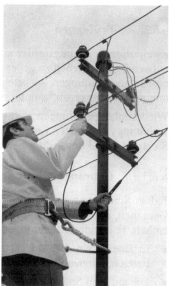

Bild 6.6.1.A Zweipolige Spannungsprüfer

Links: für Anlagen allgemein
Rechts: mit Verlängerung für Einsatz an Niederspannungsfreileitungen

Teil 3 von DIN EN 61243 „Arbeiten unter Spannung, Spannungsprüfer" gilt für zweipolige Spannungsprüfer für Niederspannungsnetze. Es wird unterschieden zwischen Geraten der Spannungsklasse A: bis AC 500 V/DC 750 V und Spannungsklasse B: bis AC 1000 V/DC 1500 V.

Der Inhalt dieser Norm entspricht im Wesentlichen der bisherigen DIN VDE 0680 Teil 5. Als Ergänzungseinrichtung wurde neben der Phasenanzeige und der Durchgangsprüfeinrichtung eine Drehfeldrichtungsanzeige aufgenommen.

6.6.1 Anforderungen

Bei Spannungsprüfern mit Anzeige in mehreren Stufen müssen neben der Stufe der angelegten Spannung auch alle Stufen niedrigerer Spannung das Signal „Spannung vorhanden" anzeigen.

Spannungsprüfer müssen 30 s ununterbrochen an Spannung angelegt werden können. Sind Spannungsprüfer mit einer Berührungselektrode versehen, so muss der Strombegrenzungswiderstand so bemessen sein, dass beim Anlegen von 1000 V Wechsel- oder Gleichspannung der Strom zwischen Prüf- und Berührungselektrode nicht größer als 0,5 mA ist.

6.6.2 Prüfungen

Zweipolige Spannungsprüfer sind weit verbreitete Geräte. Um dem Benutzer die notwendige Sicherheit zu geben, ist das Einhalten zahlreicher Anforderungen durch bestandene Prüfungen zu belegen (siehe **Tabelle 6.6.2 A** „Aufstellung und Einteilung der Prüfungen" auf der nachfolgenden Seite).

Wiederholungsprüfungen sind nicht vorgeschrieben, allerdings fordert die Unfallverhütungsvorschrift „Elektrische Anlagen und Betriebsmittel" (BGV A2) eine Sicht- und Funktionsprüfung durch den Benutzer vor jeder Benutzung.

6.6.3 Gebrauchsanleitung

Jedem Spannungsprüfer ist eine Gebrauchsanleitung mitzugeben, die alle für den Gebrauch, die Wartung und die Vermeidung von Unfällen erforderlichen Angaben enthält. Folgende Erläuterungen und Daten müssen gegeben werden:

- Erläuterungen der Aufschriften (z. B. zulässige Einschaltdauer, Anwendungsbereich, Grenzabweichung der Spannungsanzeige, Anzeige der Polarität, …)

- Die auf dem Spannungsprüfer angegebenen Spannungen sind Nennspannungen oder Nennspannungsbereiche. Der Spannungsprüfer darf nur an Anlagen mit den angegebenen Nennspannungen bzw. den angegebenen Nennspannungsbereichen benutzt werden

- Die Anzeige der Überschreitung des oberen Grenzwerts für Kleinspannungen (ELV) dient nur als Warnung für den Benutzer und nicht als Messwert

- An Einsatzorten mit hohem Störgeräuschpegel muss vor Gebrauch des Spannungsprüfers mit akustischem Anzeigesystem festgestellt werden, ob das akustische Prüfsignal wahrnehmbar ist

- Bei Spannungsprüfern mit analoger oder digitaler Spannungsanzeige ist zusätzlich die tatsächliche Grenzabweichung der jeweiligen Spannungsbereiche anzugeben

- Eine einwandfreie Anzeige ist nur in dem vom Hersteller angegebenen Temperaturbereich sichergestellt (Klimaklassen „N" oder „S")

178

Art der Prüfung	Typprüfung	Stückprüfung	Stichproben-prüfung
Konstruktion	×		
Berührungsschutz	×		
Maße	×		
Aufschriften	×		×
Gebrauchsanleitung	×		
Schaltplan	×		
Schlagprüfung	×		
Fallprüfung	×		
Rüttelprüfung	×		
Prüfung bei Kälte und feuchter Wärme	×		
Spannungsfestigkeit	×	×	
Prüfung des Betriebsstroms	×	×	
Ableitstrom für Innenraumtyp	×		×
Ableitstrom für Außenraumtyp	×		×
Prüfung der optischen Anzeige	×	×	
Prüfung der akustischen Anzeige	×	×	
Prüfung der Temperaturerhöhung an Handhaben und Gehäusen	×		
Stoßspannungsfestigkeit	×		
Prüfung der Eigenprüfeinrichtung	×		×
Prüfung der Sicherheit bei der Verwechslung der Systemspannung	×		×
Biegeprüfung	×		
Zugprüfung	×		
Prüfung der Zugentlastung	×		
Prüfung der festen Verbindung der Kontakt-elektrodenisolierung	×		
Prüfung der Funktion der Schalter	×		
Prüfung der Funk-Entstörung	×		
Wärmebeständigkeit der Isolierteile	×		
Prüfung der Schutzart	×		

Tabelle 6.6.2 A Aufstellung und Einteilung der Prüfungen

179

- Die normale Gebrauchslage des Spannungsprüfers, besonders der Prüftaster und/oder der Anzeige, muss dargestellt werden, z. B. dass der Spannungsprüfer nur an den Handhaben angefasst wird, um nicht die Anzeigestelle zu verdecken und die Kontaktelektrode nicht vor oder während der Prüfungen zu berühren
- Hinweise auf die Funktion des Anzeigesystems bei falscher Bereichsschaltung und/oder fehlerhaften Bereichsschaltern
- Die Funktion des Spannungsprüfers muss kurz vor und nach der Prüfung auf Spannungsfreiheit geprüft werden. Fällt hierbei die Anzeige einer oder mehrerer Stufen aus oder wird keine Funktionsbereitschaft angezeigt, darf der Spannungsprüfer nicht weiterverwendet werden
- Bei Spannungsprüfern mit eingebauten Prüfeinrichtungen müssen Hinweise über Art und Durchführung der Eigenüberprüfung gegeben werden
- Bei Spannungsprüfern ohne eingebaute Prüfeinrichtungen müssen Hinweise über Art und Durchführung der Überprüfung mit einem geeigneten separaten Gerät gegeben werden
- Bei Spannungsprüfern mit auswechselbarer eigener Energiequelle muss eine genaue Typangabe der zu verwendenden Energiequelle gegeben werden
- Die Batterie ist vor Gebrauch zu überprüfen und, wenn nötig, zu wechseln
- Der Spannungsprüfer darf bei geöffnetem Batterieraum nicht benutzt werden
- Unbefugte dürfen den Spannungsprüfer und die Ergänzungseinrichtungen nicht zerlegen
- Angaben zur Aufbewahrung und Pflege, z. B., dass Spannungsprüfer trocken und sauber aufbewahrt werden müssen
- Angabe „auch bei Niederschlägen verwendbar" oder „bei Niederschlägen nicht verwenden!" entsprechend der Schutzart IPXX
- Bei Spannungsprüfern mit hohem Innenwiderstand: Hinweis auf eventuelle Anzeige von induktiven und kapazitiven Spannungen, falls zutreffend
- Hinweis auf den möglichen Einfluss des Betriebsstroms des Spannungsprüfers auf Betriebsmittel der zu prüfenden Installation
- Zur Ermittlung von Außenleitern mit Hilfe der Berührungselektrode kann die Wahrnehmbarkeit der Anzeige beeinträchtigt sein, z. B. bei Verwendung von isolierenden Körperschutzmitteln, bei ungünstigen Standorten wie Holztrittleitern oder isolierenden Fußbodenbelägen sowie bei ungünstigen Beleuchtungsverhältnissen, z. B. bei Sonnenschein, sowie bei einem nicht betriebsmäßig geerdeten Wechselspannungssystem

6.6.4 Erdungs- und Kurzschließgeräte, kombiniert mit Spannungsprüfern

Für Erdungs- und Kurzschließgeräte, kombiniert mit Spannungsprüfern zur Verwendung in Freileitungen, besteht nach Meinung der zuständigen Komitees 214

180

und 215 kein Grund zur Normung. Hersteller und Anwender handeln in Eigenverantwortung.

Diese Geräte sollten jedoch sinngemäß DIN VDE 0683 Teil 100 und VDE 0682 Teil 401 entsprechen.

6.7 Einpolige Spannungsprüfer bis 250 V Wechselspannung – DIN VDE 0680 Teil 6

6.7.1 Aufbau

Der Teil 6 von DIN VDE 0680 ist seit 1977 in Kraft. Der Geltungsbereich wurde festgelegt für Nennspannungen von 110 V bis 250 V Wechselspannung und für Nennfrequenzen von 50 Hz bis 500 Hz.

Einpolige Spannungsprüfer (**Bild 6.7.1 A**) dürfen nicht bei Niederschlägen verwendet werden.

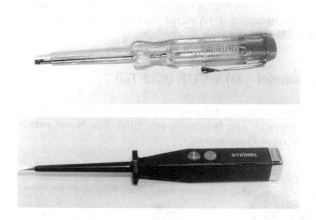

Bild 6.7.1 A Einpolige Spannungsprüfer

6.7.2 Anforderungen

Spannungsprüfer müssen so gebaut sein, dass sie ohne Zerstörung nicht zerlegt werden können. Damit ist verhindert, dass durch Einbau nicht passender Ersatzteile eine Gefährdung des Benutzers eintreten kann.

Im zuständigen Normungs-Komitee wurde diskutiert, ob die Prüfelektrode als Spitze ausgebildet sein muss oder ob es auch eine Schraubendreherklinge sein darf. Zu Letzterem hat man sich dann „durchgerungen", wobei eine Schraubendreher-

181

klinge maximal 3,5 mm breit sein darf. In der Gebrauchsanweisung muss jedoch darauf hingewiesen werden, dass derartige Spannungsprüfer keine Werkzeuge zum Arbeiten an unter Spannung stehenden Teilen im Sinne von VDE 0682 Teil 201 sind; als Schraubendreher darf das Gerät nur an spannungsfreien Teilen benutzt werden.

In der Gebrauchsanweisung muss folgender (wesentlicher) Satz stehen:

„Die Wahrnehmbarkeit der Anzeige kann beeinträchtigt sein bei ungünstigen Beleuchtungsverhältnissen, z. B. bei Sonnenlicht, bei ungünstigen Standorten, z. B. bei Holztrittleitern oder isolierenden Fußbodenbelägen, und in nicht betriebsmäßig geerdeten Wechselspannungsnetzen."

Der Innenwiderstand des Spannungsprüfers muss so bemessen sein, dass der Strom zwischen Prüfelektrode und Berührungselektrode bei Nennspannung nicht größer als 0,5 mA ist.

6.7.3 Prüfungen

Neben der Prüfung der Aufschriften und der Gebrauchsanweisung wird als Stückprüfung die Prüfung auf Wahrnehmbarkeit der Anzeige, die Prüfung der Spannungssicherheit und die Prüfung auf Begrenzung des Stroms verlangt.

6.8 Passeinsatzschlüssel – DIN VDE 0680 Teil 7

Die sicherheitstechnischen Anforderungen an Passeinsatzschlüssel (**Bild 6.8 A**) sind in DIN VDE 0680 Teil 7 festgelegt. Die Norm gilt seit 1984. Die Norm enthält Funktionsmaße für die zugehörigen Passeinsätze.

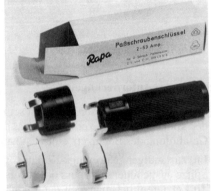

Bild 6.8 A Beispiele für Passeinsatzschlüssel

Passeinsatzschlüssel sind handgeführte isolierte Geräte, mit denen durch eine Dreh- oder Längsbewegung ein Passeinsatz in einen Sicherungssockel eingebracht oder aus ihm herausgenommen werden kann. Je nach der Art des Passeinsatzes kann das Gerät in Einstielform als Schlüssel oder in Ein- oder Zweistielform als Zange gestaltet sein. Passeinsatzschlüssel werden einer elektrischen Spannungsprüfung über 5 min mit einer Spannung von 5 kV unterzogen.

Passeinsatzschlüssel nach dieser Norm gelten als Hilfsmittel zum Arbeiten an unter Spannung stehenden Teilen. Sie müssen daher nach DIN 48699 als zum Arbeiten an unter Spannung stehenden Teilen mit dem Sonderkennzeichen gekennzeichnet sein.

Eine Überarbeitung dieser nationalen Bestimmung ist zurzeit nicht vorgesehen.

6.9 Hubarbeitsbühnen zum Arbeiten an unter Spannung stehenden Teilen bis AC 1000 V bzw. DC 1500 V – VDE 0682 Teil 742

Diese Norm gilt seit 1. November 2000.

Für ihren Anwendungsbereich bestehen keine entsprechenden regionalen oder internationalen Normen.

Diese Norm gilt für Hubarbeitsbühnen, die zum Arbeiten an oder in der Nähe von unter Spannung stehenden Teilen mit einer Wechselspannung bis 1000 V und nicht mehr als 60 Hz und einer Gleichspannung bis 1500 V bestimmt sind.

Sie enthält allgemeine Festlegungen für Hubarbeitsbühnen, nach denen z. B. bei einsetzendem Regen Arbeiten an unter Spannung stehenden Teilen abgeschlossen werden müssen. Für die Ausführung, mit der auch bei Regen Arbeiten an unter Spannung stehenden Teilen ausgeführt werden können, enthält diese Norm ebenfalls Festlegungen.

Anmerkung: Das Arbeiten an oder in der Nähe von unter Spannung stehenden Teilen ist üblicherweise bei einsetzendem Regen, Nebel und ähnlichen Wetterbedingungen einzustellen. Besondere Anwendungsfälle (z. B. in Verkehrsbetrieben) erfordern das Arbeiten an oder in der Nähe von unter Spannung stehenden Teilen auch bei Regen. Hierfür wurde die sonst übliche Typprüfung erweitert.

Die Norm legt fest:

• die elektrischen Anforderungen, die an solche Hubarbeitsbühnen zu stellen sind
• die elektrischen Prüfungen, die an solchen Hubarbeitsbühnen durchzuführen sind
• die Anforderungen an die Betriebsanleitung

Die Norm legt nicht die allgemeinen mechanischen Anforderungen fest, die für alle Hubarbeitsbühnen gelten und den einschlägigen internationalen oder nationalen Normen zu entnehmen sind (siehe E DIN EN 280).

6.9.1 Begriffe

Arbeitsbühne

umwehrte Bühne oder Korb, mit der/dem die Last in die Arbeitsposition gebracht werden kann und von der/dem aus Montage-, Reparatur-, Überwachungs- oder ähnliche Arbeiten ausgeführt werden können

Hubarbeitsbühne

besteht mindestens aus einer Arbeitsbühne, einer Hubeinrichtung und einem Untergestell

Untergestell

Basis der Hubarbeitsbühne. Das Untergestell kann gezogen oder geschoben werden, selbstfahrend oder auf ein Fahrzeug montierbar sein.

6.9.2 Anforderungen

Anforderungen an die Isolierung

Die Arbeitsbühne muss durch zwei voneinander unabhängige, in Reihe geschaltete Isolierstrecken gegen Erde isoliert sein. Die Isolierstrecken der Hubarbeitsbühne müssen so angeordnet sein, dass sie nicht durch das Bedienpersonal von der Arbeitsbühne aus und/oder neben dem Fahrgestell stehend unbeabsichtigt im Handbereich überbrückt werden können (siehe Abschnitt 6.9.4 „Gebrauchsanleitung").

Alle Teile der Arbeitsbühne, durch die Potential verschleppt werden kann, müssen isoliert sein.

Anmerkung: Dies gilt auch für an der Arbeitsbühne angebrachte Leitern.

Die Isolierung muss entsprechend den beim Gebrauch der Hubarbeitsbühne an Systemen mit Nennspannungen bis AC 1000 V (und nicht mehr als 60 Hz) sowie für Nennspannung bis DC 1500 V auftretenden elektrischen Beanspruchungen ausgelegt sein.

Hubarbeitsbühnen, die für Arbeiten im Bereich von Oberleitungen elektrischer Bahnen oder Freileitungen bestimmt sind, müssen so isoliert sein, dass durch die Hubeinrichtung die Spannung der Oberleitung oder der Freileitung weder auf die Arbeitsbühne noch auf das Fahrzeug oder das Untergestell verschleppt wird.

Potentialausgleich

Die Werte für Berührungsspannungen und Schrittspannung dürfen nicht überschritten werden. Es ist am Untergestell eine Anschließstelle für einen Erder vorzusehen, die zum Zwecke des Potentialausgleichs mit den leitfähigen Teilen der Steuereinrichtungen elektrisch leitend verbunden ist.

6.9.3 Prüfungen

Es ist ein Prüfbuch zum Protokollieren der elektrischen Messergebnisse zu führen. Die Nachweise und Ergebnisse der Typ-, Stück- und Wiederholungsprüfungen sind aufzubewahren. Die Prüfprotokolle müssen die Messergebnisse der zu protokollierenden Prüfungen enthalten (siehe Abschnitt 6.9.4 „Gebrauchsanleitung").

Die Spannungsprüfung (siehe **Bild 6.9.3 A**) im trockenen oder beregneten Zustand gilt als bestanden, wenn kein Überschlag oder Durchschlag feststellbar ist und der Ableitstrom in beiden Zuständen

- 3,5 mA zwischen Hubeinrichtung und Untergestell

- 0,5 mA zwischen Arbeitsbühne und Hubeinrichtung

nicht überschreitet.

Der Isolationswiderstand muss $\geq 100\ \text{M}\Omega$ sein.

Eine Zusammenstellung der Prüfungen zeigt **Tabelle 6.9.3 A**

	Prüfung	Typprüfung	Stückprüfung	Wiederholungs-prüfung
Spannungsprüfung	bei trockener Isolierung	×	×	
Spannungsprüfung	bei beregneter Isolierung	×		
Spannungsprüfung	während der Beregnung	×		
Ableitstrom	bei trockener Isolierung	×	×	
Ableitstrom	bei beregneter Isolierung	×		
Ableitstrom	während der Beregnung	×		
Isolations-widerstand	bei trockener Isolierung	×	×	×
Potentialausgleich	durch Sichtprüfung	×	×	

Tabelle 6.9.3 A Prüfungen an Hubarbeitsbühnen

Die Messstellen an der Hubarbeitsbühne zeigt **Bild 6.9.3 A**.

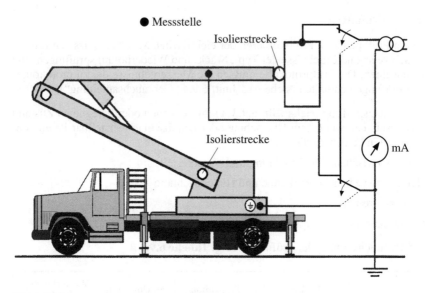

Bild 6.9.3 A Messstellen an der Hubarbeitsbühne

Bei Hubarbeitsbühnen zum Arbeiten an oder in der Nähe von unter Spannung stehenden Teilen muss der Isolationswiderstand in Prüfintervallen geprüft werden. Die Prüffristen für die elektrischen Prüfungen entsprechen dabei den Prüffristen für die Wiederholungsprüfungen von mechanischen Prüfungen.

Die Prüfung (Messung des Isolationswiderstands) ist an einer Hubarbeitsbühne durchzuführen, die sich in einem Zustand befindet, der eine bestimmungsgemäße Benutzung erlaubt.

Der Isolationswiderstand darf bei Wiederholungsprüfungen den Wert von 20 MΩ nicht unterschreiten.

Die Ergebnisse der Wiederholungsprüfungen sind im Prüfbuch einzutragen (siehe Abschnitt 6.9.4 „Gebrauchsanleitung").

6.9.4 Gebrauchsanleitung

In Gebrauchsanleitungen für Hubarbeitsbühnen müssen für das Arbeiten unter Spannung folgende Hinweise aufgenommen werden:

- Hinweis, dass die Europäischen Richtlinien, nationalen Vorschriften und die zutreffenden Teile der Normenreihe DIN VDE 0105-100 für das Arbeiten an unter Spannung stehenden Teilen zu beachten sind

- Hinweis auf den Potentialausgleich
- Hinweis, dass die Isolierteile durch das Bedienpersonal von der Arbeitsbühne aus und/oder neben dem Fahrgestell stehend nicht überbrückt werden dürfen, z. B. durch in der Hand gehaltene Werkzeuge
- Hinweis, dass das Prüfbuch zu führen ist (Eintragung der Ergebnisse der Wiederholungsprüfungen)
- Beschränkungen für bzw. Ausschluss von Einrichtungen oder Geräten, die die Isolierung beeinträchtigen
- Hilfswerkzeuge wie Bohrmaschinen usw. dürfen den Isolationspegel für das Arbeiten unter Spannung nicht herabsetzen
- Wartung und Instandhaltungsmaßnahmen, bezogen auf die Isoliereigenschaften
- Benutzungsbeschränkungen bei Gewitter, Sturm und Nebel
- Hinweis auf die Gefahr bei Vereisung

Es sei besonders darauf hingewiesen, dass in der/dem Arbeitsbühne/(korb) keine Elektrogeräte der Schutzklasse 1 verwendet werden dürfen, da in diesen isolierten Bereich dann Erdpotential eingeschleppt würde.

6.10 Mastsättel, Stangenschellen und Zubehör zum Arbeiten unter Spannung – DIN EN 61236, VDE 0682 Teil 651

Diese Norm gilt seit 1996. Sie enthält die Deutsche Fassung der Europäischen Norm EN 61236 von 1995, in die die Internationale Norm IEC 1236 von 1993 mit gemeinsamen Änderungen übernommen worden ist.

Die in dieser Norm beschriebenen Geräte dienen als Hilfsmittel zum Arbeiten unter Spannung in Freileitungssystemen. Sie werden zum Teil als Ausrüstung zum Einrichten einer Arbeitsstelle oder auch als Befestigungseinrichtung verwendet. Derartige Geräte und Ausrüstungen sind in Deutschland fast nicht gebräuchlich, in anderen Ländern des IEC- und auch des CENELEC-Bereichs (z. B. in Frankreich) jedoch im Einsatz.

7 Geräte zum Betätigen, Prüfen und Abschranken unter Spannung stehender Teile mit Nennspannungen über 1 kV – DIN VDE 0681 und VDE 0682

7.1 Normen-Überblick

7.1.1 DIN VDE 0681

Die Norm DIN VDE 0681 hat den Titel „Geräte zum Betätigen, Prüfen und Abschranken unter Spannung stehender Teile mit Nennspannungen über 1 kV".

Die nachfolgenden Normen haben nur nationale Gültigkeit, weil Normen aus der bisherigen Reihe 0681, die auch international einzuhalten sind, in die Reihe 0682 übernommen worden sind.

Die derzeit national noch gültigen Normen DIN VDE 0681 bestehen aus folgenden Teilen:

Teil 1:1986-10	Allgemeine Festlegungen für DIN VDE 0681 Teil 2 bis Teil 4 (nur noch gültig für Teile 2 und 3, da Teil 4 ersetzt ist durch VDE 0682 Teil 411)
Teil 2:1977-03	Schaltstangen
Teil 3:1977-03	Sicherungszangen
Teil 5:1985-06	Phasenvergleicher (wird ab 01. 03. 2004 ersetzt durch VDE 0682 Teil 431)
Teil 6:1985-06	Spannungsprüfer für Oberleitungsanlagen elektrischer Bahnen 15 kV, 16 $^2/_3$ Hz
Teil 7:1996-10	Spannungsanzeigesysteme (wird ab 01. 11. 2003 ersetzt durch VDE 0682 Teil 415)
Teil 8:1988-05	Isolierende Schutzplatten (wird ab 01. 08. 2005 ersetzt durch VDE 0682 Teil 552)

Teil 1 von DIN VDE 0681 enthält nur grundsätzliche Festlegungen, die für Schaltstangen und Sicherungszangen gelten.

Die Teile 2 und 3 enthalten, bezogen auf die jeweilige Geräteart, eine zusammenfassende Darstellung der für diese Geräteart zu beachtenden Normen. Sie sind nur zusammen mit Teil 1 anwendbar. Ab Teil 5 sind die Folgeteile jeweils in sich geschlossene Normen für die jeweiligen Geräte.

7.1.2   VDE 0682

In diesem Kapitel werden isolierende Arbeitsstangen (mit zugehörigen Arbeitsköpfen) und Spannungsprüfer vorgestellt, so wie sie in VDE 0682 „Geräte und Ausrüstungen zum Arbeiten an unter Spannung stehenden Teilen" genormt sind:

Teil 211:1998-01	Isolierende Arbeitsstangen und zugehörige Arbeitsköpfe zum Arbeiten unter Spannung (EN 60832:1996)
Teil 411:1998-05	Arbeiten unter Spannung, Spannungsprüfer, Teil 1: Kapazitive Ausführung für Wechselspannungen über 1 kV (EN 61243-1:1997)
Teil 412:2001-12	Arbeiten unter Spannung, Spannungsprüfer, Teil 2: Resistive (Ohm'sche) Ausführung für Wechselspannungen von 1 kV bis 36 kV (EN 61243-2:1997 und A1:2000)
Teil 415:2002-01	Arbeiten unter Spannung, Spannungsprüfer, Teil 5: Spannungsprüfsysteme (VDS) (EN 61243-5:2001) Daneben gilt E DIN IEC 78/183 CDV (VDE 0682 Teil 415):1996-10 noch bis 01. 11. 2003
Teil 431:2002-07	Arbeiten unter Spannung Phasenvergleicher für Wechselspannungen von 1 kV bis 36 kV (EN 61481:2001). Daneben gilt DIN VDE 0681 Teil 5: 1985-06 noch bis 01. 03. 2004
Teil 552:2003-XX	Arbeiten unter Spannung Isolierende Schutzplatten über 1 kV Daneben gilt DIN VDE 0681 Teil 8:1998-05 noch bis 01. 08. 2005

Die anderen in VDE 0682 genormten Geräte und Ausrüstungen zum Arbeiten unter
Spannung, wie z. B. Handwerkszeuge, Handschuhe, Ärmel, Abdecktücher, Matten,
starre Schutzabdeckungen, zweipolige Spannungsprüfer oder Mastsättel, Stangenschellen, Hubarbeitsbühnen werden im Kapitel 6 dieses Buchs behandelt.

7.2   Allgemeine Anforderungen

Die nachfolgenden Angaben beziehen sich auf folgende **Betätigungsstangen**
(**Bild 7.2 A**):

● Spannungsprüfer einpolig (siehe auch Abschnitt 7.3.1)

● Spannungsprüfer zweipolig (siehe auch Abschnitt 7.3.2)

● Spannungsprüfer für elektrische Bahnen (siehe auch Abschnitt 7.3.3)

● Phasenvergleicher (siehe auch Abschnitt 7.5)

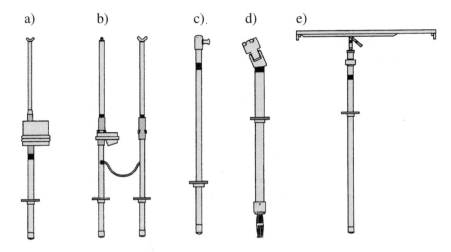

Bild 7.2 A Betätigungsstangen nach DIN VDE 0681 und VDE 0682
a) Spannungsprüfer, b) Phasenvergleicher, c) Schaltstange,
d) Sicherungszange, e) isolierende Schutzplatte

- Schaltstangen (siehe auch Abschnitt 7.6)
- Sicherungszangen (siehe auch Abschnitt 7.7)
- isolierende Schutzplatten (siehe auch Abschnitt 7.8)

7.2.1 Bauformen

Entsprechend den Vorgaben in den Normen (DIN VDE 0681 und VDE 0682) werden hinsichtlich der Anwendung die Bauformen lt. **Tabelle 7.2.1 A** unterschieden.

Die Geräte müssen auf ihren Typenschildern die Bauform/Anwendung ausweisen.

Betätigungsstange	Bauform
Spannungsprüfer/Phasenvergleicher	Innenraum
	Außenraum
Schaltstange	bei Niederschlägen nicht verwenden!
	auch bei Niederschlägen verwendbar
Sicherungszange	bei Niederschlägen nicht verwenden!
isolierende Schutzplatte	nur in Innenanlagen verwenden!

Tabelle 7.2.1 A Bauformen von Betätigungsstangen

191

7.2.2   Aufbau

Eine Betätigungsstange (**Bild 7.2.2 A**) besteht aus der Handhabe, dem Isolierteil und einem Arbeitskopf.

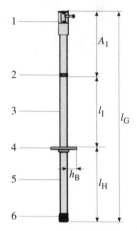

1 Arbeitskopf
2 Roter Ring
3 Isolierteil mit Länge l_1
4 Begrenzungsscheibe mit Höhe h_B
5 Handhabe mit Länge l_H
6 Abschlussteil

A_1 Eintauchtiefe (Länge)
l_G Gesamtlänge der Betätigungsstange

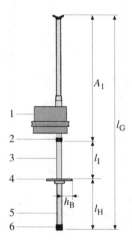

Bild 7.2.2 A Aufbau von Betätigungsstangen
links: Schaltstange, rechts: Spannungsprüfer

Der **Arbeitskopf** (**Bild 7.2.2 B**) ist der Teil der Betätigungsstange, der das Betätigungselement enthält, z. B. Schaltstangenkopf, Anzeigegerät.

Bild 7.2.2 B Bestandteile einer Betätigungsstange – Anzeigegerät mit Kontaktelektroden-Verlängerung

Der **Isolierteil** (**Bild 7.2.2 C**) ist der Teil der Betätigungsstange zwischen Begrenzungsscheibe und Rotem Ring. Er gibt dem Benutzer Schutzabstand und ausreichende Isolation für die sichere Handhabung.

192

Bild 7.2.2 C Bestandteil einer Betätigungsstange – Isolierteil

Der **Oberteil** ist der Teil der Betätigungsstange zwischen Isolierteil und dem äußeren Ende des Arbeitskopfs.

Der **Verlängerungsteil** ist der Teil der Betätigungsstange zwischen Isolierteil und dem Betätigungselement des Arbeitskopfs. Er gestattet, entfernte Anlageteile zu erreichen und den Arbeitskopf an unter Spannung stehenden Anlageteilen vorbeizuführen.

Die **Begrenzungsscheibe (Bild 7.2.2 D)** bei Betätigungsstangen ist eine deutlich sichtbare und fühlbare Begrenzung der Handhabe zum Isolierteil. Sie soll das Abrutschen oder Übergreifen der Hand von Handhabe in den Isolierteil verhindern.

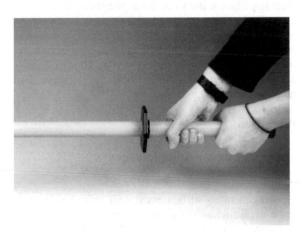

Bild 7.2.2 D Bestandteile einer Betätigungsstange – Handhabe

Bild 7.2.2 F Mehrteilige Betätigungsstangen

Bild 7.2.2 E Einteilige Betätigungsstangen

Im Aufbau der Betätigungsstangen werden zwei Grundformen unterschieden: einteilige (**Bild 7.2.2 E**) und mehrteilige (**Bild 7.2.2 F**), solche, mit einem fest, also unlöslich mit der Stange verbundenen Arbeitskopf, und solche, bei denen der Arbeitskopf lösbar und gegebenenfalls gegen andere Arbeitsköpfe austauschbar über eine Kupplung mit der Stange verbunden ist.

In jedem Fall ist aber der Arbeitskopf Bestandteil der Betätigungsstange, und alle mechanischen und elektrischen Anforderungen werden an die gesamte Betätigungsstange, also einschließlich des Arbeitskopfs, oder, wenn die Verwendung mehrerer Arbeitsköpfe vorgesehen ist, an jede der möglichen Kombinationen gestellt. Weiterhin gibt es Betätigungsstangen, deren Isolierstangen zerlegt werden können. Betätigungsstangen sind so gebaut und bemessen, dass sie bei bestimmungsgemäßem Gebrauch keine Gefahr für Benutzer oder Anlage bilden.

7.2.3 Anforderungen, Prüfungen

7.2.3.1 Zusammenstellung der wichtigsten Anforderungen

Keine gefährlichen Ableitströme

Der Isolierteil von Betätigungsstangen muss so bemessen sein, dass bei bestimmungsgemäßem Gebrauch keine gefährlichen Ableitströme auftreten. Die Länge des Isolierteils der Betätigungsstange ist somit von der Nennspannung der Anlage, in der sie benutzt werden soll, abhängig.

194

In **Tabelle 7.2.3.1 A** sind die Mindestlängen für Isolierteile angegeben.

Nennspannung U_n (kV) *)	Bemessungsspannung U_r (kV)	Mindestlänge des Isolierteils $L_{I\ min}$ (mm)	
		nach DIN VDE 0681	nach DIN VDE 0682
bis 10	12	500	525
20	24	500	525
30	36	525	525
45	52	720	900
60	72,5	900	900
110	123	1300	1300
150	170	1750	1750
220	245	2400	2400
380	420	3200	3200

*) Bei Nennspannungen, die außerhalb der hier aufgeführten Vorzugswerte der Nennspannung liegen, ist die der Nennspannung nächsthöhere Bemessungsspannung anzuwenden. Im Grenzfall ist die Nennspannung gleich der Bemessungsspannung.

Tabelle 7.2.3.1 A Mindestlänge für Isolierteile nach DIN VDE 0681 bzw. VDE 0682

Werden mit dem Oberteil von Betätigungsstangen spannungsführende Anlageteile berührt, so fließen Ableitströme über den Benutzer, die im trockenen, aber auch beregneten Zustand der Stange kleiner als 0,5 mA sind.

Hohes Isoliervermögen

Der Isolierteil von Betätigungsstangen muss so bemessen sein, dass bei bestimmungsgemäßem Gebrauch keine Über- oder Durchschläge zum Benutzer hin auftreten können.

Große Überbrückungssicherheit

Die Betätigungsstange muss Sicherheit gegen Über- oder Durchschlag bieten, wenn mit ihrem Oberteil spannungsführende Anlageteile gegeneinander oder gegen Erde ganz oder teilweise überbrückt werden (**Bild 7.2.3.1 A**) oder die Betätigungsstange mit dem Isolierteil auf geerdete Anlageteile aufgelegt wird.

Hohe mechanische Belastbarkeit

Mit Betätigungsstangen muss ein sicheres Arbeiten bei zumutbarem Kraftaufwand möglich sein. Sie müssen den bei bestimmungsgemäßem Gebrauch auftretenden Zug-, Biege- und Verdrehbeanspruchungen (z. B. beim Einsatz von Schaltstangen und Sicherungszangen) standhalten. Außerdem müssen sie den beim Transport auftretenden Rüttelbeanspruchungen gewachsen sein.

Bild 7.2.3.1 A Oberteil des Spannungsprüfers überbrückt Anlageteile verschiedenen Potentials

Übersichtlicher Aufbau

Auf der Handhabe, angrenzend an den Isolierteil, muss eine mindestens 20 mm hohe, nicht verschiebbare Begrenzungsscheibe angebracht sein. Auf dem Isolierteil muss in Richtung Arbeitskopf anschließend ein Roter Ring von etwa 20 mm Breite dauerhaft, unverschiebbar und für die Benutzer beim Gebrauch deutlich erkennbar angebracht sein. Außerdem dürfen innerhalb der Mindestlänge ($l_{\text{I min}}$) des Isolierteils nur auf einer Strecke von 200 mm, vom Roten Ring aus in Richtung Handhabe gemessen, leitende Bauteile vorhanden sein, sofern sie nach außen isoliert sind.

An der Oberfläche des Isolierteils dürfen sich nur leitende Bauteile von insgesamt 2 % der Mindestlänge des Isolierteils befinden.

Hohle Betätigungsstangen müssen allseitig verschlossen sein: Ausgenommen sind Öffnungen zur Vermeidung von Kondenswasseransammlungen.

Außen liegende elektrische Leitungen oder Anschlussmöglichkeiten für solche Leitungen sind an Betätigungsstangen verboten (Ausnahmen: zweipolige Spannungsprüfer, siehe Abschnitt 7.3.2, und Phasenvergleicher, siehe Abschnitt 7.5).

Aufschriften

Die Anforderungen an die Aufschriften sind gerätespezifisch sehr verschieden (**Bild 7.2.3.1 B**). Dies sind u. a.:

Herkunftszeichen, Nennspannung bzw. Nennspannungsbereich mit Doppeldreieck, Klimaklasse, Bauform, Baujahr, Fertigungsnummer, Datum der letzten Wiederholungsprüfung.

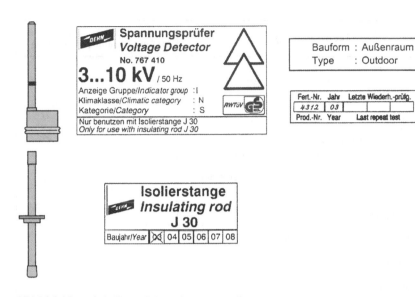

Bild 7.2.3.1 B Aufschriften auf einem Spannungsprüfer

7.2.3.2 Zusammenstellung der wichtigsten Prüfungen

Der Hersteller von Betätigungsstangen muss die Fertigung durch Typ-, Stichproben- und Stückprüfungen sowohl an Probestücken als auch an fertigen Geräten überwachen. Die durchzuführenden Prüfungen sind nach Art, Reihenfolge und Umfang der **Tabelle 7.2.3.2 A** zu entnehmen.

Liste der Prüfungen	Typ-prüfung	Stück-prüfung	Stichproben-prüfung
Sicht- und Maßkontrolle	×	×	
Haltbarkeit der Aufschriften	×		×
Griffkraft und Durchbiegung	×		×
Rüttelfestigkeit	×		×
Fallfestigkeit	×		×
Stoßfestigkeit	×		×

Tabelle 7.2.3.2 A Zusammenstellung der Prüfungen und des Prüfumfangs am Beispiel der Betätigungsstange „Spannungsprüfer" nach VDE 0682 Teil 411

197

Liste der Prüfungen	Typ-prüfung	Stück-prüfung	Stichproben-prüfung
Klimafestigkeit	×		
Ansprechspannung	×	×	
Isolierstoffe	×		×
Überbrückungssicherheit für Spannungsprüfer der Bauform für den Innenraum	×		×
Überbrückungssicherheit für Spannungsprüfer der Bauform für den Außenraum	×		×
Funkenfestigkeit	×		×
Nichtansprechen bei Gleichspannung	×		
Betriebsdauer	×		
Eigenprüfvorrichtung	×	×	
Einfluss der eingebauten Energiequelle	×		
Eigenzeit	×		
Frequenzabhängigkeit	×		
Zweifelsfreie Wahrnehmbarkeit bei akustischer Anzeige	×		×
Zweifelsfreie Wahrnehmbarkeit bei optischer Anzeige	×		×
Eindeutige Anzeige	×		×
Prüfung des Isoliervermögens Prüfung des Ableitstroms	×		
Bauart für den Innenraum	×	×[1]	
Bauart für den Außenraum	×	×[1]	
Isoliervermögen des Gehäuses des Anzeigegeräts	×		×

1) Die Stückprüfung ist nur unter Trockenbedingungen durchzuführen, sowohl für Spannungsprüfer der Bauart für den Innenraum als auch für Spannungsprüfer der Bauart für den Außenraum

Tabelle 7.2.3.2 A (Fortsetzung) Zusammenstellung der Prüfungen und des Prüfumfangs am Beispiel der Betätigungsstange „Spannungsprüfer" nach VDE 0682 Teil 411

Elektrische Prüfung der Isolierstoffe

Bereits das Ausgangsmaterial der Isolierstoffe wird kontrolliert. Aus Rohren, Stangen und Formteilen werden im Anlieferungszustand Probestücke entnommen, und diese werden nach Wasserlagerung elektrischen Prüfungen unterworfen.

Mechanische Prüfungen

Je nach den in der Praxis auftretenden mechanischen Beanspruchungen bei Betätigungsstangen werden diese Geräte auf Zug, Durchbiegung und Verdrehung geprüft. Ob ein sicheres Arbeiten bei zumutbarem Kraftaufwand möglich ist, wird in der Prüfung auf Griffkraft kontrolliert.

Elektrische Prüfungen an fertigen Geräten

Allen elektrischen Prüfungen bezüglich der Spannungsfestigkeit ist die Bemessungsspannung U_r zugrunde gelegt (Tabelle 7.2.3.1 A).

Prüfung auf Ableitstrom

In dieser Prüfung wird kontrolliert, ob der Isolierteil von Betätigungsstangen so bemessen ist, dass bei bestimmungsgemäßem Gebrauch keine gefährlichen Ableitströme auftreten können. Die Betätigungsstange (Beispiel: Spannungsprüfer) wird im Prüfaufbau entsprechend **Bild 7.2.3.2 A** getestet.

Bei der Prüfspannung von $1{,}2 \cdot U_r$ darf während 1 min der Ableitstrom über die trockene Stange nicht größer als 0,5 mA werden. Für Betätigungsstangen der Bauform „Außenraum" und der Bauform „Auch bei Niederschlägen verwendbar"

Bild 7.2.3.2 A Prüfung auf Ableitstrom bei Spannungsprüfung der Bauform „Innenraum"

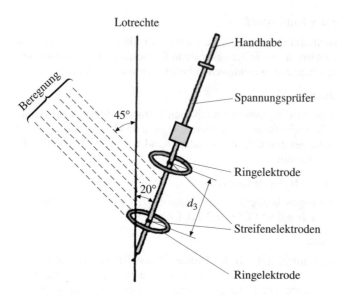

Lotrechte

Handhabe

Spannungsprüfer

45°

Ringelektrode

20°

d_3

Streifenelektroden

Ringelektrode

Bild 7.2.3.2 B Prüfaufbau zur Prüfung auf Ableitstrom und Überbrückungssicherheit bei Spannungsprüfern der Bauform „Außenraum"

wird diese Prüfung unter Beregnung durchgeführt. **Bild 7.2.3.2 B** zeigt den Prüfaufbau für die Bauform „Außenraum" (Spannungsprüfer nach VDE 0682 Teil 411). Der spezifische Widerstand des Prüfregens beträgt dabei 100 Ωm.

Der Spannungsprüfer ist in einem Neigungswinkel von 20° ± 5° zur Lotrechten so einzurichten, dass seine Kontaktelektrode nach unten zeigt und der Regen unter einem Winkel von etwa 45° zur Lotrechten fällt (d. h. im Winkel von etwa 65° zum Spannungsprüfer). Dabei soll die Prüfstrecke möglichst gleichmäßig beregnet werden.

Der Spannungsprüfer ist 15 min zu beregnen. Dann ist er innerhalb 1 min um 180° zu drehen, so dass die Kontaktelektrode nach oben zeigt, und für weitere 3 min zu beregnen.

Unter Weiterberegnung ist die Prüfspannung 1 min anzulegen und der Ableitstrom zu messen.

Der Spannungsprüfer ist innerhalb 1 min in die Ausgangslage zurückzubringen (d. h. die Kontaktelektrode zeigt nach unten) und für weitere 3 min zu beregnen.

Unter Weiterberegnung ist die Prüfspannung 1 min anzulegen und der Ableitstrom zu messen.

Die Prüfung gilt als bestanden, wenn der größte Ableitstrom 0,5 mA nicht überschreitet.

Bild 7.2.3.2 C Prüfung auf Isoliervermögen eines Spannungsprüfers (Bauformen „Innenraum" und „Außenraum")

Prüfung auf Isoliervermögen

In dieser Prüfung wird kontrolliert, ob der Isolierteil so bemessen ist, dass bei bestimmungsgemäßem Gebrauch keine Über- oder Durchschläge zum Benutzer hin auftreten.

Bild 7.2.3.2 C zeigt den Prüfaufbau für Spannungsprüfer der Bauformen „Innenraum" und „Außenraum".

Die Streifenelektroden werden im Abstand von 300 mm angeordnet, wobei eine Prüfspannung von 100 kV für 1 min angelegt wird.

Diese Prüfung wird abschnittsweise über die Gesamtlänge des Isolierteils durchgeführt.

Die Prüfung gilt als bestanden, wenn kein Überschlag auftritt.

Prüfung auf Überbrückungssicherheit

Im Prüfaufbau wird nach **Bild 7.2.3.2 D** kontrolliert, ob das Oberteil der Betätigungsstange überbrückungssicher ist.

Die Maße für die Engstellenabstände d_1 (Spannungsprüfer „Innenraum") und d_2 (Spannungsprüfer „Außenraum") sind entsprechend der Nennspannung U_n der **Tabelle 7.2.3.2 B** zu entnehmen.

Das Maß d_2 wird wie folgt ermittelt:

$d_2 = A_1 + d_1 + 200$ (alle Maße in mm), mit A_1 lt. Bild 7.3.1.3 A

Die Prüfspannung beträgt $1,2 \cdot U_r$ (U_r siehe Tabelle 7.2.3.1 A)

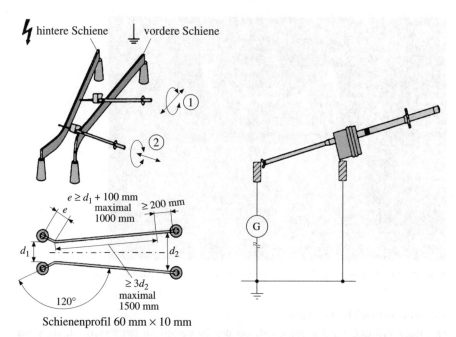

Bild 7.2.3.2 D Prüfung auf Überbrückungssicherheit eines Spannungsprüfers (Bauformen Innenraum und Außenraum): Prüfaufbau mit Schienen

U_n	d_1 Engstellenabstand Innenraum	d_3 Engstellenabstand Außenraum	Bemerkungen
kV	mm	mm	
$U_n \leq 7,2$	50		
$7,2 < U_n \leq 12$	60	150	
$12 < U_n \leq 17,5$	85	180	
$17,5 < U_n \leq 24$	115	215	
$24 < U_n \leq 36$	180	325	Spannungsprüfer zur Verwendung in allen Netzen
$36 < U_n \leq 52$	240	520	
$52 < U_n \leq 72,5$	330	700	
$72,5 < U_n \leq 123$	650	1100	
$123 < U_n \leq 145$	1100	1200	
$145 < U_n \leq 170$	1350	1550	

Tabelle 7.2.3.2 B Engstellenabstände für die Prüfung der Überbrückungssicherheit

U_n	d_1 Engstellenabstand Innenraum	d_3 Engstellenabstand Außenraum	Bemerkungen
kV	mm	mm	
$123 < U_n \le 145$	950	1100	
$145 < U_n \le 170$	1100	1350	Spannungsprüfer
$170 < U_n \le 245$	1500	1850	zur Verwendung in
$245 < U_n \le 300$	1700	2100	Netzen mit Erdfehlerfaktor < 1,4 (wirksam
$300 < U_n \le 362$	1900	2500	geerdeter Sternpunkt[*)]
$362 < U_n \le 420$	2200	2900	

*) Wirksam geerdeter Sternpunkt entspricht Erdfehlerfaktor < 1,4. Nicht wirksam geerdeter Sternpunkt entspricht Erdfehlerfaktor > 1,4.

Tabelle 7.2.3.2 B (Fortsetzung) Engstellenabstände für die Prüfung der Überbrückungssicherheit

Die Prüfung gilt als bestanden, wenn bei Durchfahren (ständiges Drehen und Vorwärtsschieben) der Stellungen ① (**Bild 7.2.3.2 D/F**) und ② (**Bild 7.2.3.2 D/E**) (bis der Rote Ring auf der hinteren Schiene liegt) keine Durch- und/oder Überschläge auftreten.

Spannungsprüfer der Bauform „Außenraum" werden zusätzlich unter Beregnung geprüft. Dabei wird das Gerät entsprechend dem Prüfaufbau nach Bild 7.2.3.2 B beregnet und jeweils abschnittsweise (siehe Abstand d_3 lt. Tabelle 7.2.3.2 B) die Prüfspannung $1,2 \cdot U_r$ angelegt.

Auch hier gilt die Prüfung als bestanden, wenn dabei kein Überschlag auftritt.

Bild 7.2.3.2 E Prüfung auf Überbrückungssicherheit: Prüfung an der Engstelle der Schienen (d_1) bis zum Schienenabstand d_2

203

Bild 7.2.3.2 F Prüfung auf Überbrückungssicherheit: Prüfung an der Engstelle der Schienen (d_1), bis der Rote Ring auf der hinteren Schiene liegt

7.2.4 Anwendungshinweise

Betätigungsstangen mit der Aufschrift „Innenraum" dürfen nur im Innenraum verwendet werden.

Betätigungsstangen mit der Aufschrift „Bei Niederschlägen nicht verwenden!" dürfen in Innenanlagen und im Freien, jedoch nicht bei Niederschlägen (auch nicht bei Nebel) eingesetzt werden.

Geräte mit der Aufschrift „Außenraum" bzw. „Auch bei Niederschlägen verwendbar" dürfen in Innenanlagen und im Freien bei allen Witterungseinflüssen, durch die die Betätigungsstange befeuchtet wird (z. B. Regen, Schnee, Nebel oder Tau), verwendet werden.

Bei Benutzung dieser Betätigungsstangen bei Niederschlägen ist aber zu beachten, dass die Spannung höchstens für die Dauer von 1 min anstehen darf. Diese Zeit genügt im Allgemeinen für das Betätigen eines Schaltgeräts, für das Auswechseln einer Sicherung und für das Prüfen auf Spannungsfreiheit.

Betätigungsstangen dürfen nur bei der angegebenen Nennspannung oder dem angegebenen Nennspannbereich verwendet werden. Nicht nur ihr Einsatz in Anlagen höherer Spannung ist gefährlich, auch in Anlagen kleinerer Nennspannung kann durch die kleineren Abstände die Überbrückungssicherheit nicht mehr gegeben sein.

Betätigungsstangen nach DIN VDE 0681 und VDE 0682 sind nur bedingt in fabrikfertigen (typgeprüften) Anlagen einsetzbar (**Bild 7.2.4 A**).

In solchen Anlagen mit kleinstmöglichen Abständen könnte das Hereinführen eines Gegenstands, selbst wenn er ein Isolator ist, zum Überschlag führen. Daher wird gefordert, dass sich der Benutzer der Betätigungsstange bzw. der Betreiber der Schaltanlage beim Hersteller seiner fabrikfertigen Anlage erkundigt, ob, wo und welche Betätigungsstangen eingesetzt werden dürfen.

Bild 7.2.4 A Einsatz eines Spannungsprüfers
in einer typgeprüften Schaltanlage

Wiederholt wird die Frage gestellt, ob bei fabrikfertigen Schaltanlagen mit schmalen Bedienungsgängen Betätigungsstangen mit kürzeren Isolierteilen als in DIN VDE 0681 und VDE 0682 gefordert, eingesetzt werden dürfen.

Das ist aus folgendem Grund nicht zulässig: Der Isolierteil hat sowohl die Aufgabe, den Benutzer durch seine Isolation vor gefährlichen Ableitströmen zu schützen als auch ihm durch seine Länge den notwendigen Schutzabstand gegen Berühren unter Spannung stehender Teile zu geben. Dieser Schutzabstand ist unabhängig von der Bauweise der Anlage notwendig, denn beim Hantieren mit Betätigungsstangen steht der Mensch meist vor ungeschützten Anlageteilen, z. B. ist die Tür der Anlage offen, oder der Schaltwagen ist ausgefahren (siehe Bild 7.2.4 A).

Betätigungsstangen nur zur Verwendung in Netzen über 110 kV Wechselspannung mit wirksam geerdeten Sternpunkten sind besonders gekennzeichnet, da hierfür die Prüfspannungen niedriger angesetzt sind.

7.2.5   Aufbewahrung, Pflege

Betätigungsstangen nach DIN VDE 0681 und VDE 0682 werden im Neuzustand vom Hersteller geprüft. Da mit diesen Stangen aber direkt an Spannung gearbeitet wird, sind der Aufbewahrung und der Pflege besondere Beachtung zu schenken.

Von den Herstellern werden meist Behälter für die Aufbewahrung von Betätigungsstangen angeboten, und in den Gebrauchsanweisungen findet man Hinweise zur Pflege und gegebenenfalls zur Vorbehandlung.

Hinsichtlich äußerer Temperatureinflüsse werden die Geräte in Klimaklassen eingeteilt (**Tabelle 7.2.5 A**).

| Klimaklasse | Bereiche der klimatischen Bedingungen (Betrieb und Lagerung) | |
	Temperatur °C	Feuchte %
Kalt (C)	–40 bis +55	20 bis 96
Normal (N)	–25 bis +55	20 bis 96
Warm (W)	–5 bis +70	12 bis 96

Tabelle 7.2.5 A Klimaklassen für Spannungsprüfer und Phasenvergleicher

Die Betätigungsstangen werden auf dem Typenschild entsprechend gekennzeichnet.
Der angegebene Temperaturbereich muss sowohl bei Betrieb als auch Lagerung ein-
gehalten werden.
Für eine Reihe von Eigenschaften, die für die Gebrauchssicherheit besonders wich-
tig sind, sind Wiederholungsprüfungen festgelegt (siehe Abschnitte 7.3.5 und 7.5.7).
Ob und mit welchen Fristen diese Wiederholungsprüfungen durchzuführen sind,
wird von Unfallverhütungsvorschriften festgelegt oder liegt im Ermessen des
Anwenders (Betriebsbestimmung).

7.3 Spannungsprüfer für Wechselspannung

7.3.1 Spannungsprüfer einpolig, kapazitive Ausführung

7.3.1.1 Stand der Normung

Diese Spannungsprüfer für Wechselspannung über 1 kV müssen nach VDE 0682
Teil 411:1998-05 (EN 61243-1:1997) gebaut und geprüft werden.
Die nationale Vorgängernorm DIN VDE 0681 Teil 4:1986-10 ist seit 01.09.1997
zurückgezogen. Der Normenentwurf E VDE 0682 Teil 411:1995-12, der die vorge-
nannte nationale Norm vorübergehend ablöste, ist ebenfalls zu diesem Zeitpunkt
zurückgezogen worden.

7.3.1.2 Vergleich der Spannungsprüfer nach VDE 0682 Teil 411 mit Geräten nach DIN VDE 0681 Teil 4 (zurückgezogen)

VDE 0681 Teil 411 brachte eine Reihe von Änderungen mit sich, die Konsequenzen
hinsichtlich der bisherigen Geräteausführungen haben.

Dabei seien besonders erwähnt:

• verschiedene Bauformen
• größere Nennspannungsbereiche

- Prüfung auf „eindeutige Anzeige" im vereinfachten Aufbau (Kugel/Ringaufbau)
- Für Geräte der Bauform „Außenraum" Prüfung mit Beregnung geringerer Leitfähigkeit (zusätzliche Isolationsschirme auf dem Spannungsprüfer sind je nach Spannungsebene nicht mehr notwendig)
- Nur noch zwei Bauformen:
  - Innenraum: Glimmlampenprüfer oder auch elektronische Prüfgeräte
  - Außenraum: Elektronische Prüfgeräte geeignet auch für Anwendung bei Niederschlägen
- Zwei Kategorien mit unterschiedlichen Kontaktelektrodenverlängerungen:
  - Kategorie „S" für Schaltanlagen
  - Kategorie „L" auch für Freileitungen

Die **Tabelle 7.3.1.2 A** gibt hierzu einen detaillierten Überblick.

Anforderungen	DIN VDE 0681 Teile 1 und 4:1986-10	VDE 0682 Teil 411:1998:05	Bemerkung
Spannung	von 1 kV bis 380 kV	von 1 kV bis 420 kV	
Frequenz	von 16 $^2/_3$ Hz bis 60 Hz	von 15 Hz bis 60 Hz	
Bauart	eine Einheit	Unterscheidung zwischen Spannungsprüfern als Einheit (einschließlich Isolierteil) und Spannungsprüfern, die mit einer Isolierstange ergänzt werden	gesonderte Prüfungen für beide Bauarten auf Isoliervermögen und Ableitstrom
Nennspannung	zwei Geräteklassen – für nur eine Nennspannung – für einen Nennspannungsbereich 1 : 2 (ggf. Umschaltbarkeit)	vier Geräteklassen A: für nur eine Nennspannung oder umschaltbar B: für engen Nennspannungsbereich 1:2 C: für weiten Nennspannungsbereich 1:3 D: frei, d. h. nach Vereinbarung Kunde/Hersteller	
Bauform	drei Bauformen – nur in Innenanlagen verwenden! Freiluftanwendung: – Bei Niederschlägen nicht verwenden! – Auch bei Niederschlägen verwendbar	zwei Bauformen – Innenraum – Außenraum d. h. universell (innen, außen auch bei Niederschlägen verwendbar)	

Tabelle 7.3.1.2 A Vergleich zwischen Spannungsprüfern nach DIN VDE 0681 Teil 1 und Teil 4 und solchen nach VDE 0682 Teil 411

Anforderungen	DIN VDE 0681 Teile 1 und 4:1986-10	VDE 0682 Teil 411:1998:05	Bemerkung
Klima-/Temperaturklassen	zwei Temperaturklassen −5 °C bis +50 °C −25 °C bis +50 °C	drei Klimaklassen C: −40 °C bis +55 °C N: −25 °C bis +55 °C W: −5 °C bis +70 °C	
Verlängerungsteile	Tabelle mit Mindestlängen für Verlängerungsteile in Abhängigkeit von der Nennspannung	zwei Prüferkategorien S: für Schaltanlagen mit Kontaktelektrodenverlängerung L: für Freileitungen ohne Kontaktelektrodenverlängerung	unterschiedliche Störfeldsicherheit
Prüfelektrode	keine Vorgabe	Vorgabe einer maximal zulässigen Länge des nicht isolierten Teils der Kontaktelektrode in Abhängigkeit von der Nennspannung	
mechanische Stoßfestigkeit	keine Anforderung, keine Prüfung	Anforderung und Prüfung	
Anzeige	zwei Gruppen: – eine aktive Anzeige optisch oder/und akustisch – zwei aktive Anzeigen (räumlich getrennt) optisch bzw. verschieden akustisch	drei Gruppen: I: zwei unterschiedliche aktive Signale II: ein aktives Signal für „Spannung nicht vorhanden" III: ein aktives Signal für „Spannung vorhanden"	Bevorzugte Gruppen: I: für Prüfer Außenraum III: für Prüfer Innenraum
eindeutige Anzeige	Messung im Reusenaufbau	Messung im Kugel/Ring-Aufbau. Prüfer der Kategorie „S" werden positiv (durch den Ring zur Kugelelektrode) eingetaucht, mit Eintauchtiefen, die DIN VDE 0681 Teil 1 entsprechen. Prüfer der Kategorie „L" werden negativ (Kugelelektrode steht vor Ring) eingetaucht. Eintauchtiefe: – 300 mm bis 52 kV – 1000 mm ab 52 kV	Nach bisherigen Erfahrungen mit dem Kugel/Ring-Aufbau besteht hierbei ein etwas geringes Störfeld für „S"-Prüfer als im Reusenaufbau. Bei Prüfern der Kategorie „L" können die Verlängerungsteile reduziert werden. Bei Prüfern mit weitem Nennspannungsbereich

Tabelle 7.3.1.2 A (Fortsetzung) Vergleich zwischen Spannungsprüfern nach DIN VDE 0681 Teil 1 und Teil 4 und solchen nach VDE 0682 Teil 411

Anforderungen	DIN VDE 0681 Teile 1 und 4:1986-10	VDE 0682 Teil 411:1998:05	Bemerkung
			(1:3, z. B. 10 kV bis 30 kV) sind aber noch Verlängerungsteile von etwa 250 mm erforderlich
zweifeilsfreie Wahrnehmbarkeit	Beleuchtungsstärke für: – „Freiluftprüfer": 100 000 lx – „Prüfer Innanlagen": 1000 lx	Beleuchtungsstärke für – „Prüfer Außenraum": 50 000 lx – „Prüfer Innenraum": 1000 lx	einfacherer Prüfaufbau nach VDE 0682 Teil 411
Prüfung unter Beregnung	spezifischer Widerstand des Wassers: 10 Ωm	spezifischer Widerstand des Wassers: 100 Ωm	nach VDE 0682 Teil 411 reduzierte Anforderungen an Isolationsfestigkeit bei Beregnung
Nich ansprechend bei Gleichspannung	Prüfspannung $1,4 \times U_r$	Prüfspannung U_r	
Klimaprüfung	keine Anforderungen	drei Prüfzyklen mit Temperaturen entsprechend der Klimaklasse mit bis zu 96 % Luftfeuchte	
Anzeige	bei optischer und akustischer Anzeige müssen beide Anzeigen die Prüfung ohne Minderung bestehen	bei optischer und akustischer Anzeige wird die Prüfung für die akustische Anzeige gemindert (–10 dB (A))	

Tabelle 7.3.1.2 A (Fortsetzung) Vergleich zwischen Spannungsprüfern nach DIN VDE 0681 Teil 1 und Teil 4 und solchen nach VDE 0682 Teil 411

7.3.1.3   Bauarten, Bauformen, Klassen, Anzeigegruppen, Kategorien

Der Spannungsprüfer nach VDE 0682 Teil 411 ist ein einpolig an den zu prüfenden Anlageteil anzulegendes Gerät. Es werden zwei **mechanisch unterschiedliche Bauarten unterschieden (Bild 7.3.1.3 A und B)**.

● Spannungsprüfer als **zusammengehörige Bauart**

   Diese Spannungsprüfer sind mit ihrem Aufbau mit denjenigen nach DIN VDE 0681 Teil 4 vergleichbar.

   Isolierstange, Anzeigegerät und Prüfspitze (Kontaktelektrodenverlängerung und Kontaktelektrode) sind als komplette Einheit geprüft.

209

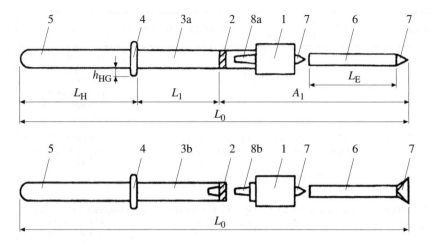

Bild 7.3.1.3 A Bauarten von Spannungsprüfern nach VDE 0682 Teil 411
oben: Spannungsprüfer als zusammengehörige Bauart mit zugehöriger Isolierstange
unten: Spannungsprüfer als getrennte Bauart mit passender Isolierstange

1	Anzeigegerät	8a	Adapter
2	Grenzmarke (Roter Ring)	8b	Adapter (kann die Grenzmarke ersetzen)
3a	Isolierteil	h_{HG}	Höhe der Begrenzungsscheibe
3b	Isolierteil (Isolierstange)	L_H	Länge der Handhabe
4	Begrenzungsscheibe	L_I	Länge des Isolierteils
5	Handhabe	L_E	Länge der Kontaktelektrodenverlängerung
6	Kontaktelektrodenverlängerung	L_0	Gesamtlänge des Spannungsprüfers
7	Kontaktelektrode	A_1	Eintauchtiefe (Länge)

● Spannungsprüfer als **getrennte Bauart**

Diese Spannungsprüfer müssen für den Einsatz mit einer passenden Isolierstange ergänzt werden.

Hinsichtlich der möglichen Anwendung werden **zwei Bauformen** unterschieden:

● Bauform „**Innenraum**": Nur in Innenanlagen verwenden! (**Bild 7.3.1.3 C**)

● Bauform „**Außenraum**": Verwendbar in Innenanlagen und im Freien, auch bei Niederschlägen (**Bild 7.3.1.3 D**)

Diese Bauformen werden jeweils auf den Typenschildern der Spannungsprüfer ausgewiesen.

Entsprechend der Funktionsanforderung „Eindeutige Anzeige" (maßgebend für Ansprechschwelle sowie Nennspannung bzw. Nennspannungsbereiche) werden für Spannungsprüfer außerdem **vier Klassen** (Klassen A, B, C und D) unterschieden.

210

Bild 7.3.1.3 B Spannungsprüfer nach VDE 0682 Teil 411
oben: kompletter Spannungsprüfer
unten: Anzeigegerät

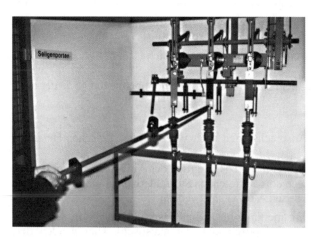

Bild 7.3.1.3 C Spannungsprüfer der Bauform „Innenraum"

211

Bild 7.3.1.3 D Spannungsprüfer der Bauform „Außenraum"

- **Klasse A**

  Spannungsprüfer mit einer einzigen Nennspannung oder mehreren umschaltbaren Nennspannungen

  Die Ansprechspannung liegt im Bereich von 15 % bis 40 % der Nennspannung.

- **Klasse B**

  Spannungsprüfer mit engem Nennspannungsbereich (1:2, d. h. z. B. 10 kV bis 20 kV)

  Die Ansprechspannung liegt zwischen 15 % der oberen und 40 % der unteren Nennspannung.

- **Klasse C**

  Spannungsprüfer mit weitem Nennspannungsbereich (1:3, d. h. z. B. 10 kV bis 30 kV)

  Die Ansprechspannung liegt hier zwischen 15 % der oberen und 45 % der unteren Nennspannung.

- **Klasse D**

  Spannungsprüfer mit Ansprechwerten nach Vereinbarung zwischen Hersteller und Kunden

  Dies kann notwendig werden, wenn es aufgrund des Aufbaus der zu prüfenden Anlage zusammen mit den dort auftretenden Störfeldern nicht möglich ist, einen Spannungsprüfer der Klassen A bis C anzuwenden.

Ein weiteres Unterscheidungsmerkmal für Spannungsprüfer besteht in den Anforderungen nach dem Anzeigen (optisch und/oder akustisch). Hier werden **drei Anzeigegruppen** unterschieden:

212

- **Gruppe I**

  Anzeige mit **mindestens zwei unterschiedlichen aktiven Signalen,** die die beiden Zustände „Spannung vorhanden" und „Spannung nicht vorhanden" anzeigen.
  Der Zustand „Betriebsbereitschaft" ist nicht notwendig.

- **Gruppe II**

  Anzeige mit **einem aktiven Signal,** das den Zustand „Spannung nicht vorhanden" anzeigt, das durch Einschalten von Hand erscheint und das erlischt, wenn die Kontaktelektrode unter Spannung stehende Teile berührt.
  Anmerkung: Diese Gruppe ist in Deutschland bislang nicht üblich.

- **Gruppe III**

  Anzeige mit **einem aktiven Signal,** das den Zustand „Spannung vorhanden" anzeigt und den Zustand „Betriebsbereitschaft" über die Funktionsprüfung ermöglicht.

Darüber hinaus werden Spannungsprüfer entsprechend ihrem Verhalten bei Fremdfeldern bzw. der hieraus abgeleiteten Anwendung in **zwei Kategorien** eingeteilt:

- **Kategorie L**

  Diese Geräte haben **keine Kontaktelektrodenverlängerung** und werden an Freileitungen eingesetzt.

- **Kategorie S**

Diese Geräte weisen eine **Kontaktelektrodenverlängerung** auf, sind beim Einsatz fremdfeldsicher und werden deshalb in Schaltanlagen eingesetzt.
Ein Einsatz an Freileitungen ist selbstverständlich möglich.

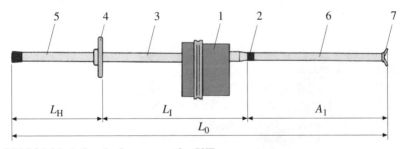

Bild 7.3.1.4 A Aufbau des Spannungsprüfers PHE

1 Anzeigegerät	L_I Länge Isolierteil
2 Roter Ring	L_H Länge Handhabe
3 Isolierteil	A_1 Länge Eintauchtiefe
4 Begrenzungsscheibe	L_0 Gesamtlänge
5 Handhabe	
6 Kontaktelektrodenverlängerung	
7 Kontaktelektrode	

213

7.3.1.4   Anforderungen, Prüfungen

Der Spannungsprüfer (**Bild 7.3.1.4 A**) ist eine einpolig an den zu prüfenden Anlageteil anzulegende Betätigungsstange, deren Arbeitskopf ein Anzeigegerät ist und mit dem festgestellt werden kann, ob Anlageteile unter Betriebsspannung stehen oder nicht.

Die Kontaktelektrode (**Bild 7.3.1.4 B**) ist der Teil des Anzeigegeräts, der bei Gebrauch des Spannungsprüfers an den zu prüfenden Anlageteil angelegt wird. Sie ist das Betätigungselement des Spannungsprüfers.

4   3   2   1

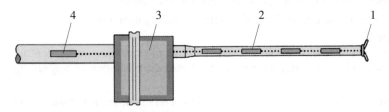

Bild 7.3.1.4 B Anzeigegerät eines Spannungsprüfers
1 Kontaktelektrode
2 Vorgeschaltete Impedanz
3 Signalverarbeitende Schaltung mit Anzeige
4 Nachgeschaltete Impedanz (abhängig von Bauform)

Das Anzeigegerät (**Bild 7.3.1.4 C**) ist der Teil des Spannungsprüfers, der den Spannungszustand erfasst und anzeigt.

Die Kontaktelektrodenverlängerung gestattet, den Einfluss von Störfeldern auf die Anzeige auszuschalten.

Bild 7.3.1.4 C Anzeigegeräte von Spannungsprüfern

214

Ein Spannungsprüfer muss wesentlich härtere Anforderungen als die übrigen Betätigungsstangen erfüllen, da er ein vergleichsweise komplexes Gerät ist (**Bild 7.3.1.4 D**).

Bild 7.3.1.4 D Prüfen auf Spannungsfreiheit an der Oberleitungsanlage einer elektrischen Bahn (Gesamtlänge des Spannungsprüfers: 4,8 m)

- er ist ein **Messinstrument** mit eindeutiger Ja/Nein-Aussage
- er ist ein **Sender**, der das Messergebnis über einige Meter zu übertragen hat
- er ist ein **Betriebsisolator**, der gegen Überschläge infolge Überbrückung bei jedem Wetter gefeit sein muss
- er ist ein **Schutzisolator**, der den Benutzer vor gefährlichen Ableitströmen schützen muss

Weiterhin ist er ein Werkzeug, das einfach und handlich sein soll. Er muss seine Zuverlässigkeit bei Straßentransport, bei Temperaturwechsel und bei unvermeidlichen Stößen behalten.

Entsprechend hart sind die Anforderungen an Spannungsprüfer in VDE 0682 Teil 411 formuliert, und entsprechend hart sind auch die Prüfungen, mit deren Bestehen die Erfüllung dieser Anforderungen nachgewiesen werden muss. Im Folgenden werden die wichtigsten Merkmale der Spannungsprüfer nach VDE 0682 Teil 411 anhand der Anforderungen, die sie erfüllen, beschrieben.

Eindeutige Anzeige und zweifelsfreie Wahrnehmbarkeit

Die eindeutige Anzeige „Spannung vorhanden" ist sichergestellt, wenn die Leiter-Erde-Spannung des zu prüfenden Anlageteils bei Spannungsprüfern zum Einsatz in Drehstromanlagen mindestens 40 % bis 45 % (je nach Spannungsprüferklasse), bei Spannungsprüfern zum Einsatz in einseitig geerdeten Einphasenanlagen mindestens 70 % und bei Spannungsprüfern zum Einsatz an mittig geerdeten Einphasenanlagen mindestens 35 % der Nennspannung des Spannungsprüfers beträgt.

Fremdspannungen, die auf dem zu prüfenden Anlageteil auf vielfältige Weise influenziert oder induziert werden können, werden nicht angezeigt (**Bild 7.3.1.4 E und F**).

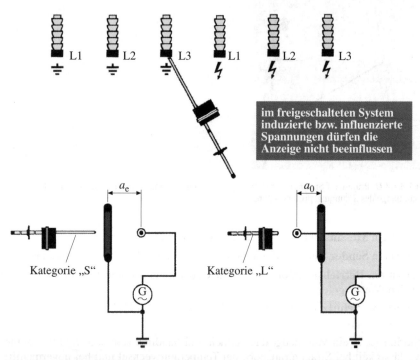

Bild 7.3.1.4 E Fremdspannung
oben: im freigeschalteten System induzierte bzw. influenzierte Spannungen dürfen die Anzeige nicht beeinflussen
unten: Prüfaufbau: a_e, $a_0 = f(U_N)$
U_{pr} bei Spannungsprüferklasse A: $0,15 \cdot U_N$
U_{pr} bei Spannungsprüferklassen B und C: $0,1 \cdot U_N$ (obere Nennspannung)
Forderung: Anzeige „Spannung nicht vorhanden"

216

Bild 7.3.1.4 F Fremdspannung – in freigeschaltetem System induzierte bzw. influenzierte Spannungen dürfen die Anzeige nicht beeinflussen

Tabelle 7.3.1.4 A zeigt die Maße a_e und a_0 in Abhängigkeit von der Nennspannung der Spannungsprüfer.

Bei Geräten mit Nennspannungsbereichen ist diese Prüfung für die höchste Nennspannung durchzuführen.

U_n kV	a_e mm	a_0 mm
$1 < U_n \leq 12$	100	300
$12 < U_n \leq 24$	270	300
$24 < U_n \leq 52$	430	300
$52 < U_n \leq 170$	650	1000
$170 < U_n \leq 420$	850	1000

Tabelle 7.3.1.4 A Abstandsmaße a_e und a_0 für den Prüfaufbau zur Messung der Funktionsspannung bei Störfeldeinflüssen

Gegenphasige Störfelder (also Feldverstärkung) treten z. B. an freigeschalteten Anlageteilen in der Nachbarschaft unter Spannung stehender Teile auf. Dies ist z. B. an offenen Schaltern der Fall (**Bild 7.3.1.4 G und H**). Der obere angetastete Schalterteil ist „spannungsfrei", die beweglichen und geöffneten Schaltstücke stehen jedoch unter Spannung.

Bei Spannungsprüfern mit Nennspannungsbereichen ist diese Prüfung für die höchste Nennspannung durchzuführen.

Das Anzeigegerät des Spannungsprüfers ist über den Benutzer kapazitiv an Erde gekoppelt. Wird nun durch Störfeldeinflüsse der Benutzer durch die unter Spannung stehenden bewegliche Schaltstücke elektrisch abgekoppelt, so würde der Spannungsprüfer „Spannung vorhanden" anzeigen, wenn sein Messgerät nicht aus die-

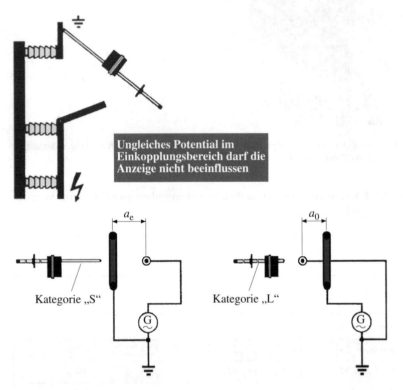

Bild 7.3.1.4 G Gegenphasiges Störfeld
oben: Ungleiches Potential im Einkopplungsbereich darf die Anzeige nicht beeinflussen
unten: Prüfaufbau: a_e, $a_0 = f(U_N)$
U_{pr}: $0{,}6 \cdot U_N$
Forderung: Anzeige „Spannung nicht vorhanden"

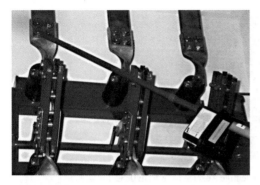

Bild 7.3.1.4 H Gegenphasige Störfelder: Ungleiches Potential im Einkopplungsbereich darf die Anzeige nicht beeinflussen

sem Störfeld mit einer Kontaktelektrodenverlängerung (wie z. B. bei Spannungsprüfern der Kategorie „S") herausgezogen worden wäre.

Im **Bild 7.3.1.4 I** ist der prinzipielle Aufbau für die Prüfung auf Störfeldsicherheit gezeigt. Im Vergleich zu DIN VDE 0681 Teil 4, bei dem die Geräte im „Reusenaufbau" geprüft wurden, wird nach VDE 0682 Teil 411 der „Kugel/Ring-Aufbau" angewandt. Entsprechend der Gerätekategorie „S" bzw. „L" werden die Abstandsmaße a_e bzw. a_0 (siehe auch Tabelle 7.3.1.4 A) dabei berücksichtigt.

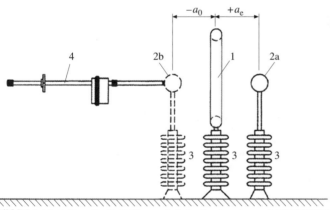

Bild 7.3.1.4 I Aufbau für die Prüfung auf eindeutige Anzeige nach VDE 0682 Teil 411 (Kugel/Ring-Aufbau)

1 Ringelektrode
2a Kugelelektrode für Gerätekategorie S
2b Kugelelektrode für Gerätekategorie L
3 Bodenisolator
4 Prüfling

219

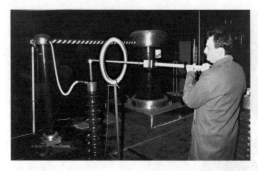

Bild 7.3.1.4 I Aufbau für die Prüfung auf eindeutige Anzeige nach VDE 0682 Teil 411 (Kugel/Ring-Aufbau)

Prüfung eines Spannungsprüfers (Kategorie „S") auf eindeutige Anzeige

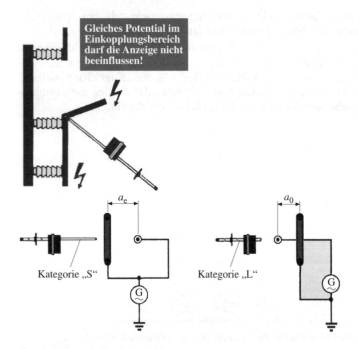

Bild 7.3.1.4 J Gleichphasiges Störfeld

oben: gleiches Potential im Einkopplungsbereich darf die Anzeige nicht beeinflussen

unten: Prüfaufbau: a_e, $a_0 = f(U_N)$

U_{pr} bei Spannungsprüferklasse A: $0,4 \cdot U_N$

U_{pr} bei Spannungsprüferklassen B und C: $0,45 \cdot U_N$ (obere Nennspannung)

Forderung: Anzeige „Spannung vorhanden"

Bild 7.3.1.4 K Gleiches Potential im Einkopplungsbereich darf die Anzeige nicht beeinflussen

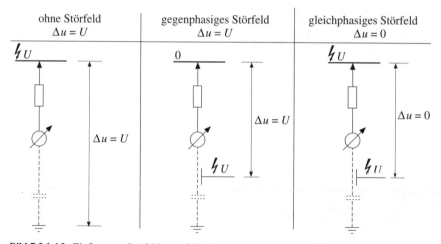

Bild 7.3.1.4 L Einfluss von Störfeldern auf die Anzeige von Spannungsprüfern

Gleichphasige Störfelder (also Feldschwächungen) werden durch spannungsführende Anlageteile gleichen Potentials wie das des zu prüfenden verursacht. Solche Verhältnisse sind wiederum an offenen Schaltern (**Bild 7.3.1.4 J** und **K**), an breiten, gewinkelten und Mehrfachschienen und ganz allgemein bei allen größeren leitenden Teilen zu finden. Man spricht hierbei auch vom „Zwickeleffekt".

Bei Spannungsprüfer mit Nennspannungsbereichen ist diese Prüfung für die untere und obere Nennspannung durchzuführen.

Bild 7.3.1.4 L zeigt den Einfluss der Störfelder (gegenphasiges und gleichphasiges Störfeld) auf die Anzeige von Spannungsprüfern. Zwischen Anzeigegerät und dem zu prüfenden Anlageteil liegt dabei jeweils die Spannungs Δu an, und das Anzeigegerät muss trotz unterschiedlicher Δu-Werte „Spannung nicht vorhanden" (im gegenphasigen Störfeld) und „Spannung vorhanden" (im gleichphasigen Störfeld) sicher anzeigen.

Die Anzeige des Spannungsprüfers muss dem Benutzer zweifelsfrei wahrnehmbar sein, und das auch bei Freileitungen (**Bild 7.3.1.4 M**), Transformatoren und Schaltanlagen, die sich im Freien, also unter Umständen auch im hellen Sonnenlicht, befinden.

Bild 7.3.1.4 M Prüfen auf Spannungsfreiheit an einer 380-kV-Freileitung
(Spannungsprüfer wird von der linken oberen Traverse aus zum Leiterseil herabgeführt)

222

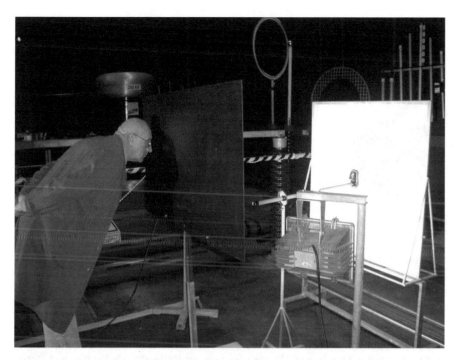

Bild 7.3.1.4 N Prüfung der Anzeige eines Spannungsprüfers auf optische Wahrnehmbarkeit

Entsprechend hart sind die Prüfungen der optischen Wahrnehmbarkeit unter Lichteinflüssen (**Bild 7.3.1.4 N**). Bei **Spannungsprüfern mit Lichtsignalen** wird unterschieden zwischen solchen für Innenraum und solchen für Außenraum. Bei den „Außenraum-Prüfern" muss die Anzeige auch bei direktem Sonneneinfall (Beleuchtungsstärke 50 000 lx) zweifelsfrei wahrnehmbar sein, während die „Innenraum-Prüfer" nur bei üblichem Kunst- oder Tageslicht eingesetzt werden; sie sind in der Verwendung auf Innenräume mit Beleuchtungsstärken bis zu 1000 lx beschränkt und werden entsprechend geprüft.

Bei **Spannungsprüfern mit Tonsignalen** wird nicht zwischen Außen- und Innenräumen unterschieden. Jedoch müssen die Signallautstärken bestimmte Mindestschallstärken erreichen.

Dies sind: 80 dB (A) bei Spannungsprüfer mit Dauerton

             77 dB (A) bei Spannungsprüfer mit intermittierendem Ton

Bei Spannungsprüfern der Anzeigeart nach Gruppe I muss für die beiden Prüffälle „Spannung vorhanden" und „Spannung nicht vorhanden" je ein aktives Signal vorhanden sein (bei nur einem Signal würde sonst dessen Ausfall den anderen Prüffall

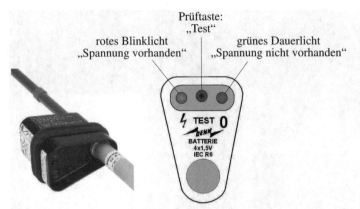

Bild 7.3.1.4 O Anzeigen beim Spannungsprüfer PHE

vortäuschen). Die optischen Anzeigen müssen unterschiedlich sein und sollten nicht allein durch Licht verschiedener Farben wahrnehmbar gemacht werden. Zusätzliche Merkmale, wie z. B. räumliche Trennung der Lichtquellen oder Blinklicht, sind vorteilhaft (**Bild 7.3.1.4 O**).

Überbrückungssicherheit

Die Spannungsprüfer nach VDE 0682 Teil 411 haben volle Überbrückungssicherheit und erlauben Durch- und Übergreifen von der Prüfelektrode bis hin zum Roten Ring sowie das Auflegen des Geräts auf geerdete Anlageteile auch im Bereich seines Isolierteils (zwischen Rotem Ring und Begrenzungsscheibe) (**Bild 7.3.1.4 P**).

Dies ist besonders wichtig: Der Benutzer wird zwar in DIN VDE 0105 Teil 100 darauf hingewiesen, dass beim Anlegen der Prüfelektrode diese von anderen, unter Spannung stehenden oder geerdeten Anlageteilen soweit wie möglich entfernt bleiben muss, oft kann aber nicht anders geprüft werden, als unter Spannung stehende Anlageteile gegeneinander oder gegen Erde zu überbrücken (**Bild 7.3.1.4 Q**).

Besonders beim Feststellen der Spannungsfreiheit auf Hochspannungsfreileitungen ist es oft unumgänglich, den Spannungsprüfer mit seinem Isolierteil auf (geerdeten) Mastteilen abzustützen (**Bild 7.3.1.4 R**).

Überbrückungsgefahr tritt auf:

• überall bei enger Bauweise (vor allem im Mittelspannungsbereich)
• beim Über- und Durchgreifen von blanken oder teilisolierten Anlageteilen (**Bild 7.3.1.4 S**)

Die Überbrückungssicherheit findet ihre Grenze in solchen fabrikfertigen Schaltanlagen, in denen die Isolation so knapp bemessen ist, dass schon das Einführen eines Isolators die Zündquelle eines Durchschlags wird.

Erforderliche Prüfungen zur Überbrückungssicherheit siehe auch Abschnitt 7.2.3.2.

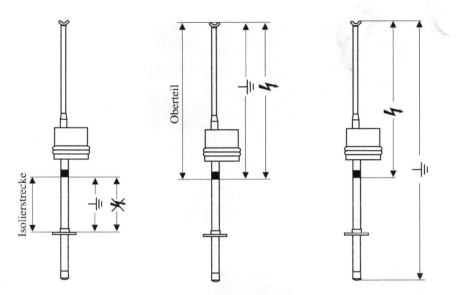

Bild 7.3.1.4 P Überbrückungssicherheit von Spannungsprüfern

Bild 7.3.1.4 Q Spannungsprüfer überbrückt spannungsführende Anlageteile

225

Bild 7.3.1.4 R Spannungsprüfer wird auf der Traverse abgestützt

Bild 7.3.1.4 S Überbrückungsgefahr beim Prüfen auf Spannungsfreiheit

7.3.1.5 Hinweise zur Benutzung

Funktionskontrolle

DIN VDE 0105 Teil 100 fordert, dass Spannungsprüfer kurz vor dem Benutzen auf einwandfreie Funktion zu überprüfen sind.

Bei Spannungsprüfern **ohne** Eigenprüfvorrichtung hat die Prüfung auf einwandfreie Funktion stets durch Anlegen an ein unter Betriebsspannung stehendes Anlageteil zu geschehen.

Bei Spannungsprüfern **mit** Eigenprüfvorrichtung (**Bild 7.3.1.5 A**) kann dies durch Einschalten der Funktionskontrolle erfolgen, sofern dabei alle die Anzeige beeinflussenden Teile erfasst werden oder wenn Bauteile, die hierbei nicht überprüft werden, so bemessen und angeordnet sind, dass ein Ausfall nicht zu erwarten ist. Dies muss aus der Gebrauchsanleitung eindeutig hervorgehen bzw. bei im Betrieb vor-

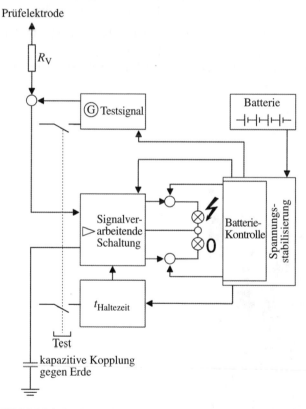

Bild 7.3.1.5 A Blockschaltbild der Schaltung eines Spannungsprüfers nach VDE 0682 Teil 411 am Beispiel des Spannungsprüfers PHE

handenen Geräten vom Hersteller bestätigt sein. Ist das nicht der Fall, müssen auch Spannungsprüfer mit Eigenprüfvorrichtung möglichst vor jedem Gebrauch an Betriebsspannung auf einwandfreie Funktion der Anzeige geprüft werden.

Eindeutige Anzeige bis zur Erschöpfung der Energiequelle

Spannungsprüfer mit eingebauter Energiequelle müssen bis zur Erschöpfung der Batterien eindeutig anzeigen, es sei denn, ihr Gebrauch wird durch Anzeige der Nichtbetriebsbereitschaft oder durch selbstständiges Ausschalten begrenzt. Solch eine Anzeige der Nichtbetriebsbereitschaft kann z. B. so verwirklicht werden, dass bei Prüfern mit optischer Anzeige nach dem Einschalten des Anzeigegeräts beide Lampen zugleich leuchten. Der Benutzer weiß dann, dass (entsprechend der Gebrauchsanleitung) jetzt die Batterien kurz vor ihrer Erschöpfung stehen und sieht auch gleichzeitig, dass beide Lampen noch intakt sind – was er beim selbsttätigen Abschalten nicht erkennen könnte, denn er weiß dann nicht, ob lediglich die Batterien erschöpft, die Lampen defekt oder sogar Teile der Elektronik beschädigt sind.

Einsatz von Spannungsprüfern in geschlossenen Kompaktstationen im Freien

Bei diesen Stationen handelt es sich um typgeprüfte Innenanlagen mit äußerst geringen Abständen. Sie stehen zudem oft auch noch dicht an Häuserwänden, so dass hier der Wunsch nach besonders kurzen Prüfern laut wird.

Bild 7.3.1.5 B Spannungsprüfer in Kurzausführung (Roter Ring auf Verlängerungsteil)

Als Lösungsmöglichkeit bieten sich Spannungsprüfer in Kurzausführungen an, die mit Mindestlängen gebaut sind und bei denen sich der Rote Ring auf dem Verlängerungsteil befindet (**Bild 7.3.1.5 B**).

Allerdings ist beim Prüfen auf Spannungsfreiheit in solchen Kompaktanlagen im Freien daran zu denken, dass es sich hierbei um typgeprüfte Innenraumanlagen handelt. Es dürfen also nur solche Spannungsprüfer eingesetzt werden, die dafür auch zugelassen sind. Vor allen Dingen dürfen sie nur im trockenen Zustand in die Anlage eingeführt werden, auch wenn sie der Bauart „Außenraum" entsprechen. Denn bei der Prüfung unter Beregnung sind die Abstände (d_3) wesentlich größer als bei der Prüfung im trockenen Zustand (Abstände d_1) (siehe Tabelle 7.2.3.2 B).

7.3.2 Spannungsprüfer zweipolig, resistive Ausführung

7.3.2.1 Stand der Normung

Seit Dezember 2001 ist die Norm VDE 0682 Teil 412 (EN 61243-2:1997 + A1: 2000) für diese Geräte gültig.

Die Kopplung an Erde erfolgt bei diesen resistiven Spannungsprüfern nicht (wie bei den kapazitiven Geräten nach VDE 0682 Teil 411) kapazitiv, sondern mit einer galvanischen Verbindung (Erdleitung).

Der Abbau der Prüfspannungen geschieht über Ohm'sche (resistive) Widerstände, die in der Kontaktelektrodenverlängerung untergebracht sind.

Der Anwendungsbereich der Norm reicht von 1 kV bis 36 kV und Frequenzen von 15 Hz bis 60 Hz.

7.3.2.2 Bauarten

Man unterscheidet **zwei Bauarten** von resistiven (Ohm'schen) Spannungsprüfern (**Bild 7.3.2.2 A**):

- Spannungsprüfer als **zusammengehörige Einheit** mit oder ohne Isolierteil bzw. mit oder ohne Kontaktelektrodenverlängerung

- Spannungsprüfer als **separate Einheit**, vervollständigt mit einer Isolierstange für den Anbau, mit oder ohne Kontaktelektrodenverlängerung

Anforderungen und Prüfungen an diese Spannungsprüfer wurden weitgehend von den einpoligen Spannungsprüfern (kapazitive Ausführung) nach VDE 0682, Teil 411 übernommen.

7.3.2.3 Anwendung

Auf dem deutschen Markt sind Spannungsprüfer dieser Bauart bisher kaum gebräuchlich. Sie werden wohl auch später keine nennenswerte Rolle spielen, da sie gegenüber den kapazitiv koppelnden Spannungsprüfern keine Vorteile bieten.

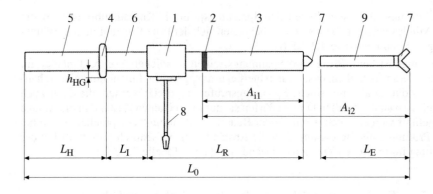

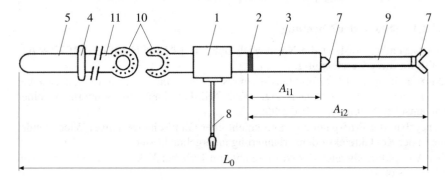

Bild 7.3.2.2 A Bauarten
oben: Zusammengehörige Einheit mit Isolierteil
unten: Separate Einheit mit angepasster Isolierstange

1	Anzeigegerät	10	Adapter
2	Grenzmarke (Roter Ring)	11	Isolierstange
3	Widerstandselement	h_{HG}	Höhe der Begrenzungsscheibe
4	Begrenzungsscheibe	L_H	Länge der Handhabe
5	Handhabe der Isolierstange	L_R	Länge des Widerstandselements
6	Isolierteil	L_I	Länge des Isolierteils
7	Kontaktelektrode	L_E	Länge der Kontaktelektrodenverlängerung
8	Erdungsanschluss (mit Erdungsklammer oder -klemme)	L_0	Gesamtlänge des Spannungsprüfers
		A_{i1}	Eintauchtiefe (-länge) ohne Verlängerung
9	Kontaktelektrodenverlängerung	A_{i2}	Eintauchtiefe (-länge) mit Verlängerung

In Anlehnung an diese Norm werden von verschiedenen Herstellern Spannungsprüfer für Gleichspannung, z. B. Anwendung für Straßen- und U-Bahnen, oder auch Gleichstrom-Zwischenstromkreise gebaut und in der Praxis eingesetzt.

7.3.2.4 Spannungsprüfer für Gleichstrom-Zwischenstromkreise elektrischer Triebfahrzeuge

Moderne E-Loks (**Bild 7.3.2.4 A**) werden mit Drehstrommotoren angetrieben, wobei für die Drehzahlregulierung Frequenzumrichter eingesetzt werden.

Die Fahrdrahtspannung (15 kV, 16 $^2/_3$ Hz) wird in einem Gleichstrom-Zwischenstromkreis, der durch eine Kondensatorbatterie gestützt wird, auf 2800 V umgesetzt (**Bild 7.3.2.4 B**).

Für diesen Gleichstrom-Zwischenstromkreis, der im Störfall seine Polarität ändern kann, wurden spezielle Gleichspannungsprüfer entwickelt, die eine polaritätsunabhängige Elektronik besitzen (**Bild 7.3.2.4 C**).

Da für Gleichspannungsprüfer über 1 kV Nennspannung keine Norm existiert, werden diese Geräte in enger Anlehnung an VDE 0682 Teile 411 und 412 gebaut (**Bild 7.3.2.4 D**).

Bild 7.3.2.4 E zeigt den Einsatz eines solchen Spannungsprüfers im ICE-Triebkopf.

Bild 7.3.2.4 A ICE-Lok

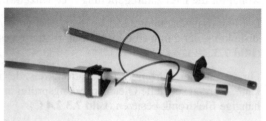

Bild 7.3.2.4 B Gleichstrom-
Zwischenstromkreis

Bild 7.3.2.4 C Spannungsprüfer für Gleichstrom-
Zwischenstromkreis

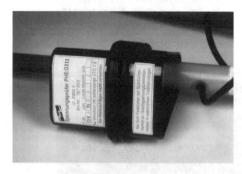

Bild 7.3.2.4 D Anzeigegerät eines Spannungsprüfers
für Gleichstrom-Zwischenstromkreis

Bild 7.3.2.4 E Einsatz des Spannungsprüfers im ICE-Triebkopf

7.3.3 Spannungsprüfer für Oberleitungsanlagen elektrischer Bahnen mit 15 kV/16 ^{2}/$_3$ Hz

In DIN VDE 0681 Teil 6:1995-06 wurden (soweit zutreffend) Bestimmungen aus der DIN VDE 0681 Teil 1 übernommen. Somit liegt eine geschlossene VDE-Bestimmung vor, die für Spannungsprüfer zum Feststellen der Spannungsfreiheit nach DIN VDE 0105 Teil 100 und nach DIN VDE 0115 Teile 1 und 3 an Oberleitungsanlagen elektrischer Bahnen mit einer Nennspannung von 15 kV und einer Nennfrequenz von 16 ^{2}/$_3$ Hz gilt.

Gegenüber Spannungsprüfern für Wechselspannung 50 Hz weisen Spannungsprüfer für Oberleitungsanlagen elektrischer Bahnen folgende deutliche Unterschiede auf:

- sie werden ausschließlich in Einphasen-Anlagen mit der Frequenz von 16 ^{2}/$_3$ Hz verwendet
- sie weisen eine wesentlich größere Baulänge (etwa 5 m) im selben Spannungsbereich auf
- sie müssen auch bei großen, gleichphasigen Störfeldern und Fremdspannungen, die infolge des Parallelverlaufs von Oberleitungen in Bahnhöfen und auf der freien Strecke entstehen, eindeutig anzeigen

Bild 7.3.3 A Feststellen der Spannungsfreiheit an der Oberleitungsanlage einer elektrischen Bahn: Antasten mit der Prüfelektrode

Bild 7.3.3 B Feststellen der Spannungsfreiheit an der Oberleitungsanlage einer elektrischen Bahn: in der Oberleitung eingehängter Spannungsprüfer PHE

233

In der Einführungsphase solcher Spannungsprüfer in die verschiedensten Oberleitungsanlagen der Deutschen Bundesbahn hat sich gezeigt, dass diese Geräte mit einem Verlängerungsseil von mindestens 1600 mm Länge ausgestattet sein müssen.

Weiterhin erwies es sich als zweckmäßig, die Ansprechspannung auf etwa 50 % der Nennspannung (absolut 8 kV) gegenüber 40 % bei Spannungsprüfern (für Drehstromanlagen 50 Hz) festzulegen.

Bild 7.3.3 A und **Bild 7.3.3 B** zeigen den Spannungsprüfer PHE für Oberleitungsanlagen elektrischer Bahnen. Dieses mit Hilfe einer Schnellkupplung zusammensteckbare Gerät ist mit einer Prüfelektrode ausgerüstet, die das Einhängen in die Oberleitung erlaubt. Es ist mit wasserabweisenden Isolationsschirmen versehen und darf auch bei Niederschlägen eingesetzt werden. Das elektronische Anzeigegerät hat zwei aktive, räumlich getrennte optische Lichtsignale, und zwar:

- rotes Dauerlicht für „Spannung vorhanden"
- grünes Dauerlicht für „Spannung nicht vorhanden"

7.3.4   Abstandsspannungsprüfer

7.3.4.1   Stand der Normung

Spannungsprüfer nach VDE 0682 Teil 411 für Freileitungsanlagen mit Nennspannungen über 110 kV weisen Längen auf, die mitunter beim Antasten der Leiterseile von Traversen hoher Freileitungsmaste aus schwer zu handhaben sind. Für diese Anwendungsfälle wurden so genannte Abstandsspannungsprüfer („Fernprüfer") entwickelt, die auf einfache Weise (ohne das Leiterseil zu kontaktieren) angewendet werden können.

Bereits vor einigen Jahren wurde deshalb vom zuständigen DKE-Unterkomitee UK 214.4 die Arbeit an einer entsprechenden Norm aufgenommen.

Abstandsspannungsprüfer zum Einsatz auf Masten von Freileitungen werten zur Anzeige das an der mastseitigen geerdeten Schutzarmatur vorhandene elektrische Feld des auf Spannungsfreiheit zu prüfenden Leiters aus. In vielen Versuchsreihen wurden deshalb die Feldverhältnisse der unterschiedlichsten Freileitungsmasten untersucht. Die gesammelten Erfahrungen sollten in einen Prüfaufbau übertragen werden, um die eindeutige Anzeige eines Abstandsspannungsprüfers auch unter Laborbedingungen (Typprüfung, Stückprüfung) nachweisen zu können.

Nach diesen zahlreichen Untersuchungen wurde jedoch erkannt, dass für die Vielzahl von existierenden Systemen (Mehrfachsysteme auf einem Mast, unterschiedliche Isolatoren und Schutzarmaturen, Winkelmaste usw.) kein allgemein gültiger Prüfaufbau realisierbar ist.

Derzeit wird deshalb untersucht, ob die eindeutige Anzeige an in der Praxis vorkommenden Isolatoranordnungen in einem Prüffeld-Aufbau nachgewiesen werden kann. Nach Abschluss der Beratungen ist geplant, das Arbeitsergebnis in Form eines Norm-Entwurfs oder als VDE-Leitlinie zu veröffentlichen.

7.3.4.2 Aufbau

Abstandsspannungsprüfer (**Bild 7.3.4.2 A**) sind ähnlich aufgebaut wie Spannungsprüfer nach VDE 0682 Teil 411. Anstelle des Verlängerungsteils besitzen diese Geräte jedoch eine Antenne (Eintauchteil), die als Feldmesssonde dient. Ein grüner Ring markiert die Stelle, an der der Abstandsspannungsprüfer zur Erzielung der eindeutigen Anzeige an die geerdete Schutzarmatur anzulegen ist. Ein Roter Ring ist nicht vorhanden, da die Geräte nicht mit unter Spannung stehenden Teilen in Berührung kommen dürfen. Dennoch besitzen die Geräte eine Isolierstrecke von mindestens 500 mm, die es dem Benutzer ermöglicht, den Abstandsspannungsprüfer von sicherem Standort aus zu handhaben, und die ihn vor unzulässigen Ableitströmen schützt.

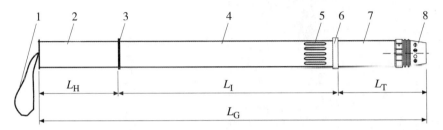

Bild 7.3.4.2 A Aufbau des Abstandsspannungsprüfers Typ HSA 194

1 Halteschlaufe	5 Öffnungen für akustisches Signal
2 Handhabe mit Länge L_H = 170 mm	6 Grüner Ring (Anlegemarkierung)
3 Begrenzungsscheibe für Handhabe	7 Eintauchteil mit Länge L_T = 230 mm
4 Isolierteil mit Länge L_I = 540 mm	8 optische Anzeige

Zum besseren Transport auf die Freileitungsmaste sind die Geräte zum Teil zerlegbar und mit Halteschlaufen ausgerüstet.

Tabelle 7.3.4.2 B zeigt die Anzeigen für die Spannungszustände bzw. die Betriebsbereitschaft.

Spannung nicht vorhanden und Betriebsbereitschaft	Spannung vorhanden
Blinksignal grün und akustisches Signal (jeweils im Zwei-Sekunden-Takt)	Blinksignal rot und akustisches Signal (jeweils mit erhöhter Taktfrequenz)

Tabelle 7.3.4.2 B Anzeigen des Fernspannungsprüfers HSA 194

7.3.4.3 Anwendungshinweise

Der Einsatz von Abstandsprüfern ist auf Anwendungen auf Freileitungsmasten ab U_N = 110 kV beschränkt (**Bild 7.3.4.3 A**).

geerdete Schutzarmatur

HSA 194

grüner Ring

— Isolator

— Isolator

Leiterseil

Bild 7.3.4.3 A Einsatz des Abstandsprüfers auf dem Mast einer 110-kV-Freileitung

Bild 7.3.4.3 B Richtiges Anlegen des Abstandsspannungsprüfers HSA 194 an die geerdete Schutzarmatur

In den Gebrauchsanleitungen geben die Hersteller Hinweise, wo die Geräte eingesetzt werden dürfen und wie sie zu handhaben bzw. anzulegen sind. In der Regel sind die Geräte mit ihrer grünen Markierung an die dem aktiven Teil nächstgelegene, auf Erdpotential liegende Stelle der Isolator-Schutzarmatur anzulegen (**Bild 7.3.4.3 B**).

In Zweifelsfällen und unter schwierigen Bedingungen empfiehlt es sich, die Geräte am gewünschten Einsatzort einer Erprobung zu unterziehen und dabei die Anzeigesicherheit im Vergleich mit Spannungsprüfern nach VDE 0682 Teil 411 unter Beweis zu stellen.

7.3.5 Wiederholungsprüfung

Für Spannungsprüfer über 1 kV wird in den Durchführungsanweisungen zur Unfallverhütungsvorschrift (UVV) „Elektrische Anlagen und Betriebsmittel" (BGV A2), alle sechs Jahre eine Wiederholungsprüfung gefordert.

236

Der Prüfumfang richtet sich nach der zum Zeitpunkt der Geräteherstellung (Baujahr) gültigen Baunorm. Ist das Gerät beispielsweise noch nach DIN VDE 0681 Teil 4 gebaut, so wird die Wiederholungsprüfung ausschließlich nach dieser Norm durchgeführt.

VDE 0682 Teil 411 gibt im Normenentwurf 09.02 (Anhang G) Vorgaben für den Prüfumfang.

Sicht- und Maßkontrolle

Hierunter fällt z. B. das **Besichtigen,** ob

- der Spannungsprüfer in ordnungsgemäßem Zustand ist, insbesondere ob er sauber und trocken sowie frei von Schäden wie Lichtbogen- oder Kriechstromeinwirkungen, Kratzern oder Rissen ist (die die Gebrauchssicherheit mindern können)
- die zum Spannungsprüfer gehörige Gebrauchsanleitung vorhanden ist
- der Spannungsprüfer mindestens aus Handhabe, Isolierteil, Anzeigeteil, Verlängerungsteil und Prüfelektrode besteht
- die Aufschriften vollständig vorhanden und gut lesbar sind
- bei einem Spannungsprüfer, der zusammensetzbar, ausziehbar oder klappbar ist, der richtige Zusammenbau eindeutig erkennbar ist
- ein Roter Ring, an den Isolierteil in Richtung Prüfelektrode angrenzend (für den Benutzer nicht verwechselbar und beim Gebrauch deutlich erkennbar), vorhanden ist
- hohle Teile des Spannungsprüfers allseitig verschlossen sind (ausgenommen Öffnungen zur Vermeidung von Kondenswasseransammlungen)

Durch **Messen** wird festgestellt, ob der Isolierteil mindestens die in der Tabelle 7.2.3.1 A geforderte Mindestlänge aufweist.

Weiterhin wird durch **Handprobe** festgestellt, ob

- bei einem Spannungsprüfer, der zusammensetzbar, ausziehbar oder klappbar ist, die einzelnen Teile fest verbunden und gegen unbeabsichtigtes Lösen gesichert sind
- die Begrenzungsscheibe und der Rote Ring sich nicht verschieben lassen

Eigenprüfvorrichtung

Es wird festgestellt, ob bei einem Spannungsprüfer mit Eigenprüfvorrichtung diese in bestimmungsgemäßer Weise betätigt werden kann und die vorgesehenen Prüfsignale erscheinen.

Eindeutige Anzeige

Es wird die Störfeldsicherheit bei gleichphasigem und gegenphasigem Störfeld sowie bei Fremdspannung überprüft.

Zweifelsfreie Wahrnehmbarkeit

Mit Referenzgeräten wird die optische bzw. akustische Anzeige überprüft.

Überbrückungssicherheit und Funkenfestigkeit

Die Geräte werden den entsprechenden Tests unterzogen.

Nach bestandener Wiederholungsprüfung wird das Jahr der Prüfung in das entsprechende Kennzeichnungsfeld auf dem Spannungsprüfer eingetragen (**Bild 7.3.5 A**).

Bild 7.3.5 A In das Kennzeichnungsfeld des Spannungsprüfers PHE ist das Jahr der letzten Wiederholungsprüfung eingetragen

Die Wiederholungsprüfung wird zusätzlich mit einem Prüfbericht bescheinigt (**Bild 7.3.5 B**).

Die Erfahrung bei Wiederholungsprüfungen an Spannungsprüfern zeigen, dass diese Geräte je nach Einsatzart und -ort sehr unterschiedlich beansprucht werden. Das (**Bild 7.3.5 C**) zeigt die statistische Mängelauswertung bei Wiederholungsprüfungen an Spannungsprüfern (über einen Zeitraum von fünf Jahren).

Daraus wird deutlich, dass durch den besonders rauen Betrieb elektrischer Bahnen die Verschleißerscheinungen an den Spannungsprüfern für Oberleitungsanlagen elektrischer Bahnen wesentlich größer sind als an Spannungsprüfern, die im EVU-Bereich (meistens stationär) eingesetzt sind.

Bild 7.3.5 D zeigt an drei Beispielen das Anzeigegerät mit Verlängerungsteil von beanspruchten Spannungsprüfern für Oberleitungsanlagen elektrischer Bahnen. Aber auch Spannungsprüfer, die im Montagewagen mitgeführt werden, fallen mitunter durch erhebliche Mängel bei Wiederholungsprüfungen auf (**Bild 7.3.5 E** zeigt auch hier drei Beispiele). Die Mängel sind allerdings so augenfällig, dass solche Prüfer schon vom Benutzer erkannt und der weiteren Verwendung entzogen werden müssen.

Wiederholungsprüfung an Spannungsprüfer

Prüfbericht Nr.: W19652

DEHN

Angaben zum Gerät: Spannungsprüfer Typ: **PHE** — Nennspannung: **20 - 30 kV**
Art. Nr. **766 630** — Fertig-Nr. **25956** — Baujahr: **1995**
Letzte Wiederholungsprüfung (lt. Typenschild): _____
Anmerkung: **keine**
Kunde: **Kolbenschmidt AG** — Wareneingang Nr.: **5517**
74172 Neckarsulm — vom: **29.08.2002**

....

Prüfung nach DIN VDE 0681 Teil 4/10.86 Abschnitt 4.21

1. Prüfung durch Besichtigen, Abschnitt 4.21.3

a) Ordnungsgemäßer Zustand — ja ☒ nein ☐   h) Roter Ring erkennbar und vorhanden — ja ☒ nein ☐
b) Mechanische Schäden — ja ☐ nein ☒   i) Hohle Teile verschlossen — ja ☒ nein ☐
c) Lichtbogen bzw. — ja ☐ nein ☒   k) Schutzgrad Anzeigegerät gegeben — ja ☒ nein ☐
   Kriechstromeinwirkung — (optische Begutachtung der Gehäusedichtungen)

d) Gebrauchsanweisung vorhanden — ja ☒ nein ☐   l) Aktive Anzeigesignale vorhanden — ja ☒ nein ☐
e) Gerät vollständig — ja ☒ nein ☐   m) Eigenprüfvorrichtung funktionsfähig — ja ☒ nein ☐
f) Aufschriften vollständig und lesbar — ja ☒ nein ☐
g) Zusammenbau erkennbar — ja ☒ nein ☐

2. Prüfung durch Handprobe, Abschnitt 4.21.4

a) Einzelteile gegen unbeabsichtigtes Lösen gesichert — ja ☒ nein ☐
b) Begrenzungsscheibe und Roter Ring sitzen fest — ja ☒ nein ☐

3. Prüfung durch Messen, Abschnitt 4.21.5

a) Länge Isolierteil nach Bestimmung — ja ☒ nein ☐
b) Länge Verlängerungsteil nach Bestimmung — ja ☒ nein ☐

4. Prüfung auf Ableitstrom, Abschnitt 4.21.6

Ableitstrom < 0,2 mA — ja ☒ nein ☐

5. Prüfung auf Überbrückungssicherheit, Abschnitt 4.21.7

Überschläge oder Durchschläge — ja ☐ nein ☒

6. Prüfung auf eindeutige Anzeige, Abschnitt 4.21.8

Eindeutige Anzeige gegeben — ja ☒ nein ☐

7. Beurteilung

Wiederholungsprüfung bestanden — ja ☒ nein ☐

Weitere Anmerkungen: Batterien und Zwerg-Glühlampen gewechselt

Gehäusedichtung erneuert

....

Wiederholungsprüfung am Typenschild eingetragen: ☒ ja ☐ nein

Die Überprüfung erfolgte mit Prüfmitteln, deren Normale direkt bzw. indirekt über eine DKD-Kalibrierstelle auf die staatlichen Normale der Physikalisch-Technischen Bundesanstalt (PTB) zurückgeführt sind.
Zertifikat   QM-System   ISO 9001

Eintrag: **2002**   Nächste Wiederholungsprüfung bis. **2008**

Neumarkt, den **20.09.2002-HME**

Unterschrift Qualitätssicherung

Bild 7.3.5 B Beispiel für Prüfbericht „Wiederholungsprüfung am Spannungsprüfer"

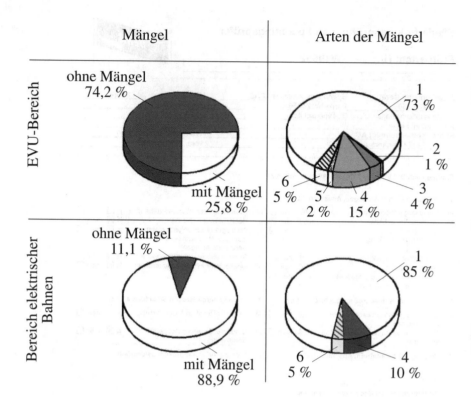

	Mängel	Arten der Mängel
EVU-Bereich	ohne Mängel 74,2 % mit Mängel 25,8 %	1 73 % 2 1 % 3 4 % 4 15 % 5 2 % 6 5 %
Bereich elektrischer Bahnen	ohne Mängel 11,1 % mit Mängel 88,9 %	1 85 % 4 10 % 6 5 %

Bild 7.3.5 C Ergebnisse aus Wiederholungsprüfungen an Spannungsprüfern der Jahre 1998 bis 2002

1   mechanisch erkennbare Mängel
2   mangelnde Überbrückungssicherheit
3   Lampen/Batterien defekt oder falsch
4   nicht mehr lesbare Beschilderung
5   nicht mehr einschaltbar (Eigenprüfung)
6   sonstige Mängel
    Unberechtigter Eingriff in den Elektronikbereich:
    0,3 % EVU-Bereich,
    11 % Bereich elektrische Bahnen

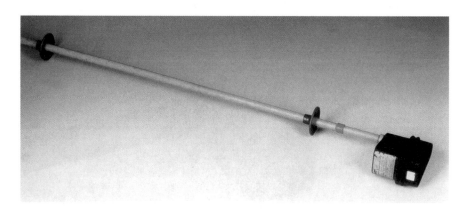

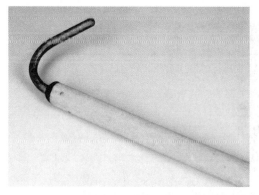

Bild 7.3.5 D Stark beanspruchter Spannungsprüfer für Oberleitungsanlagen elektrischer Bahnen

241

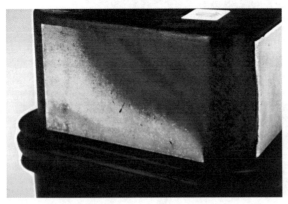

Bild 7.3.5 E Gravierende Mängel an einem benutzten Spannungsprüfer

7.4 Spannungsprüfsysteme – VDS

7.4.1 Stand der Normung

Spannungsprüfsysteme VDS (Voltage Detecting Systems) sind in VDE 0682 Teil 415:2002-01 (EN 61243-5:2001) genormt.

Die nationale Vorgängernorm DIN VDE 0681 Teil 7:1991-03 ist übergangsweise noch bis 01. 11. 2003 gültig.

Alle nachstehenden Angaben beziehen sich jedoch auf VDE 0682 Teil 415.

Im Schaltanlagenbau hat sich die metallgekapselte Bauform (DIN VDE 0670 Teil 6), zum Teil mit SF_6-Gasisolierung, durchgesetzt.

Das Prüfen auf Spannungsfreiheit mit herkömmlichen Spannungsprüfern nach DIN VDE 0682 Teil 411 erweist sich in solchen Anlagen oft als nahezu undurchführbar. Für derartige Anlagen wurden deshalb kapazitive Spannungsprüfsysteme entwickelt.

VDE 0682 Teil 415 „Arbeiten unter Spannung, Spannungsprüfer, Spannungsprüfsysteme (VDS)" gilt für Spannungsprüfsysteme, die einpolig kapazitiv an unter Spannung stehende Teile angekoppelt werden. Diese werden zum Feststellen der Spannungsfreiheit in Wechselstromanlagen mit Spannungen von 1 kV bis 52 kV und Frequenzen von 16 $^2/_3$ Hz bis 60 Hz verwendet.

Die Norm enthält auch Festlegungen für Phasenvergleichsgeräte, die für diese Spannungsprüfsysteme ausgelegt sind.

7.4.2 Aufbau

Grundsätzlich werden Spannungsprüfsysteme (VDS) eingeteilt in:

- **steckbare Systeme**, in denen ein ortsveränderliches Anzeigegerät über eine Schnittstelle mit einem fest eingebauten Koppelteil verbunden werden kann (**Bild 7.4.2 A**)
- **integrierte Systeme**, die in Schaltanlagen fest eingebaut und somit deren Bestandteil sind (**Bild 7.4.2 B**)

Der Messaufbau beider Grundarten von Spannungsprüfsystemen entspricht dem eines kapazitiven Spannungsteilers, der aufgrund nur kleiner Koppelkapazitäten sehr hochohmig ist. Das steckbare oder fest eingebaute Anzeigegerät wertet den Messstrom aus.

Als Betriebsmittel, die die Koppelkapazität enthalten, eignen sich zum Beispiel Durchführungen, Messwandler oder Kabelstecker.

Da die ausgewerteten Messströme sehr gering sind (μA), werden besondere Anforderungen an die Isolationswiderstände der Systeme gestellt. Auch der Schutz des Bedienenden vor den Auswirkungen des elektrischen Stroms bei Isolationsversagen (spannungsbegrenzende Sollbruchstelle) muss sichergestellt werden.

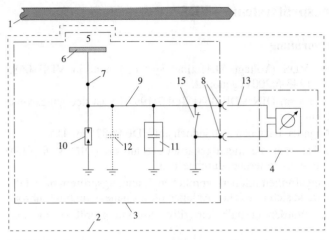

Bild 7.4.2 A Spannungsprüfsysteme mit ortsveränderlichem Anzeigegerät (steckbares VDS)

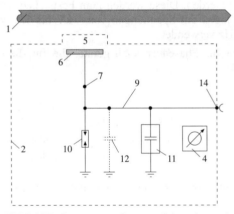

Bild 7.4.2 B Spannungsprüfsystem mit integriertem Anzeigegerät (integriertes VDS)

Legende zu den Bildern 7.4.2 A und 7.4.2 B

1 Unter Spannung stehender Teil der Hochspannungsanlage
2 Prüfsystem
3 Koppelteil
4 Spannungsanzeigegerät
5 Koppeldielektrium
6 Koppelelektrode
7 Anschluss der Koppelelektrode
8 Schnittstelle mit Buchsen nach Tabelle 7.4.2.1 B

9 Verbindungsleitung
10 Spannungsbegrenzende Sollbruchstelle
11 Messbeschaltung (Option)
12 Streukapazitäten
13 Stecker nach Tabelle 7.4.2.1 B und/oder Anschlussleitung
14 Messpunkt nach Tabelle 7.4.2.1 B
15 Kurzschließvorrichtung (Option)

244

Die Ansprechschwellen müssen innerhalb bestimmter Grenzen liegen (siehe **Tabelle 7.4.2 A**).

Netze	Anzeige „Spannung vorhanden" muss erscheinen bei einer Leiter-Erde-Spannung (in % der Nennspannung)	Anzeige „Spannung vorhanden" darf nicht erscheinen bei einer Leiter-Erde-Spannung (in % der Nennspannung)
Drehstromnetze	45 % bis 120 %	10 %
einseitig geerdete Einphasennetze	78 % bis 120 %	17 %
mittig geerdete Einphasennetze	39 % bis 60 %	9 %

Tabelle 7.4.2 A Ansprechschwellen nach VDE 0682 Teil 415

7.4.2.1 Steckbare Systeme

Steckbare VDS müssen mindestens aus einem Koppelteil (**Bild 7.4.2.1 A**) und einem Anzeigegerät bestehen.

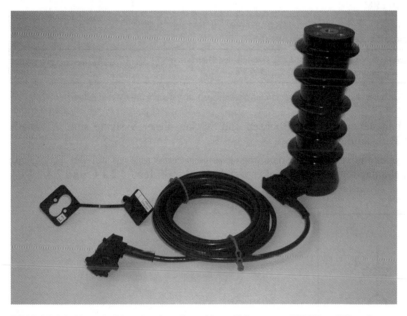

Bild 7.4.2.1 A Koppelteil bestehend aus kapazitivem Teilerstützer (DEHNcap/TS) und Schnittstellenmodul (DEHNcap/M)

245

Das Koppelteil muss mindestens aus Koppeldielektrikum, Koppelelektrode und Schnittstelle bestehen. Zusätzlich darf es enthalten: Verbindungsleitung, spannungsbegrenzende Sollbruchstelle, Kurzschließvorrichtung und Messbeschaltung. Je Koppelteil ist nur eine Schnittstelle zulässig. Auch kann eine Kurzschließvorrichtung vorhanden sein, die das Koppelteil an Erde legt, wenn das Anzeigegerät von der Schnittstelle abgetrennt wird.

Bei den steckbaren Spannungsprüfsystemen sind fünf verschiedene Systeme definiert (**Tabelle 7.4.2.1 A**):

Bezeichnung des Spannungsprüfsystems	Eingangsimpedanz X_C des Anzeigegeräts		Lastkapazität C_s des Koppelteils		elektrische Ansprechungsbedingungen der Schnittstelle			
	$X_{c\,min}$ MΩ	$X_{c\,max}$ MΩ	$C_{s\,min}$ pF	$C_{s\,max}$ pF	$I_{t\,min}$ µA	$I_{t\,max}$ µA	$U_{t\,min}$ V	$U_{t\,max}$ V
hochohmig HR	36	43,2	74	88	1,62	2,5	70	90
mittelohmig MR	12	14,4	221	265	1,39	2,5	20	30
niederohmig LR	2	2,4	1326	1592	1,67	2,5	4	5
niederohmig, modifiziert LRM	2	2,4	1326	1592	1,67	2,5	4	5
niederohmig für Kabelgarnituren LRP	5	6,0	531	637	0,67	1	4	5

Anmerkung: Die Werte $I_{t\,min}$ und $I_{t\,max}$ sind aus den Gleichungen $I_{t\,min} = U_{t\,min}/X_{c\,min}$ und $U_{t\,max} = U_{t\,max}/X_{c\,max}$ abgeleitet.

Tabelle 7.4.2.1 A Kenndaten von steckbaren Spannungsprüfsystemen (alle Werte gelten bei 50 Hz)

Die Schnittstellenmaße für Buchsen und Stecker dieser Systeme sind in **Tabelle 7.4.2.1 B** zusammengestellt.

Die Koppelteile steckbarer Spannungsanzeigesysteme müssen auf der Frontplatte der Schaltanlage entsprechend gekennzeichnet sein (**Bilder 7.4.2.1 C und 7.4.2.1 D**).

Bild 7.4.2.1 C Bildzeichen für kapazitive Schnittstelle

Systembezeichnung	Buchsenanordnung und minimale Freifläche A für Anzeigegerät oder Stecker	Steckeranordnung
HR hochohmig		
MR mittelohmig		
LR niederohmig		
LRM niederohmig, modifiziert		
LRP niederohmig für Kabelgarnituren		P: Metallplatte
MP Messpunkt		

Tabelle 7.4.2.1 B Schnittstellenmaße für Buchsen und Stecker

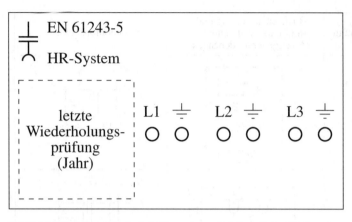

Bild 7.4.2.1 D Beispiel für Aufschriften auf einer Schnittstelle im HR-System

7.4.2.2 Integrierte Systeme

Integrierte VDS müssen mindestens aus Koppeldielektrikum, Koppelelektrode und eingebautem Spannungsanzeigegerät mit Messpunkt bestehen. Zusätzlich können sie enthalten: Verbindungsleitung, spannungsbegrenzende Sollbruchstelle und Messbeschaltung.

Der Messpunkt ist ein Anschluss am eingebauten Anzeigegerät, der das Messsignal führt. Er kann für verschiedene Zwecke, wie z. B. zum Anschluss eines Phasenvergleichers, verwendet werden. Die elektrische und mechanische Ausführung des Messpunkts muss der eines steckbaren Systems entsprechen.

Da VDE 0682 Teil 415 nur wenige Anforderungen an die technische Ausführung der integrierten Systeme stellt, sind zwischenzeitlich eine Reihe von unterschiedlichen Ausführungen am Markt erschienen (**Bild 7.4.2.2 A**).

Bild 7.4.2.2 A
Integriertes Anzeigesystem
mit LCD-Anzeige

Die Palette reicht von sehr einfachen Geräten, die nur den Zustand „Spannung vorhanden" signalisieren, bis zu Systemen, die aktiv auch den Zustand „Spannung nicht vorhanden" anzeigen.

Die dafür nötige Energie wird meist einem internen Speicher entnommen und kann von einigen Geräten auch über mehrere Tage aufrechterhalten werden.

Für die Anzeige der Spannungszustände wird in den meisten Fällen ein LCD-Display eingesetzt. Jedoch ist die Art der grafischen Anzeige nicht einheitlich, da die Symbolik nicht genormt ist.

Einige Systeme besitzen eine ständige Überwachung des Messstroms. Sinkt der Messstrom unterhalb eines vorgegebenen Werts, so signalisiert das Gerät einen Defekt. Verfügt ein System über eine derartige Einrichtung, so kann die Wiederholungsprüfung entfallen.

7.4.3 Vergleich von passiven und aktiven Spannungsanzeigegeräten

Für steckbare Systeme sind sowohl passive als auch aktive Anzeigegeräte erhältlich.

- passive Anzeigegeräte beziehen ihre Energie aus dem Messkreis (**Bild 7.4.3. A**)
- aktive Anzeigegeräte versorgen sich über eine eingebaute Energiequelle (**Bild 7.4.3 B**)

Beide Typen besitzen eine Reihe von Vor- und Nachteilen.

Bild 7.4.3 A Passives, steckbares Anzeigegerät (DEHNcap/P)

Bild 7.4.3 B Aktives, steckbares Anzeigegerät (DEHNcap/A)

7.4.3.1 Vor- und Nachteile passiver Anzeigegeräte

Vorteile:

- Dauerspannungsanzeige möglich, da Energie aus dem Messkreis
- günstiger Preis der Anzeigegeräte

Nachteile:

- Wegen fehlender Eigenprüfmöglichkeit muss die zwingend vorgeschriebene Überprüfung unmittelbar vor dem Prüfen auf Spannungsfreiheit (entsprechend DIN VDE 0105 Teil 100) meist an einer Netzsteckdose – mit Hilfe eines speziellen Testgeräts (**Bild 7.4.3.1 A**) – durchgeführt werden. Jedoch ist eine Steckdose nicht überall vorhanden (z. B. Betonkompaktstation vor Ort), oder sie steht nicht unter Spannung (Netzstörung)
- Meist geringe Helligkeit der Anzeige (Glimmlampe oder Leuchtdiode)

Bild 7.4.3.1 A Testgerät für ein passives Anzeigegerät (DEHNcap/P)

7.4.3.2 Vor- und Nachteile aktiver Anzeigegeräte

Vorteile:

- Eigenprüfvorrichtung eingebaut
- Batterieüberwachung vorhanden
- Anzeige über helle, alterungsfreie Leuchtdioden

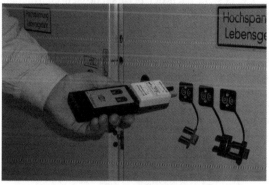

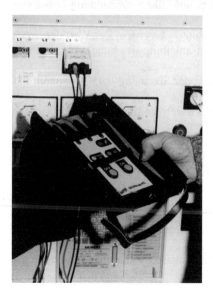

Bild 7.4.3.2 A Einsatz eines LRM-Anzeigegeräts und eines LRM-Phasenvergleichers mit einem HR/LRM-Adapter

oben: Adapter
Mitte: Spannungsanzeiger
unten: Phasenvergleich

251

- Spannungsanzeige und Phasenvergleich mit einem Kombigerät möglich
- über HR-LRM-Adapter Spannungsanzeige und Phasenvergleicher im HR-System möglich (**Bild 7.4.3.2 A**)
- Adapter zur Anpassung von LRM- auf LR- bzw. von LR- auf LRM-System erhältlich

Nachteil:

Höherer Preis als derjenige passiver Anzeigegeräte

7.4.4   Wiederholungsprüfungen

Wie für Spannungsprüfer über 1 kV, besteht nach der berufsgenossenschaftlichen Verordnung „Elektrische Anlagen und Betriebsmittel" (BGV A2) auch für Spannungsprüfsysteme (VDS) die Pflicht, alle sechs Jahre eine Wiederholungsprüfung durchzuführen.

Je nach Grundtyp – integriertes oder steckbares System – ist die Wiederholungsprüfung in Art und Umfang unterschiedlich durchzuführen.

Für beide Typen gilt jedoch, dass wegen der Hochohmigkeit der Quelle (Koppelkapazität) die Bewertung des Zustands des Systems über eine Strommessung mit entsprechender Belastungsimpedanz erfolgen muss. Eine Spannungsmessung, z. B. an der Schnittstelle eines steckbaren Systems, ergibt kein brauchbares Ergebnis.

7.4.4.1   Wiederholungsprüfung an integrierten VDS

Zur Durchführung der Wiederholungsprüfung muss die Netzspannung U bekannt sein.

Der Messpunkt ist über eine kapazitive Impedanz Z_a zu erden. Der Wert der Impedanz ist herstellerspezifisch und der Gebrauchsanleitung des integrierten VDS zu entnehmen.

Die Impedanz Z_a dient dazu, den entsprechend der Spannung $0{,}45 \cdot U_n$ durch das Anzeigegerät fließenden Strom einzustellen.

Erfolgt während der Belastung des Messpunkts durch die Impedanz Z_a die Anzeige „Spannung vorhanden", so ist die Prüfung bestanden.

Eine Wiederholungsprüfung ist nicht erforderlich, wenn das integrierte VDS eine Einrichtung enthält, die bei bekannter Leiter-Erde-Spannung ($U/\sqrt{3}$) dauernd überwacht und mit dem Anzeigegerät anzeigt, dass der Messstrom I durch das Anzeigegerät nicht geringer ist als

$$I_a \cdot \frac{\dfrac{U}{\sqrt{3}}}{0{,}45 \cdot U_n}$$

I_a ist dabei der bei der Typprüfung des Systems festgestellte maximale Strom für die eindeutige Anzeige.

7.4.4.2 Wiederholungsprüfung an steckbaren VDS

Die Wiederholungsprüfung an steckbaren VDS ist sowohl an den Koppelteilen als auch an den Anzeigegeräten durchzuführen.

Die Schnittstelle des Koppelteils ist über eine kapazitive Impedanz in Reihe mit einem μA-Strommessgerät zu erden. Der Wert der kapazitiven Belastungsimpedanz muss $X_{c\,min}$ des jeweiligen Systems (siehe Tabelle 7.4.2.1 A) entsprechen.

Die Wiederholungsprüfung ist bestanden, wenn der gemessene Strom I bei der Netzspannung U folgende Gleichung erfüllt:

$$I > I_{t\,max} \cdot \frac{\frac{U}{\sqrt{3}}}{0,45 \cdot U_n}$$

Die Werte für $I_{t\,max}$ können der Tabelle 7.4.2.1 A entnommen werden.

Unter der Voraussetzung, dass U gleich U_n ist, vereinfacht sich die Gleichung, und der Strom I wird für die Systeme HR, MR, LR und LRM zu:

$$I \geq \frac{I_{t\,max}}{0,78} = \frac{2,5\ \mu A}{0,78} = 3,2\ \mu A$$

Der oben genannte Fall U gleich U_n ist in der Praxis häufig anzutreffen. Deshalb bietet die Industrie eine Reihe von Testgeräten (**Bild 7.4.4.2 A**) für die Wieder-

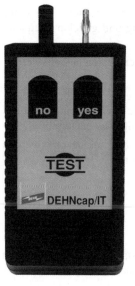

Bild 7.4.4.2 A Schnittstellenprüfgerät (DEHNcap/IT) zur Wiederholungsprüfung an Koppelteilen steckbarer Spannungsprüfsysteme

Bild 7.4.4.2 B Messimpedanz (DEHNcap/XC-LRM) zur Wiederholungsprüfung an Koppelteilen

253

holungsprüfung an, die den Wert von 3,2 µA als Bewertungsgröße heranziehen. Auch Belastungsimpedanzen (**Bild 7.4.4.2 B**) zur Verwendung mit einem µA-Strommessgerät werden für die verschiedenen Systeme angeboten.

Die Wiederholungsprüfung der steckbaren Anzeigegeräte umfasst die Messung ihrer Ansprechspannung und weitere Kontrollen, wie Sicht- und Funktionsprüfungen.

Die Durchführung der Wiederholungsprüfung ist auf dem Koppelteil und auf dem steckbaren Anzeigegerät zu bestätigen. Dies erfolgt meist in Form von Aufklebern in der Nähe der Schnittstelle auf der Frontplatte der Schaltanlage.

7.5   Phasenvergleicher

7.5.1   Stand der Normung

Phasenvergleicher für Wechselspannungen von 1 kV bis 36 kV müssen VDE 0682 Teil 431:2002-07 (EN 61 481:2001) entsprechen. Diese Norm gilt seit 01. 03. 2001 und löst nach einer Übergangszeit bis zum 01. 03. 2004 die Vorgängernorm DIN VDE 0681 Teil 5:1985-06 endgültig ab.

Alle nachstehenden Ausführungen beziehen sich bereits auf VDE 0682 Teil 431.

Diese Norm gilt für tragbare Phasenvergleicher mit oder ohne eingebauter Energiequelle zur Verwendung in elektrischen Netzen mit Wechselspannungen von 1 kV bis 36 kV und Frequenzen von 50 Hz bis 60 Hz.

Mit diesen Geräten wird festgestellt, ob Gleichphasigkeit zwischen zwei unter Spannung stehenden Anlageteilen gleicher Nennspannung und gleicher Frequenz vorhanden oder nicht ist.

Phasenvergleicher müssen so gebaut sein, dass sie von **einer** Person bedient werden können.

Diese Norm gilt für zweipolige Phasenvergleicher, die eine Verbindungsleitung zwischen den Stangen haben, für zweipolige Phasenvergleicher, die eine drahtlose Verbindung haben, und für einpolige Phasenvergleicher mit Speicherfunktion.

Geräte, die als Spannungsprüfer und als Phasenvergleicher eingesetzt werden können, gehören nicht zum Anwendungsbereich dieser Norm.

7.5.2   Ausführungen

Hinsichtlich der **Messmethode** werden unterschieden:

- **Kapazitiver Phasenvergleicher**

  Gerät, welches „Gleichphasigkeit nicht vorhanden" feststellt und anzeigt, indem der Strom durch die Streukapazität zur Erde fließt. Kapazitive Phasenvergleicher sind zweipolige Phasenvergleicher, die eine drahtlose Verbindung haben, und einpolige Phasenvergleicher mit Speicherfunktion.

Anmerkung: Kapazitive Phasenvergleicher arbeiten im Allgemeinen auf Basis der Winkelmessung (frequenzbezogen).

- **Resistiver Phasenvergleicher**

Gerät, welches „Gleichphasigkeit nicht vorhanden" feststellt und anzeigt, indem der Strom durch den im resistiven Element befindlichen Widerstand fließt. Resistive Phasenvergleicher sind immer zweipolige Phasenvergleicher.

Anmerkung: Resistive Phasenvergleicher arbeiten im Allgemeinen auf Basis der Spannungsmessung (spannungsbezogen).

Entsprechend ihrer **Bauart** werden unterschieden (**Bild 7.5.2 A**)

- Zusammengehörige Bauart einschließlich Isolierteil

- Getrennte Bauart, die durch Isolierstange ergänzt wird

Beide Bauarten können wahlweise mit oder auch ohne Kontaktelektrodenverlängerung ausgeführt sein.

Der Phasenvergleicher als **zusammengehörige Bauart** muss mindestens aus folgenden Bauteilen bestehen:

Handhabe, Begrenzungsscheibe, Isolierteil und/oder resistives Element, Anzeigegerät, Grenzmarke und Kontaktelektrode. Der resistive Phasenvergleicher muss zusätzlich eine Verbindungsleitung und ggf. eine Erdungsleitung haben.

Der Phasenvergleicher als **getrennte Bauart** muss mindestens bestehen aus:

Kontaktelektrode, Anzeigegerät, Grenzmarke, Adapter und Isolierstange. Der resistive Phasenvergleicher muss zusätzlich ein resistives Element, eine Verbindungsleitung und ggf. eine Erdungsleitung haben.

Die für die Anzeige „Gleichphasigkeit nicht vorhanden" geforderten Phasenwinkelunterschiede sind von der Netzkonfiguration abhängig. Deshalb sieht die Norm für die Vorgaben der eindeutigen Anzeige/Ansprechschwellen nachfolgende **vier Klassen** vor:

- **Klasse A**

Anzeige der „Gleichphasigkeit nicht vorhanden" für Phasenwinkel zwischen 30° und 330°

- **Klasse B**

Anzeige der „Gleichphasigkeit nicht vorhanden" für Phasenwinkel zwischen 60° und 300°

- **Klasse C**

Anzeige der „Gleichphasigkeit nicht vorhanden" für Phasenwinkel zwischen 110° und 250°

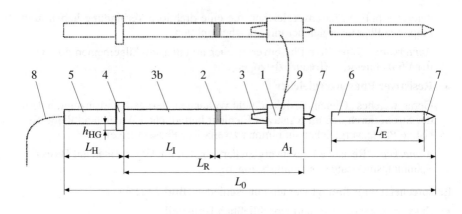

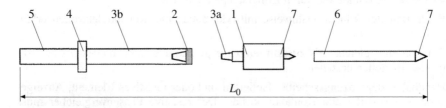

Bild 7.5.2 A Bauarten von Phasenvergleichern
oben: resistiver zweipoliger Phasenvergleicher, zusammengehörige Bauart
unten: kapazitiver Phasenvergleicher, getrennte Bauart

1	Anzeigegerät	h_{HG}	Höhe der Begrenzungsscheibe
2	Grenzmarke (Roter Ring)	L_H	Länge der Handhabe
3	Adapter	L_I	Länge des Isolierteils
3a	Adapter (kann die Grenzmarke ersetzen)	L_R	Länge des resistiven Elements
3b	resistives Element/Isolierteil	L_E	Länge der Kontaktelektrodenverlängerung
4	Begrenzungsscheibe	L_0	Gesamtlänge des Phasenvergleichers
5	Handhabe	A_1	Eintauchtiefe
6	Kontaktelektrodenverlängerung		
7	Kontaktelektrode		
8	Erdungsleitung, falls vorhanden		
9	Verbindungsleitung		

- **Klasse D**

Falls die Anwendung einer der vorstehend aufgeführten Klassen nicht möglich ist, müssen Hersteller und Kunde den angemessenen Wert des Phasenwinkelunterschieds vereinbaren

Diese Anforderungen müssen erfüllt werden bei:

- Kapazitiven Phasenvergleichern:

  für Spannungen von $0,4 \cdot U_{n\,min}$ bis $U_r/\sqrt{3}$
- Resistiven Phasenvergleichern:

  für Spannungen von $(U_{n\,min} - 8\,\%)/\sqrt{3}$ bis

  $$(U_{n\,max} + 8\,\%)/\sqrt{3}$$

7.5.3 Kapazitiver Phasenvergleicher

Bei den kapazitiven Phasenvergleichern sind ein- und **zwei-polige** Ausführungen möglich.

Die **einpolige** Variante (**Bild 7.5.3 A**) gleicht in ihrer Ausführung kapazitiven Spannungsprüfern. Das Funktionsprinzip der Geräte basiert auf einer mikroprozessorgesteuerten Speicherelektronik. Die Geräte besitzen eine eingebaute Energiequelle (Batterie).

Über den gegen Erde fließenden kapazitiven Strom wird durch Vergleich mit einer internen Zeitbasis eine Information über die Phasenlage, z. B. des Leiters L1 des Systems 1, gewonnen. Diese Information wird in der Elektronik gespeichert und dient beim Vergleich, z. B. mit Leiter L1 des Systems 2, als Grundlage für die Entscheidung über Phasengleichheit oder -ungleichheit.

Da sowohl die Netzfrequenz als auch die interne Zeitbasis aus physikalischen Gründen Schwankungen (Drift) unterliegt, ist die Zeit (Speicherzeit), in der der Phasenvergleich durchgeführt werden kann, begrenzt. Übliche Werte für die Prüfzeit liegen bei etwa 10 s bis 5 s.

Zweipolige kapazitive Phasenvergleicher bestehen aus zwei Gerätehälften, die drahtlos über Funk- oder Infrarotverbindung kommunizieren. Bei der Anwendung wird eine Gerätehälfte z. B. mit dem Leiter L1 des Systems 1 und die zweite Gerätehälfte z. B. mit dem Leiter L1 des Systems 2 in Verbindung gebracht. Die Elektroniken beider Gerätehälften tauschen dann den Phasenzustand drahtlos aus und bringen ihn zur Anzeige.

Bild 7.5.3 A Einpoliger Phasenvergleicher

7.5.4   Resistiver Phasenvergleicher

Die resistiven Phasenvergleicher entsprechen den bisher bekannten zweipoligen Geräten mit Verbindungsleitung nach DIN VDE 0681 Teil 5. Gegebenenfalls kann zusätzlich zur Verbindungsleitung noch eine Erdleitung vorhanden sein, wenn diese zur Funktion benötigt wird. Die Energie zum Betrieb der Elektronik wird meist dem Messkreis entnommen.

Die Funktion des resistiven Phasenvergleichers beruht in der Regel auf einer Spannungsmessung. Unterschiedliche Phasenlagen führen zu einer Differenzspannung zwischen zwei Leitern, wobei deren Höhe abhängig vom Phasenverschiebungswinkel α ist. Das heißt, aus der Höhe der Differenzspannung lässt sich der Winkel α der Phasenverschiebung bestimmen (**Bild 7.5.4 A**).

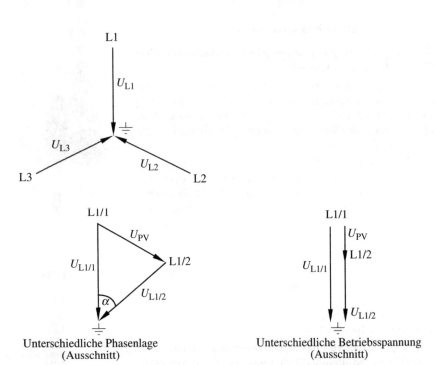

Unterschiedliche Phasenlage
(Ausschnitt)

Unterschiedliche Betriebsspannung
(Ausschnitt)

Bild 7.5.4 A Zeigerdiagramme für die Anzeige „Ungleichphasigkeit"

L1/1	Leiter L1 des Systems 1	$U_{L1/2}$	Spannung Leiter L1/2 gegen Erde
L1/2	Leiter L1 des Systems 2	U_{PV}	Spannung am Phasenvergleicher
$U_{L1/1}$	Spannung Leiter L1/1 gegen Erde		

Ein resistiver Phasenvergleicher, der mit dem Prinzip der Spannungsmessung arbeitet, kann unterschiedliche Phasenlagen nur aufgrund der hierbei zwischen den zu prüfenden Leitern anstehenden Spannung anzeigen. Es kann mit diesem Gerät also nicht festgestellt werden, ob die Anzeige „Ungleichphasigkeit" auf eine unterschiedliche Phasenlage oder auf unterschiedliche Betriebsspannung zurückzuführen ist.

Ein Phasenvergleicher, der allen Anforderungen von VDE 0682 Teil 431 genügt und das TÜV/GS-Zeichen trägt, ist der im **Bild 7.5.4 B** dargestellte Phasenvergleicher, Typ PHV. Das Grundgerät des PHV kann für die Nennspannung 3 kV, 6 kV, 10 kV, 20 kV und 30 kV/50 Hz...60 Hz eingesetzt werden. Die jeweils gewünschte Nennspannung wird mit auswechselbaren Prüfspitzen eingestellt. Jeder Nennspannung ist ein Prüfspitzenpaar zugeordnet, das mit einem Bajonettverschluss auf einfache Weise auf das Grundgerät aufgesetzt werden kann. Da sich die Roten Ringe auf den Prüfspitzen befinden, zeichnet sich der PHV durch eine geringe Gesamtlänge aus.

Eine leuchtstarke Glimmlampe zeigt mit Blinklicht „Ungleichphasigkeit" im gesamten Bereich (60° bis 300°) mit nahezu konstanter Blinkfrequenz an. Die exzentrische Anordnung des Anzeigegeräts gewährt eine gute Sichtbarkeit der Anzeige.

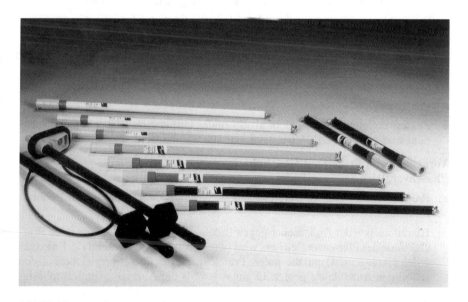

Bild 7.5.4 B Phasenvergleicher, Typ PHV (für Nennspannungen 3 kV, 6 kV, 10 kV, 20 kV und 30 kV) mit auswechselbaren Prüfspitzen

259

7.5.5 Anwendungshinweise

In DIN VDE 0105 Teil 100 ist angegeben, wie Betätigungsstangen in elektrischen Anlagen einzusetzen sind. Dies gilt sinngemäß auch für Phasenvergleicher. Aus den gerätespezifischen Vorgaben in VDE 0682 Teil 431 ergeben sich darüber hinaus spezielle Hinweise für das Benutzen von Phasenvergleichern:

Phasenvergleicher dürfen in Innenanlagen, im Freien und, sofern dafür gebaut, auch bei Niederschlägen verwendet werden.

- Phasenvergleicher müssen beim Benutzen ordnungsgemäß zusammengebaut sein

- Phasenvergleicher dürfen vom Benutzer nur an den Handhaben, d. h. bis zu den Begrenzungsscheiben hin, gefasst werden

- Phasenvergleicher dürfen nur von der Prüfelektrode bis hin zum Roten Ring (Grenzmarke) auf spannungsführende Anlageteile aufgelegt werden

- Phasenvergleicher müssen beim Gebrauch sauber und trocken sein

- Phasenvergleicher dürfen nur maximal 60 s an Spannung liegen

- Resistive Phasenvergleicher sind so zu halten, dass zwischen dem Benutzer und der Verbindungsleitung mindestens 100 mm Abstand eingehalten werden

- Phasenvergleicher dürfen nur von einer Person gehandhabt werden

- Die Prüfelektroden müssen metallen blank an den Anlageteilen anliegen

- Phasenvergleicher sind nur bedingt in fabrikfertigen, typgeprüften Anlagen einsetzbar. Der Benutzer des Phasenvergleichers bzw. der Betreiber der Schaltanlage muss sich beim Hersteller seiner fabrikfertigen Schaltanlage erkundigen, ob und wo der betreffende Phasenvergleicher eingesetzt werden darf

- Phasenvergleicher sind keine Synchronisierhilfen

- Phasenvergleicher dürfen nicht als Spannungsprüfer zum Feststellen der Spannungsfreiheit nach DIN VDE 0105 Teil 100 benutzt werden

Vorgehen beim Prüfen auf Gleichphasigkeit mit resistiven Phasenvergleichern

a) Prüfung der beiden zu vergleichenden Systeme/Anlageteile auf Erdschlussfreiheit:

Hierzu muss jeder Außenleiter gegen Erde geprüft werden, d. h., die eine Prüfelektrode des Phasenvergleichers wird (wie im **Bild 7.5.5 A** gezeigt) an Erde (geerdetes Anlagenteil) und die andere Prüfelektrode des Phasenvergleichers an den jeweiligen Außenleiter gelegt. Es muss jeweils die Anzeige „Ungleichphasigkeit" erscheinen. Ist dies nicht der Fall, so liegt ein Erdschluss vor, oder die Außenleiter stehen nicht unter Spannung, oder der Phasenvergleicher ist defekt. Der Prüfvorgang ist dann abzubrechen.

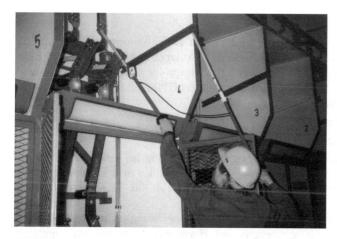

Bild 7.5.5 A Prüfung auf Erdschlussfreiheit

b) Prüfung der jeweils zusammenzuschaltenden Außenleiter gegeneinander:

Tritt jeweils die Anzeige „Ungleichphasigkeit" nicht auf, so liegt Gleichphasigkeit vor. Tritt auch nur einmal die Anzeige „Ungleichphasigkeit" auf, so dürfen die beiden Systeme/Anlageteile nicht zusammengeschaltet werden.

c) Überprüfung des Phasenvergleichers:

Die eine Elektrode des Phasenvergleichers wird an Erde (geerdetes Teil) und die zweite Elektrode des Phasenvergleichers an einen Außenleiter gelegt. Es muss die Anzeige „Ungleichphasigkeit" erscheinen. Ist dies nicht der Fall, so ist der Phasenvergleicher defekt, oder es liegt inzwischen ein Erdschluss vor, oder der Außenleiter steht nicht mehr unter Spannung. Es ist somit nicht sicher, ob eine unter b) eventuell festgestellte Gleichphasigkeit noch vorliegt.

7.5.6 Aufbewahrung, Pflege

Phasenvergleicher nach VDE 0682 Teil 431 werden vom Hersteller im Neuzustand vor der Auslieferung geprüft. Da mit dem Phasenvergleicher an unter Spannung stehenden Teilen hantiert wird, sind Aufbewahrung und Pflege besondere Beachtung zu schenken.

Phasenvergleicher sind trocken und zweckmäßigerweise in einer Schutzhülle oder in einem speziellen Behälter aufzubewahren. Von den Herstellern werden meist geeignete Behälter angeboten. In der jeweiligen Gebrauchsanweisung befinden sich Hinweise zur Pflege des Geräts.

Vor jedem Einsatz des Phasenvergleichers muss sich der Benutzer vom einwandfreien Zustand des Geräts überzeugen.

7.5.7 Wiederholungsprüfung

Für Phasenvergleicher über 1 kV wird in den Durchführungsanweisungen zur Unfallverhütungsvorschrift (UVV) „Elektrische Anlagen und Betriebsmittel" (BGV A2) gefordert, alle sechs Jahre eine Wiederholungsprüfung durchzuführen. Der Prüfumfang ist in VDE 0682 Teil 431 (Anhang G) festgelegt. Folgende Prüfungen sind durchzuführen:

Sicht- und Maßkontrolle

Hierunter fällt z. B. das **Besichtigen,** ob

- der Phasenvergleicher in ordnungsgemäßem Zustand ist, insbesondere ob der Prüfling sauber und trocken sowie frei von Schäden wie Lichtbogen- oder Kriechstromeinwirkungen, Kratzern oder Rissen ist, die die Gebrauchssicherheit mindern
- die zum Phasenvergleicher gehörige Gebrauchsanleitung vorhanden ist
- der Phasenvergleicher mindestens aus Handhabe, Isolierteil, Anzeigegerät, Kontaktelektrodenverlängerung, Kontaktelektrode und ggf. Verbindungsleitung sowie Erdleitung besteht
- die Aufschriften vollständig vorhanden und gut lesbar sind
- ein Roter Ring (Grenzmarke), an das Isolierteil in Richtung Kontaktelektrode angrenzend (für den Benutzer nicht verwechselbar und beim Gebrauch deutlich erkennbar), vorhanden ist
- hohle Teile des Phasenvergleichers allseitig verschlossen sind (ausgenommen Öffnungen zur Vermeidung von Kondenswasseransammlungen)

Weiterhin wird durch **Handprobe** festgestellt, ob

- bei einem Phasenvergleicher, der zusammensetzbar ist, die einzelnen Teile fest verbunden und gegen unbeabsichtigtes Lösen gesichert sind
- die Begrenzungsscheibe und der Rote Ring (Grenzmarke) sich nicht verschieben lassen

Durch **Messen** wird festgestellt, ob der Isolierteil mindestens die geforderte Mindestlänge von 525 mm aufweist.

Elektrische Festigkeit der Verbindungsleitung, Überbrückungssicherheit und Funkenfestigkeit

Die Geräte werden den entsprechenden Tests unterzogen

Eindeutige Anzeige

Es wird die Störfeldsicherheit entsprechend den normativen Festlegungen überprüft.

Eigenprüfvorrichtung

Es wird festgestellt, ob bei einem Phasenvergleicher mit Eigenprüfvorrichtung diese in bestimmungsgemäßer Weise betätigt werden kann und die vorgesehenen Prüfsignale erscheinen.

Zweifelsfreie Wahrnehmbarkeit

Mit Referenzgeräten wird die optische bzw. akustische Anzeige überprüft. Nach bestandener Wiederholungsprüfung ist das Jahr der Prüfung in das entsprechende Kennzeichnungsfeld auf dem Phasenvergleicher einzutragen. Die Wiederholungsprüfung wird zusätzlich mit einem Prüfzertifikat bescheinigt.

7.6   Schaltstangen

Schaltstangen sind nach DIN VDE 0681 Teil 2:1997-03 auszuführen. Diese Norm hat nur nationale Gültigkeit. Internationale oder regionale Festlegungen (z. B. IEC oder EN) gibt es hierfür nicht.

Die Schaltstange (**Bild 7.6 A**) ist eine Betätigungsstange, deren Arbeitskopf ein Schaltstangenkopf ist. In DIN VDE 0681 Teil 2:1977-03 sind die Maße des Betätigungsbolzens (des Schaltstangenkopfs) festgelegt (**Bild 7.6 B**).

Bild 7.6 A Schaltstange

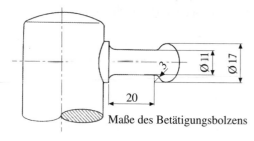

Maße des Betätigungsbolzens

Bild 7.6 B Kopf der Schaltstange

263

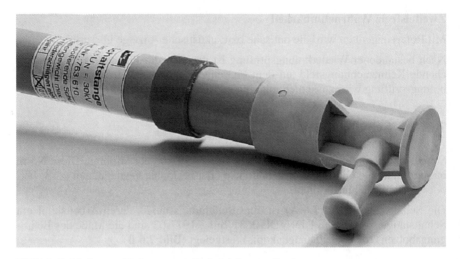

Bild 7.6. C Schaltstange, Verlängerungsteil mit Schaltstangenkopf

An diesen Betätigungsbolzen werden besondere Anforderungen hinsichtlich der Zugfestigkeit gestellt. Die Prüfkraft, die 1 min gehalten werden muss, beträgt 1500 N.

Bild 7.6 C zeigt das Verlängerungsteil einer Schaltstange mit einem fest angebauten Schaltstangenkopf.

7.7 Sicherungszangen

Sicherungszangen müssen nach DIN VDE 0681 Teil 3:1977-03 gebaut sein. Diese Norm gilt für Geräte bis 30 kV Wechselspannung zur Verwendung in Innenanlagen und im Freien, jedoch nicht bei Niederschlägen.

DIN VDE 0681 Teil 3 hat nur nationale Gültigkeit. Es gibt hierfür keine internationalen oder regionalen Festlegungen.

Die Sicherungszange (**Bild 7.7 A**) ist eine Betätigungsstange, deren Arbeitskopf zum Einsetzen und Herausnehmen von Hochspannungs-Hochleistungs-Sicherungen (HH-Sicherungen) geeignet ist.

Zusätzlich zu DIN VDE 0681 Teil 1 „Betätigungsstangen" werden im Teil 3: 1977-03 folgende Anforderungen an Sicherungszangen (**Bild 7.7 B**) gestellt:

● Sicherungszangen müssen einschenklig sein

● sie dürfen mit Ausnahme des Arbeitskopfs nicht zerlegbar, ausziehbar oder klappbar sein

● die Einspannvorrichtung muss von der Handhabe aus betätigt werden können

Bild 7.7 A Sicherungszange im Einsatz: Betätigung der Einspannvorrichtung von der Handhabe aus

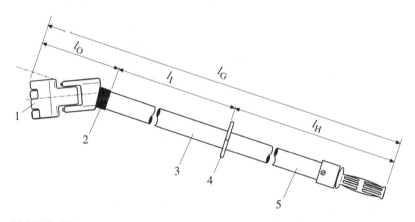

Bild 7.7 B Sicherungszange

1 Arbeitskopf
2 Roter Ring
3 Isolierteil mit Länge l_I
4 Begrenzungsscheibe
5 Handhabe mit Länge l_H

l_O Länge des Oberteils
l_G Gesamtlänge

265

Bild 7.7 C Sicherungszange mit geradem Arbeitskopf

Bild 7.7 D Sicherungszange mit abgewinkeltem Arbeitskopf

Der Gebrauchsanweisung ist zu entnehmen, welcher kleinste und welcher größte Durchmesser der Sicherung vom Arbeitskopf noch sicher gehalten werden kann und bis zu welchem Gewicht der HH-Sicherung die Sicherungszange benutzt werden darf.

Bilder 7.7 C und **7.7 D** zeigen verschiedene Anordnungen von Arbeitsköpfen (gerade bzw. abgewinkelt). Ein abgewinkelter Arbeitskopf (bevorzugt um etwa 20°) ermöglicht in der Praxis eine einfache und sichere Handhabung auch bei hoch und niedrig eingebauten HH-Sicherungen.

7.8 Isolierende Schutzplatten
– DIN VDE 0681 Teil 8 und E DIN VDE 0681 Teil 8 A1
– VDE 0682 Teil 552

7.8.1 Stand der Normung

Die Norm DIN VDE 0681 Teil 8:1988-05 „Geräte zum Bestätigen, Prüfen und Abschranken unter Spannung stehender Teile mit Nennspannungen über 1 kV; Isolierende Schutzplatten" gilt für isolierende Schutzplatten zum kurzzeitigen Einsatz in elektrischen Innenraumanlagen (von 1 kV bis 36 kV) nach DIN VDE 0101, jedoch nicht für fabrikfertige, typgeprüfte Schaltanlagen nach DIN VDE 0670 Teile 6 und 7. Hier dürfen sie nur nach Maßgabe des Schaltanlagenherstellers eingesetzt werden.

Der Änderungsentwurf E DIN VDE 0681 Teil 8 A1:1992-09 enthält die **Tabelle 7.8.1 A**, die sowohl Mindestabstände zwischen spannungsführenden Anlageteilen und dem Plattenrand als auch zur Plattenoberfläche vorschreibt.

Bemessungs- spannung U_r	Abstand des unter Spannung stehenden Teils			
	zum Plattenrand a mm		zur Platte b mm	
kV	E DIN VDE 0681 Teil 8 A1	DIN VDE 0682 Teil 552	E DIN VDE 0681 Teil 8 A1	DIN VDE 0682 Teil 552
3,6	65	60	0	0
7,2	90	90	0	0
12,0	115	120	20	20
24,0	215	220	60	60
36,0	325	320	100	100

Tabelle 7.8.1 A Mindestabstände zwischen unter Spannung stehenden Teilen und der isolierenden Schutzplatte entsprechend E DIN VDE 0681 Teil 8 A1 und DIN VDE 0682 Teil 552

Von diesen Mindestabständen darf nur abgewichen werden, wenn die elektrische Festigkeit der Anordnung durch Prüfung nachgewiesen wird. Die entsprechenden Prüfungen sind im Änderungs-Entwurf enthalten. Das bedeutet, dass die Abstände isolierender Schutzplatten, die nach DIN VDE 0681 Teil 8:1988-05 hergestellt sind und die in Schaltanlagen nach DIN VDE 0101 auf unter Spannung stehenden Teilen aufliegen, nach Tabelle 7.8.1 A zu überprüfen sind oder dass die elektrische Festigkeit der Anordnung durch Prüfen nachzuweisen ist.

Dies ermöglicht auch, die Probleme des Einsatzes isolierender Schutzplatten in Schaltanlagen der Spannungsreihe S nach DIN VDE 0101 (Liste 1 nach DIN VDE 0111 Teil 1) zu lösen.

Grundsätzlich ist festzustellen, dass nach E DIN VDE 0681 Teil 8 A1 isolierende Schutzplatten spannungsführende Teile (ab U_r = 12 kV) **nicht** berühren dürfen.

Im Jahre 2003 werden DIN VDE 0681 Teil 8 und E DIN VDE 0681 Teil 8 A1 als Zusammenfassung beider Ausgaben durch DIN VDE 0682 Teil 552 (mit Übergangsfristen) abgelöst.

In DIN VDE 0682 Teil 552 werden die Abstände a zum Plattenrand nochmals geringfügig modifiziert sein (siehe Tabelle 7.8.1 A). Außerdem werden nur noch Platten aus PVC enthalten sein. Andere Materialien, z. B. Verbundwerkstoff wie glasfaserverstärktes Epoxydharz, sind dann von DIN VDE 0682 Teil 552 nicht mehr abgedeckt.

7.8.2   Anwendungsbereich

Nach DIN VDE 0681 Teil 8 erstreckt sich der Spannungsbereich, in dem die Schutz-platten einsetzbar sind, von 1 kV bis 30 kV Nennspannung bei Frequenzen unter 100 Hz und von 1,5 kV bis 30 kV Gleichspannung.

Im Änderungsentwurf DIN VDE 0681 Teil 8 A1 ist die Anwendbarkeit bei Gleich-spannungen gestrichen worden, da DIN VDE 0681 Teil 8 keine Prüfungen enthält, die den Besonderheiten dieses Einsatzes gerecht werden.

Es sei besonders darauf hingewiesen, dass **isolierende Schutzplatten keine Vorrichtung zum Sichern gegen Wiedereinschalten** sind.

7.8.3   Begriffe

Die **Bilder 7.8.3 A** bis **D** zeigen, dass der Schutz des Benutzers beim Einbringen und Herausnehmen von isolierenden Schutzplatten durch Einhalten einer **Schutz-distanz** (Bauform A1, siehe Bild 7.8.3 A), durch einen **Schutzteil** (Bauform A2, siehe Bild 7.8.3 B), durch den **Isolierteil** einer Isolierstange oder einer Betätigungs-

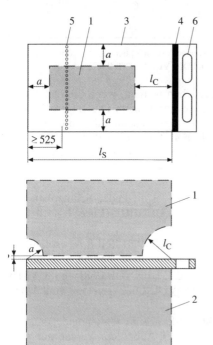

1 Bereich unter Spannung stehender Teile
2 geschützter Bereich
3 Schutzteil mit der Länge l_S
4 Begrenzungsmarkierung
5 Hilfsmarkierung
6 Handhabe
l_S Länge des Schutzteils
l_C Schutzdistanz
a Mindestabstand unter Spannung stehender Teile vom Rand der isolierenden Schutz-platte
b Mindestabstand unter Spannung stehender Teile von der isolierenden Schutzplatte

Bild 7.8.3 A Isolierende Schutzplatten der Bauform A1 nach DIN VDE 0681 Teil 8 und Änderungs-entwurf A1: Schutz beim Einbringen und Herausnehmen durch Schutzdistanz

268

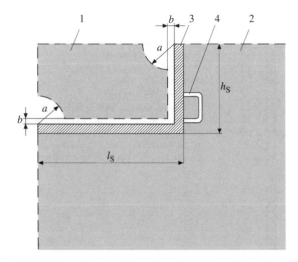

1 Bereich unter Spannung
  stehender Teile
2 geschützter Bereich
3 Schutzteil mit der Länge l_S
  und der Höhe h_S
4 Handhabe
l_S Länge des Schutzteils
h_S Höhe des Schutzteils
a Mindestabstand unter
  Spannung stehender Teile
  vom Rand der isolierenden
  Schutzplatte
b Mindestabstand unter
  Spannung stehender Teile
  von der isolierenden
  Schutzplatte

Bild 7.8.3 B Isolierende Schutzplatte der Bauform A2 nach DIN VDE 0681 Teil 8 und Änderungs-entwurf A1: Schutz beim Einbringen und Herausnehmen durch Schutzteil

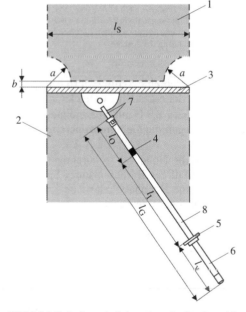

1 Bereich unter Spannung stehender
  Teile
2 geschützter Bereich
3 Schutzteil mit der Länge l_S
4 Roter Ring
5 Begrenzungsscheibe
6 Handhabe
7 Kupplung
8 Isolierteil der Isolierstange mit Länge l_I
a Mindestabstand unter Spannung ste-
  hender Teile vom Rand der isolierenden
  Schutzplatte
b Mindestabstand unter Spannung ste-
  hender Teile von der isolierenden
  Schutzplatte
l_S Länge des Schutzteils
l_G Gesamtlänge der Isolierstange
l_O Länge des Oberteils
l_H Länge der Handhabe der Isolierstange
l_I Länge des Isolierteils der Isolierstange

Bild 7.8.3 C Isolierende Schutzplatte der Bauform A3 nach DIN VDE 0681 Teil 8 und Änderungs-entwurf A1: Schutz beim Einbringen und Herausnehmen durch den Isolierteil einer Isolierstange oder einer Betätigungsstange

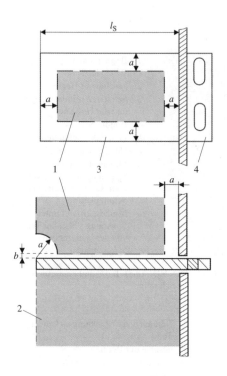

1 Bereich unter Spannung stehender Teile
2 geschützter Bereich
3 Schutzteil mit der Länge l_S
4 Handhabe
l_S Länge des Schutzteils
a Mindestabstand unter Spannung stehender Teile vom Rand der isolierenden Schutzplatte
b Mindestabstand unter Spannung stehender Teile von der isolierenden Schutzplatte

Bild 7.8.3 D Isolierende Schutzplatte der Bauform A4 nach DIN VDE 0681 Teil 8 und Änderungsentwurf A1: Schutz beim Einbringen und Herausnehmen durch Schutzvorrichtung der Anlage

stange (Bauform A3, siehe Bild 7.8.3 C) oder durch eine **Schutzvorrichtung der Anlage** selbst (Bauform A4, siehe Bild 7.8.3 D) sichergestellt werden kann.

Der **geschützte Bereich** (in den Bildern 7.8.3 A bis 7.8.3 D mit 2 bezeichnet) ist der Raum, der durch die isolierende Schutzplatte gegen die Gefahrenzone abgegrenzt wird.

Der **Schutzteil** (mit Länge l_S und gegebenenfalls Höhe h_S) isolierender Schutzplatten ist derjenige Teil, der Schutz gegen zufälliges Berühren unter Spannung stehender Teile gewährt. An ihm ist entweder eine Handhabe oder eine Kupplung zum Anbringen einer Isolier- oder Betätigungsstange angebracht.

Die **Schutzdistanz** l_C (Bild 7.8.3 A) ist der kürzeste Abstand zwischen unter Spannung stehenden Teilen ohne Schutz gegen direktes Berühren und dem Benutzer von isolierenden Schutzplatten beim Einbringen oder Herausnehmen. Er beträgt mindestens 525 mm.

Die **Begrenzungsmarkierung** der isolierenden Schutzplatten ist eine deutlich sichtbare Begrenzung der Handhabe zum Schutzteil (Bild 7.8.3 A).

Die **Hilfsmarkierung** ist eine deutlich sichtbare Begrenzung an isolierenden Schutzplatten, bis zu der der unterstützenden Hand beim Einbringen und Herausnehmen Schutz durch Abstand geboten wird (Bild 7.8.3 A).

Die **Isolierstange** (nach DIN VDE 0105 Teil 100, Abschnitt 4.6) ist eine Stange (vgl. auch Abschnitt 7.9.1), die zum Einbringen und Herausnehmen isolierender Schutzplatten dient und dem Benutzer Schutz für die sichere Handhabung gibt (Bild 7.8.3 C).

Hinweis: In DIN VDE 0682 Teil 552 werden die Isolierstangen als Arbeitsstangen bezeichnet.

7.8.4 Anforderungen und Aufbau

Im Folgenden werden Anforderungen an und Aufbau von isolierenden Schutzplatten nur insoweit beschrieben, wie sie für Benutzer von Bedeutung sind. Soweit nicht anders vermerkt, gelten die Ausführungen sowohl für DIN VDE 0681 Teil 8 als auch für E DIN VDE 0681 Teil 8 A1.

Isolierende Schutzplatten müssen mindestens aus einem Schutzteil und einer Handhabe oder einer Kuppelmöglichkeit bestehen.

Isolierende Schutzplatten müssen so gebaut sein, dass der Benutzer auch beim Einbringen und Herausnehmen gegen zufälliges Berühren unter Spannung stehender Teile geschützt ist. Dies kann erreicht werden durch:

- Schutzdistanz l_C, die die isolierende Schutzplatte unter Beachtung der gepunkteten schwarzen Hilfsmarkierung für die unterstützende Hand und der durchgehenden schwarzen Begrenzungsmarkierung bietet (Bild 7.8.3 A)
- Schutzteil mit der Länge l_S und der Höhe h_S der isolierenden Schutzplatte (Bild 7.8.3 B)
- Isolierteil der Länge l_I einer Isolierstange oder einer geeigneten Betätigungsstange (Bild 7.8.3 C)
- Schutzvorrichtung der Anlage selbst (Bild 7.8.3 D)

Isolierende Schutzplatten müssen aus Isolierstoff bestehen, ausgenommen Handhabe, Verbindungen und Führungselemente (durch die die Schutzwirkung nicht vermindert werden darf).

Isolierende Schutzplatten müssen so bemessen sein, dass beim Berühren vom geschützten Bereich aus keine gefährlichen Ableitströme auftreten.

Isolierende Schutzplatten, die eine Handhabe haben, müssen so bemessen sein, dass beim Einbringen und Herausnehmen keine gefährlichen Ableitströme auftreten.

Isolierende Schutzplatten müssen so bemessen sein, dass bei bestimmungsgemäßem Gebrauch keine Über- oder Durchschläge auftreten. (Der Änderungsentwurf DIN VDE 0681 Teil 8 A1 enthält hierfür geänderte Bestimmungen.)

Isolierende Schutzplatten mit Schutz des Benutzers beim Einbringen und Herausnehmen durch Schutzdistanz (Bild 7.8.3 A) müssen durch 20 mm breite, beidseitig umlaufende Markierungen so gekennzeichnet sein, dass der Benutzer beim Einbringen und Herausnehmen die Schutzdistanz erkennen kann.

Diese Markierungen sind:

- die durchgehende schwarze Begrenzungsmarkierung auf der Handhabe angrenzend zum Schutzteil

- die gepunktete schwarze Hilfsmarkierung auf dem Schutzteil im Abstand 525 mm von dem der Handhabe gegenüber liegenden Ende. (Die Punkte müssen 20 mm Durchmesser und 40 mm Mittenabstand haben.)

Isolierende Schutzplatten müssen eine Gesamtdicke des festen Isolierstoffs von mindestens 4 mm haben.

Isolierende Schutzplatten dürfen sich nicht übermäßig durchbiegen und müssen schlag- und stoßfest sein. Ihre Oberflächen müssen glatt und allseitig geschlossen sein. Die Randflächen müssen dicht gegen Eindringen von Feuchtigkeit sein.

Die Kupplung muss so bemessen sein und so zur isolierenden Schutzplatte stehen oder einstellbar sein, dass diese mit einer Isolierstange (oder Betätigungsstange) zielsicher und gefahrlos eingebracht werden kann. Die Kupplung darf sich nicht unbeabsichtigt lösen.

Isolierstangen müssen mindestens aus Kupplungsteil, Isolierteil und Handhabe bestehen (Bild 7.8.3 C). Isolierteil und Handhabe von Isolierstangen müssen, soweit zutreffend, DIN VDE 0681 Teil 1 entsprechen.

Der Isolierteil der Isolierstangen muss mindestens 525 mm lang sein. Die Handhabe der Isolierstange muss mindestens 350 mm lang sein.

Auf isolierenden Schutzplatten und zugehörigen Isolierstangen müssen mindestens folgende Aufschriften angebracht sein (**Bild 7.8.4 A**):

- Kennzeichnung von Hilfsmitteln zum Arbeiten an unter Spannung stehenden Teilen nach DIN 48699 mit Spannungsangabe

- Herkunftszeichen (Name oder Warenzeichen des Herstellers)

- Baujahr

- Hinweis: „Nur für Innenraumanlagen!"

- Angaben zum Einsatzbereich in Schaltanlagen, z. B. Anlagetyp, Aufstellungsort, Schaltfeldnummer (entsprechend E DIN VDE 0681 Teil 8 A1)

Soweit zutreffend, folgende Hinweise:

- Kennzeichnung durch Beschriftung oder Markierung bei zusammensetzbaren, ausziehbaren oder klappbaren isolierenden Schutzplatten oder Isolierstangen

Zusätzlich auf isolierenden Schutzplatten, die mit Isolierstangen oder Betätigungsstangen eingebracht werden:

- „Nur mit zugehöriger Isolierstange handhaben!" oder „Nur mit zugehöriger Betätigungsstange handhaben!"

- „Gewicht ... kg"

Zusätzlich auf Isolierstangen oder Betätigungsstangen:

„Plattengewicht bis ... kg"

Isolierende Schutzplatte
nach DIN VDE 0681 Teil 8:1988-05
Bauform A1

☖ U_N **bis 20 kV**

Nur für Innenraumanlagen!

Baujahr	20		Serien Nr.			Gewicht		kg
Anlage:				Feld:				

Bild 7.8.4 A Aufschriften auf isolierender Schutzplatte am Beispiel der Bauform A1

7.8.5 Anwendungshinweise

Hinweise für Gebrauch, Wartung und gegebenenfalls Zusammenbau von isolierenden Schutzplatten enthalten die beigegebenen Gebrauchsanleitungen. Darin wird besonders darauf hingewiesen, dass beim Einbringen und Herausnehmen isolierender Schutzplatten die notwendige Schutzinstanz l_C zu unter Spannung stehenden Teilen eingehalten werden muss. Dies wird erreicht, wenn:

- bei isolierenden Schutzplatten nach Bild 7.8.3 A der Abstand 525 mm der (im Bereich zwischen Handhabe und Hilfsmarkierung) unterstützenden Hand zu unter Spannung stehenden Teilen nicht unterschritten wird (**Bild 7.8.5 A** und **Bild 7.8.5 B**)

- bei isolierenden Schutzplatten nach Bild 7.8.3 B die Platten nur an ihren Handhaben angefasst werden (**Bild 7.8.5 C**)

- bei isolierenden Schutzplatten nach Bild 7.8.3 C die Isolierstange nur an der Handhabe angefasst wird (**Bild 7.8.5 D**)

Die Bilder 7.8.5 A und B zeigen das Einbringen einer isolierenden Schutzplatte in ein fabrikfertiges 10-kV-Schaltfeld einer Ortsnetzstation. Der Kabelabgang in dieser Ringkabelzelle ist freigeschaltet, und der zugehörige Erdungsschalter ist eingeschaltet. Zur gefahrlosen Kontrolle und Wartung des Endverschlusses sind die unter Spannung stehenden Sammelschienen und die oberen Schaltstücke des Lasttrennschalters abgedeckt.

Größe und Gewicht dieser Schutzplatte erfordern den Einsatz beider Hände des Benutzers (Bild 7.8.5 A) Während die eine Hand die Platte an der Aussparung in der Handhabe fasst, greift die andere unterstützend bis zur schwarz gepunkteten Hilfsmarkierung, sie wird dann beim Einschieben der Platte hinter die durchgehende schwarze Begrenzungsmarkierung zurückgezogen. Auf diese Weise wird auch mit der unterstützenden Hand die mindestens notwendige Schutzdistanz l_C von 525 mm zu unter Spannung stehenden Teilen nicht unterschritten.

273

Bild 7.8.5 A Einbringen einer isolierenden
Schutzplatte nach Bild 7.8.3 A

Bild 7.8.5 B Isolierende Schutzplatte im eingebrachten Zustand nach Bild 7.8.3 A

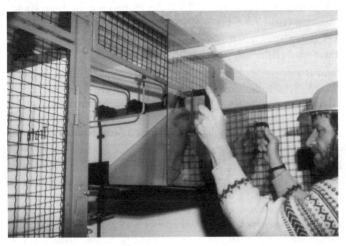

Bild 7.8.5 C Einbringen einer isolierenden Schutzplatte in durchsichtiger Ausführung nach Bild 7.8.3 B

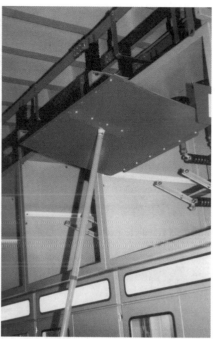

Bild 7.8.5 D Einbringen einer isolierenden Schutzplatte in durchsichtiger Ausführung nach Bild 7.8.3 B

Bild 7.8.5 E Isolierende Schutzplatte wird auf Führungsschienen aufgelegt

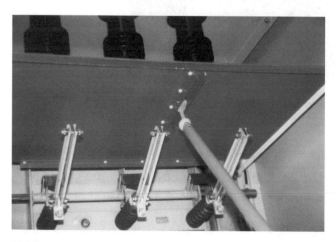

Bild 7.8.5 F Isolierende Schutzplatte wird auf Führungsschienen eingeschoben

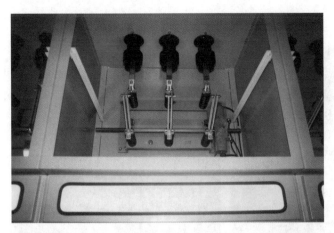

Bild 7.8.5 G Führungsschienen zum Einbringen einer isolierenden Schutzplatte

Bild 7.8.5 H Kupplung: Spindel mit Querstift an der isolierenden Schutzplatte und Trichter mit Bajonettverriegelung an der Isolierstange

In dem im Bild 7.8.5 A gezeigten Fall ist die unterstützende Hand nur zum Auflegen der Schutzplatte auf die Führungsschienen notwendig. Es sei jedoch besonders darauf hingewiesen, dass der Abstand l_C zwischen der Begrenzungsmarkierung und unter Spannung stehenden Teilen auch im eingebrachten Zustand nicht unterschritten werden darf.

Bei dem im Bild 7.8.5 C gezeigten Praxisbeispiel handelt es sich um ein vor Ort erstelltes 10-kV-Schaltfeld mit Gittertüren und Blenden einer Ortsnetzstation

herkömmlicher Bauart. Im ausgeschalteten Zustand stehen die beweglichen Schaltstücke des Lasttrennschalters fast waagrecht, so dass die Schutzplatten-Führungs-
schienen ebenfalls waagrecht angeordnet werden könnten.

Die Bauform der isolierenden Schutzplatte nach Bild 7.8.3 B bietet mit ihrem senk-
rechten Frontteil auch bei geöffneter Gittertür Schutz gegen zufälliges Berühren der
Sammelschiene.

Das Bild 7.8.5 D zeigt das Einbringen einer isolierenden Schutzplatte in eine 10-kV-
Schaltanlage in Doppelsammelschienen-Bauweise mit 3,4 m Bauhöhe. Hier lässt
sich die Schutzplatte mit einer Isolierstange gefahrlos einbringen.

Bild 7.8.5 E und **Bild 7.8.5 F** zeigen, wie eine solche Schutzplatte auf die Führungsschienen (**Bild 7.8.5 G**) aufgelegt und eingeschoben wird.

Das **Bild 7.8.5 H** zeigt die Teile der Kupplung; sie besteht aus einer in Längs-
richtung um etwa 30° schwenkbaren Spindel (mit Querstift) aus glasfaserverstärk-
tem Kunststoff (an der Platte) und einem dazu passenden Trichter mit Bajonettverschluss (an der Isolierstange). Der Kupplungsteil an der Schutzplatte ist als
U-Profil aus gleichem Werkstoff wie die Schutzplatte auf dieser aufgeschweißt.

Bild 7.8.5 I und **Bild 7.8.5 J** zeigen den Einsatz einer abgewinkelten Schutzplatte,
mit der der obere, spannungsführende Teil des geöffneten Lasttrennschalters abgedeckt wird.

In **Bild 7.8.5 K** ist eine fabrikfertige 30-kV-Schaltzelle mit 1,8 m Breite und 1,6 m
Tiefe gezeigt. Die hier zum Einsatz kommende Schutzplatte hat ein Gewicht von
etwa 25 kg, so dass zwei Personen für ihre sichere Handhabung erforderlich sind.
Nach DIN VDE 0681 Teil 8 müssen an den beiden Kupplungsstellen zwei gleiche
Isolier- oder Betätigungsstangen verwendet werden.

Bild 7.8.5 L, Bild 7.8.5 M und **Bild 7.8.5 N** zeigen den Einsatz einer isolierenden
Schutzplatte nach Bild 7.8.3 D in einem fabrikfertigen 20-kV-Schaltfeld. Die
Schutzplatte wird durch einen Schlitz in der Schaltzellenfront eingebracht, der eine
selbstrückstellende Blechabdeckung hat. Die Führung der Platte ist durch den
Schlitz und durch die Führungsschienen vorgegeben. Damit wird deutlich, dass
hierbei keine besonderen Vorkehrungen beim Einbringen und Herausnehmen
getroffen werden müssen, da der Schutz durch die Bauweise der Anlage vorgegeben
ist. Markierungen wie bei üblichen isolierenden Schutzplatten nach Bild 7.8.3 A
sind somit nicht erforderlich. Isolierende Schutzplatten für fabrikfertige Anlagen
neuerer Bauart gehören zum Zubehör und werden in der Regel vom Hersteller der
Anlage mitgeliefert.

Es sei nochmals darauf hingewiesen, dass isolierende Schutzplatten nur als Schutz
gegen zufälliges Berühren und **nicht** als Schutz gegen Wiedereinschalten geeignet
sind. Isolierende Schutzplatten sind im eingebrachten Zustand so festzulegen, z. B.
durch Führungsschienen, Auflager, Halterungen oder Anschläge, dass sie bei zufäl-
ligem Berühren ihre Schutzwirkung behalten.

Bild 7.8.5 I Einbringen einer abgewinkelten isolierenden Schutzplatte

Bild 7.8.5 J Isolierende Schutzplatte deckt die oberen spannungsführenden Teile des Lastrennschalters ab

Bild 7.8.5 K Einbringen einer großen Schutzplatte von zwei Personen mit zwei gleichen Isolierstangen

Bild 7.8.5 L Einsatz einer isolierenden Schutzplatte nach Bild 7.8.3 D

Bild 7.8.5 M Isolierende Schutzplatte deckt die oberen spannungsführenden Teile des Lastrennschalters ab

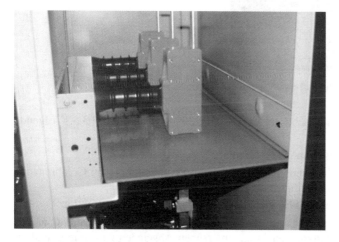

Bild 7.8.5 N Einbringen einer großen Schutzplatte von zwei Personen mit zwei gleichen Isolierstangen

Das Einbringen bzw. Herausnehmen isolierender Schutzplatten zählt zum Arbeiten an unter Spannung stehenden Teilen und darf nur von Elektrofachkräften oder elektrotechnisch unterwiesenen Personen vorgenommen werden.

Da sich im Einschubbereich der Platten oft auch Teile befinden, die z. B. zum Antrieb des Schalters gehören, sind Spalte oder Ausbrüche an den Plattenrändern erforderlich. Außerhalb der Gefahrenzone nach DIN VDE 0105 Teil 100 Tabelle 101

279

Bild 7.8.5 O Beispiel für die Aufbewahrung von isolierenden Schutzplatten

(siehe Kapitel 4.2) sind nach DIN VDE 0101:2000-01, Abschnitt 7.3.5.1 folgende Spalte zulässig:

- bis zu 10 mm Breite ohne Einschränkung
- bis zu 40 mm Breite, wenn der Abstand vom Plattenrand bis zur Gefahrenzone mindestens 100 mm beträgt
- bis zu 100 mm Breite im Bereich der Trennschalter-Unterkonstruktion

Isolierende Schutzplatten müssen stets sauber und trocken gehalten werden, und es ist notwendig, die Schutzplatten in angemessenen Abständen zu reinigen und zu kontrollieren.

Die Einsatzzeit von isolierenden Schutzplatten im eingebrachten Zustand wird im Wesentlichen durch folgende Einflüsse begrenzt: Feuchtigkeit, Temperatur, Verschmutzung und Spannungshöhe. Gefahren durch Ableitströme können infolge von Fremdschichten bei feuchten oder verschmutzten isolierenden Schutzplatten auftreten. Isolierende Schutzplatten dürfen nur in Innenraumanlagen benutzt werden. Ihrer Aufbewahrung (**Bild 7.8.5 O**) ist Beachtung zu schenken, um ihre Betriebssicherheit zu erhalten.

Für die Nachrüstung von Anlagen mit isolierenden Schutzplatten ist in der Regel eine Ortsbegehung mit Maßaufnahmen erforderlich.

Zur Frage des Austausches älterer Platten ist generell festzustellen: Alte Platten, die nicht aus Kunststoff bestehen, z. B. solche aus Hartpapier, Holzfaser oder Pressspan, also aus hygroskopischem Material, sollten gegen isolierende Schutzplatten nach DIN VDE 0681 Teil 8 ausgetauscht werden.

7.9 Isolierstangen und isolierende Arbeitsstangen

7.9.1 Isolierstangen – DIN VDE 0105 Teil 100

Isolierstangen sind nach DIN VDE 0105 Teil 100:2000-06, Abschnitt 4.6, Stangen, deren Handhabe und Isolierteil VDE 0682 Teil 411 entsprechen. An ihnen können Arbeitsköpfe in Form von Werkzeugen, isolierenden Schutzplatten, Abschrankvorrichtungen oder Prüfgeräten angebracht werden. Diese Arbeitsköpfe brauchen im Unterschied zu Arbeitsköpfen von Betätigungsstangen nicht überbrückungssicher zu sein.

7.9.2 Isolierende Arbeitsstangen – VDE 0682 Teil 211

Isolierende Arbeitsstangen sind Arbeitsstangen und zugehörige Arbeitsköpfe zum Arbeiten unter Spannung über 1 kV, sie sind in EN 60832 bzw. VDE 0682 Teil 211: 1998-01 genormt.

Es werden dort Arbeitsstangen mit fest montierten Kupplungsteilen und eine große Anzahl von Arbeitsköpfen beschrieben. Solche Arbeitsköpfe können z. B. Universalzangen, Ölkannen, Leiterseil-Reinigungsbürsten, Splint-Zieher und -Setzer oder Bügelsägen sein. VDE 0682 Teil 211 enthält Anforderungen und Prüfungen für isolierende Arbeitsstangen und zugehörige Arbeitsköpfe zum Arbeiten an unter Spannung stehenden Teilen mit Nennspannung über 1 kV.

Im Ausland sind Arbeiten mit diesen isolierenden Arbeitsstangen an unter Spannung stehenden elektrischen Anlageteilen seit vielen Jahren zugelassen und werden von speziell ausgebildeten Elektrofachkräften und elektrotechnisch unterwiesenen Personen (siehe DIN VDE 0105 Teil 100) angewendet.

7.9.3 Anwendungshinweise

Beim Arbeiten mit Isolierstangen oder isolierenden Arbeitsstangen mit nicht überbrückungssicheren Arbeitsköpfen ist nicht nur auf einen sicheren Standort (wobei der Benutzer so weit von unter Spannung stehenden Teilen entfernt sein muss, dass er durch diese nicht gefährdet wird) zu achten, sondern es ist darüber hinaus Überbrückungsgefahr zu vermeiden.

8 Ortsveränderliche Geräte zum Erden und Kurzschließen

8.1 „Arbeiten unter Spannung; ortsveränderliche Geräte zum Erden oder Erden und Kurzschließen" DIN EN 61230 (VDE 0683 Teil 100)

8.1.1 Überblick

Die nationale deutsche Norm DIN VDE 0683 Teil 1:1979-06 „Ortsveränderliche Geräte zum Erden und Kurzschließen, Freigeführte Erdungs- und Kurzschließgeräte" wurde im Jahr 1979 als deutscher Ländervorschlag bei IEC TC 78 eingereicht und diente dort als Basisdokument. Die Erfahrungen und Praktiken anderer Länder wurden berücksichtigt. Im August 1993 erschien die Norm IEC 61230. Sie wurde von CENELEC zur Bearbeitung übernommen und erschien im November 1996 als Europäische Norm DIN EN 61230 (VDE 0683 Teil 100). Die Übergangsfrist für die bisherige nationale deutsche Norm DIN VDE 0683 Teil 1 endete am 1. 7. 2001.

Anmerkung: Diese Norm hat zum 01. Juli 2001 die bislang gültige Norm DIN VDE 0683 Teil1:1979 abgelöst. Der neue Standard VDE 0683 Teil 100 enthält allerdings einige Prüfungen, die nicht praxisrelevant sind und deswegen in einem derzeit laufenden Revisionsverfahren geändert werden sollen. Diese Änderungen werden als deutscher Normenentwurf demnächst der Öffentlichkeit vorgestellt.

Die Norm VDE 0683 Teil 100 enthält Bau- und Prüfbestimmungen für ortsveränderliche Geräte zum Erden oder Erden und Kurzschließen, sie ist also eine reine „Herstellerbestimmung". Für Betreiber elektrischer Anlagen, d. h. für Anwender dieser Geräte, nachstehend eine kurze Zusammenfassung der wesentlichen Gesichtspunkte aus dieser Norm.

DIN VDE 0683 Teil 100 gilt für ortsveränderliche Geräte zum vorübergehenden Erden oder Erden und Kurzschließen freigeschalteter Wechselstromanlagen sowie Übertragungs- und Verteilungsnetze aller Nennspannungen, einschließlich Bahnnetze, zum Schutz der in der Anlage Arbeitenden. Die Norm enthält Empfehlungen für Herstellung, Auswahl, Gebrauch und Instandhaltung dieser Geräte.

Erdungs- und Kurzschließgeräte nach dieser Norm sind vorwiegend bestimmt durch den Kurzschlussstrom und die Kurzschlussdauer. EN 60855 sowie EN 61235 enthalten die elektrischen und mechanischen Anforderungen für die Erdungsstangen dieser Geräte (siehe auch Abschnitt 8.1.8).

Bauarten und Bauteile werden nicht festgelegt, sollten aber den elektrischen und mechanischen Anforderungen dieser Norm entsprechen.

Diese Norm beschränkt sich auf Vorrichtungen mit Kupferseilen und Kupfer- oder Aluminiumschienen als Mittel zum Erden oder Erden und Kurzschließen.

Vorrichtungen, die nur zur Ableitung eingekoppelter Ströme an Leitern verwendet werden, wobei die Gefahr des Zuschaltens vollständig ausgeschlossen ist, sind nicht Gegenstand dieser Norm. Es können jedoch bestimmte Anforderungen und Prüfungen für diese Vorrichtungen aus dieser Norm entnommen werden.

Die Normung von Geräten für Gleichstromnetze ist in Bearbeitung.

8.1.2   Begriffe

Für die Anwendung dieser Internationalen Norm gelten die folgenden Begriffe.

Freigeführte ortsveränderliche Geräte zum Erden oder Erden und Kurzschließen

Geräte, die in elektrische Anlagen zum Zwecke des Erdens oder Erdens und Kurzschließens von Hand mit isolierenden Hilfsmitteln eingebracht und angeschlossen werden. Sie bestehen aus Erdungs- und Kurzschließvorrichtung und einem oder mehreren Hilfsmitteln, z. B. Erdungsstangen (siehe **Bild 8.1.2 A**).

Erdungsseil

Seil, das eine Kurzschließvorrichtung mit der Erdungsanlage verbindet (siehe **Bilder 8.1.2 A/Ba/Bb/E**).

Kurzschließvorrichtung

Vorrichtung zum Verbinden der Leiter zum Zwecke des Kurzschließens (siehe **Bilder 8.1.2 A/B/E**). Die Verbindung darf teilweise über die Erdungsanlage erfolgen (siehe **Bild 8.1.2 Bd**).

Kurzschließseil

Seil, das einen Teil der Kurzschließvorrichtung darstellt (siehe **Bilder 8.1.2 A/B**).

Kurzschließschiene

Starrer Leiter, z. B. Schiene oder Rohr, der einen Teil der Kurzschließvorrichtung darstellt (siehe **Bild 8.1.2 E**).

Verbindungsstück

Teil zum Verbinden von Kurzschließseilen untereinander, entweder direkt oder über Zwischenglieder, wie z. B. Kabelschuhe, und mit dem Erdungsseil oder dem Anschließteil an Erdungsanlage (siehe **Bilder 8.1.2 Aa/Ba**).

Anschließteil an Erdungsanlage

Anschließteil, das am Erdungsseil, am Kurzschließseil oder am Verbindungsstück entweder direkt oder über Zwischenglieder angebracht ist und für die Verbindung zur Erdungsanlage direkt oder über Anschließstellen (Festpunkte) dient (siehe **Bilder 8.1.2 Pa/Pb**).

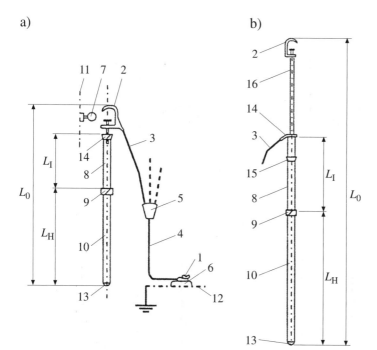

Bild 8.1.2 A Beispiele freigeführter ortsveränderlicher Geräte zum Erden oder Erden und Kurzschließen

1 Anschließteil an Erdungsanlage	12 Erdungsanlage
2 Anschließteil an Leiter	13 Abschlussteil der Stange
3 Kurzschließseil	14 Kupplung, fest oder lösbar
4 Erdungsseil	15 Trennstelle der Stange zum Transport
5 Verbindungsstück	16 leitendes Zwischenteil
6 Anschließstelle an Erdungsanlage	
7 Anschließstelle an Leiter	L_I Länge des Isolierteils
8 Isolierteil der Erdungsstange	L_H Länge der Handhabe
9 Schwarzer Ring	L_0 Gesamtlänge der Erdungsstange einschließlich
10 Handhabe der Erdungsstange	leitendem Zwischenteil
11 Leiter in der Anlage	

Anmerkung 1: Zur Erdungs- und Kurzschließvorrichtung gehören die Positionen 1, 2, 3, 4, 5 und 16
Anmerkung 2: Zur Erdungsstange gehören die Positionen 8, 9, 10, 13, 14 und 15

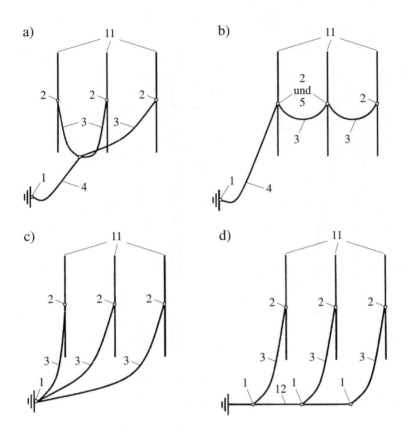

Bild 8.1.2 B Beispiele dreipoliger Erdungs- und Kurzschließvorrichtungen

1 Anschließteil an die Erdungsanlage
2 Anschließteil an Leiter
3 Kurzschließseil
4 Erdungsseil
5 Verbindungsstück
11 Leiter in der Anlage
12 Erdungsanlage

Anmerkung 1: In den Bildern 8.1.2 Ba und Bb sind Kurzschließseile und Erdungsseile dargestellt
Anmerkung 2: In den Bildern 8.1.2 Bc und Bd sind nur Kurzschließseile dargestellt

286

Bild 8.1.2 C Dreipolige Erdungs- und Kurz-schließvorrichtung, im Schaltfeld montiert

Bild 8.1.2 D Dreipolige Erdungs- und Kurzschließ-vorrichtung mit kurzen Seilästen

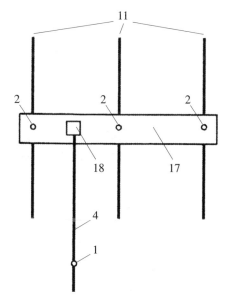

Bild 8.1.2 E Beispiel einer dreipoligen Erdungs- und Kurzschließvorrichtung mit Kurzschließ-schiene und Erdungsseil

1 Anschließteil an Erdungsanlage
2 Anschließteil an Leiter
3 Erdungsseil
11 Leiter in der Anlage
17 Kurzschließschiene
18 Verbindungsstück (Anschluss des Erdungs-seils)

287

Bild 8.1.2 F Kurzschließschiene mit Erdungsseil, im Schaltfeld montiert

Bild 8.1.2 G Befestigen der Kurzschließschiene an der Anschließstelle, mit Erdungsstange

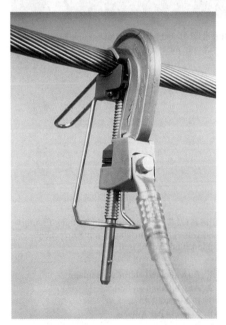

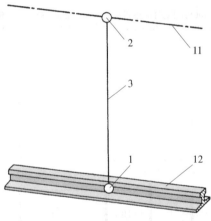

Bild 8.1.2 I Beispiel einer Vorrichtung mit Kurzschließseil zum Bahnerden

1 Anschließteil an Bahnerde (Fahrschiene)
2 Anschließteil an Fahrleitungsanlage
3 Kurzschließseil
11 Fahrleitungsanlage
12 Bahnerde (Fahrschiene)

Bild 8.1.2 H Einpolige Erdungs- und Kurz- schließvorrichtung am Leiterseil

Bild 8.1.2 J Einbringen einer Erdungs- und Kurzschließvorrichtung in die Fahrleitungsanlage

Bild 8.1.2 K Anschließteil an Bahnerde (Fahrschiene)

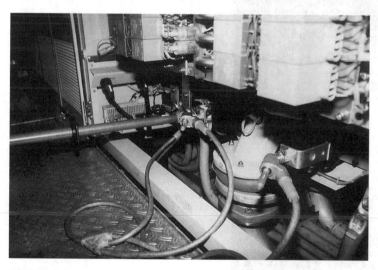

Bild 8.1.2 L Erden und Kurzschließen auf einer Elektro-Lokomotive der Deutschen Bahn AG

Bild 8.1.2 M Verbindungsstück in einer dreipoligen Erdungs- und Kurzschließvorrichtung

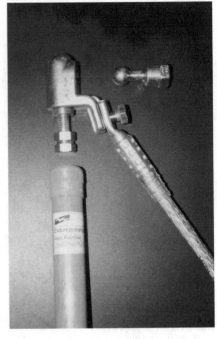

Bild 8.1.2 N Anschließteil für Kugelbolzen

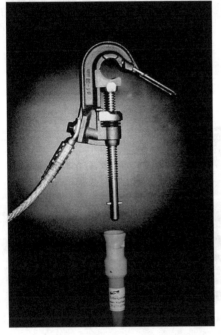

Bild 8.1.2 O Anschließteil für Leiterseil

Bild 8.1.2 Pa Anschließteil an Erdungsanlage mit Schraubzwinge am Kugelbolzen

Bild 8.1.2 Pb Anschließteil an Erdungsanlage; mit Flügelmutter am Erdanschlussstück

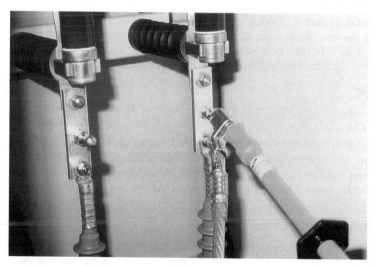

Bild 8.1.2 Q Kugelbolzen als Anschließstelle

Bild 8.1.2 R Bügelfestpunkt als Anschließstelle

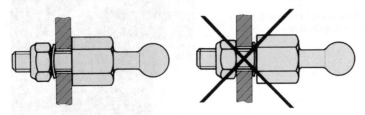

Bild 8.1.2 S Einbau eines Kugelbolzens als Anschließstelle an einer Leiterschiene

Anschließteil an Leiter

Anschließteil, das an einem Kurzschließseil, einer Kurzschließschiene oder einem leitenden Zwischenteil direkt oder über Zwischenglieder angebracht ist und zur Verbindung mit dem Leiter (Leiterseil, Stromschiene oder andere stromführende Leiter) oder über die Anschließstelle dient (siehe **Bilder 8.1.2 A/B/E**).

Anschließstelle

Teil in der Anlage zum Anbringen des Anschließteils (z. B. auch Festpunkte wie Kugelbolzen, Zylinderbolzen, Bügel, Haken, Schalen, Knauf) (siehe **Bild 8.1.2 Aa**).

Beim Einbau der Anschließstellen, z. B. Kugelbolzen, ist darauf zu achten, dass diese direkt auf den Leitern aufsitzen, ohne Zwischenelemente (z. B. U-Scheibe, Federring), denn infolge des zusätzlichen Übergangswiderstands könnten diese Zwischenelemente beim Durchgang des Kurzschlussstroms verglühen (siehe **Bild 8.1.2 S**).

Isolierende Hilfsmittel

Von Hand gehaltenes isolierendes Hilfsmittel zum Einbringen und Verbinden des Anschließteils mit Teilen der elektrischen Anlage zum Zweck des Erdens oder Erdens und Kurzschließens.

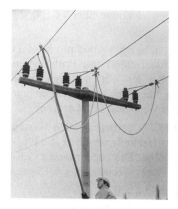 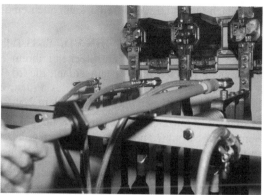

Bild 8.1.2 Ta Einbringen einer Erdungs- und Kurzschließvorrichtung mit Erdungsstange – in eine Freileitung

Bild 8.1.2 Tb Einbringen einer Erdungs- und Kurzschließvorrichtung mit Erdungsstange – in ein Schaltfeld

Erdungsstange

Isolierendes Hilfsmittel, bestehend aus einer isolierenden Stange (siehe **Bild 8.1.2 A**, $L_H + L_i$) mit einer Kupplung, fest oder lösbar (siehe Bild 8.1.2 A, Pos.-Nr. 14), für Anschließteil an Leiter, Kurzschließschiene oder leitendem Zwischenteil

Leitendes Zwischenteil

Starrer Leiter zwischen einer isolierenden Stange und einem Anschließteil an Leiter, der eine Verlängerung eines Erdungs- oder Kurzschließseils darstellt (siehe **Bild 8.1.2 Ab**).

Bemessungsstrom I_r und Bemessungszeit t_r

Einer Vorrichtung oder einem Teil der Vorrichtung zugeordnete Werte, die den höchsten Effektivwert des Stroms bzw. höchstes Joule-Integral ($I_r^2 \cdot t_r$) angeben, dem die Vorrichtung ohne unzulässige Auswirkungen standhalten kann. Die Werte gelten nur für die Teile, die für den Kurzschlussstrom ausgelegt sind.

Scheitelwert des Stoßstroms i_m

Scheitelwert des höchsten Stroms im transienten Bereich, wie er nach dem Zuschalten des Stromkreises auftritt.

8.1.3 Kennzeichnende elektrische Werte

Jedes Teil einer Erdungs- oder Erdungs- und Kurzschließvorrichtung, das dem Kurzschlussstrom standhalten muss, ist gekennzeichnet durch seine Kurzschlussbelastbarkeit (Strom/Zeit). Neben der in Deutschland gebräuchlichen Kennzeichnung nach DIN VDE 0683 Teil 1 kann auch eine Kennzeichnung über VDE 0683 Teil 100 erfolgen.

Bei der Kennzeichnung nach **DIN VDE 0683 Teil 1** (siehe auch Abschnitt 8.1.4.2) werden die Vorrichtungen entsprechend ihrem Seilquerschnitt mit Prüfströmen (bevorzugte Prüfzeit 0,5 s) beaufschlagt, die 20 % über den Werten nach **Tabelle 8.1.4.2 A** liegen. Der Scheitelwert des Prüfstroms liegt bei Vorrichtungen zur Verwendung in Anlagen über 1 kV bei dem 2,5fachen Wert dieser Prüfströme.

Erfolgt die Kennzeichnung nach **VDE 0683 Teil 100**, so werden aus den Werten Bemessungsstrom (I_r) und Bemessungszeit (t_r), beides Herstellerangaben, die Prüfströme über das jeweilige Joule-Integral ($I_r^2 \cdot t_r$) festgelegt. Die zugeordneten Prüfströme liegen je nach Prüfaufbau bei $1 \cdot I_r$ bis $1,5 \cdot I_r$, die Prüfzeiten bei $< 1,15 \cdot t_r$.

Genormte Bemessungszeiten sind 3 s, 2 s, 1 s, 0,5 s, 0,25 s und 0,1 s.

Auch hier beträgt der Scheitelwert des Prüfstoßstroms bei Vorrichtungen zur Verwendung in Anlagen über 1 kV den 2,5fachen Wert des Prüfstroms.

8.1.4 Anforderungen

8.1.4.1 Allgemeine Anforderungen

Freigeführte ortsveränderliche Geräte zum Erden und Kurzschließen müssen sicheres Erden und Kurzschließen der elektrischen Anlage ermöglichen (siehe Abschnitt 8.1.6).

Vorrichtungen, die entsprechend der Gebrauchsanleitung eingebracht wurden, müssen allen Beanspruchungen durch Fehlerströme, für die sie ausgelegt sind, standhalten, ohne dabei elektrische, mechanische, chemische oder thermische Gefahren für Personen hervorzurufen. Zur Anwendung in Innenräumen muss das Material des Geräts so gewählt und dimensioniert werden, dass das Auftreten von giftigen Dämpfen in einer Menge, die die Gesundheit von Personen gefährden oder Gebäude beschädigen oder den Fluchtweg für das Personal beeinträchtigen kann, vermieden wird.

Mit Rücksicht auf die klimatischen Bedingungen gilt für den üblichen Gebrauch ein Temperaturbereich zwischen –25 °C und +55 °C. Zusätzlich gibt es zwei besondere Kategorien für höhere (W) und niedrigere (E) Temperaturen (siehe **Tabelle 8.1.4.1 A**).

Kategorie	Temperaturbereich
Warm (W)	–5 °C bis +70 °C
Kalt (K)	–40 °C bis +55 °C

Tabelle 8.1.4.1 A Besondere Temperaturkategorien

8.1.4.2 Erdungs- und Kurzschließseile

Für Erdungs- und Kurzschließseile bestehen besondere Anforderungen bezüglich geringen Gewichts, Flexibilität in einem großen Temperaturbereich und Verhaltens bei hohen Temperaturen.

In der früheren nationalen deutschen Norm (DIN VDE 0683 Teil 1) waren für die Strombelastbarkeit der Erdungs- und Kurzschließvorrichtungen Diagramme enthalten (Beispiel siehe **Bild 8.1.4.2 A**)

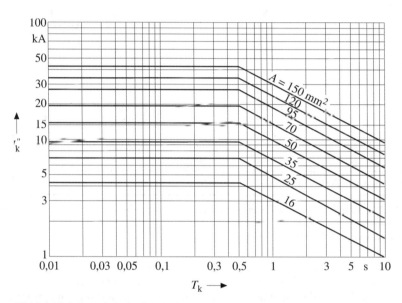

Bild 8.1.4.2.A Strombelastbarkeit der Kurzschließseile aus Kupfer zum Einsatz in Wechsel- und Drehstromanlagen
[Quelle: DIN VDE 0683 Teil 1]

Die Strombelastbarkeit war in Abhängigkeit von der Kurzschlussdauer, bezogen auf eine Endtemperatur der Seile bzw. Schienen von 250 °C, festgelegt worden. Diese Festlegungen haben sich international nicht durchgesetzt. In der Norm durften nur „Schutzziele" angegeben werden.

Beispiel: Bei Durchgang des Kurzschlussstroms darf die Seilhülle bei ihrer Erhitzung den Fluchtweg nicht verqualmen, keine giftigen Spaltprodukte und keine auf das Gebäude zerstörerisch wirkenden Spaltprodukte abgeben.

Die Werte aus den früheren Diagrammen waren die Grundlage für die Belastungstabelle (Tabelle 1), die in DIN VDE 0105 Teil 1:1983-07 enthalten war. Bei der

Harmonisierung dieser Betriebsbestimmung wurde diese Belastungstabelle nicht mehr in DIN VDE 0105-100 (VDE 0105 Teil 100):2000-06 „Betrieb von elektrischen Anlagen" aufgenommen. Die in **Tabelle 8.1.4.2 A** angegebenen Daten sind jedoch in den Erläuterungen zu Abschnitt 6.2.4.1 dieser Betriebsbestimmung (Band 13 der VDE-Schriftenreihe) enthalten und sind nach wie vor für den Praktiker eine wesentliche Hilfe.

Querschnitt des Kupferseils in mm²	Höchster zulässiger Kurzschlussstrom in kA während einer Dauer von				
	10 s	5 s	2 s	1 s	≤ 0,5 s
16	1,0	1,4	2,2	3,2	4,5
25	1,6	2,2	3,5	4,9	7,0
35	2,2	3,1	4,9	6,9	10,0
50	3,1	4,4	7,0	9,9	14,0
70	4,4	6,2	9,8	13,8	19,5
95	5,9	8,4	13,2	18,7	26,5
120	7,5	10,6	16,7	23,7	33,5
150	9,4	13,2	20,9	29,6	42,0
Diese Werte wurden nach DIN VDE 0683 Teil 1 ermittelt.					

Tabelle 8.1.4.2 A Belastungstabelle für Erdungs- und Kurzschließseile in Wechsel- und Drehstromanlagen
(Quelle: Erläuterungen zu DIN VDE 0105-100)

Für Erdungs- und Kurzschließseile wird nach wie vor eine Seilhülle verlangt. Diese hat eine wesentliche Funktion beim Schutz gegen mechanische und chemische Beanspruchung. Die Isolierung muss wegen der Kurzschlussbeanspruchung, wenn sie mechanischer Beanspruchung und Temperaturerhöhung als Folge des Kurzschlussstroms ausgesetzt ist, 50 V Effektivwert standhalten.

Damit die Seile beim Anschlagen an geerdete Gerüstteile und Betriebsmittel unter der dynamischen Wirkung des Stoßkurzschlussstroms nicht beschädigt werden (sei es mechanisch oder durch Lichtbogenbildung an dieser Stelle), wurden für die damalige nationale Bestimmung verschiedene Werkstoffe der Seilhülle in Kurzschlussversuchen unter praxisnahen Bedingungen geprüft (**Bilder 8.1.4.2 B/C**).

Der thermoplastische Kunststoff YM 2 hatte sich als geeignet für diese Beanspruchung erwiesen. Die Mindestwanddicken und zulässigen Abweichungen der Seilhüllen wurden in Abhängigkeit vom Seilquerschnitt festgelegt. Diese „konstruktiven Festlegungen" wurden im Zuge der Normen-Harmonisierung nicht übernommen. Hier durften nur „Schutzziele vorgegeben werden (wie in Abschnitt 8.1.6 ausgeführt).

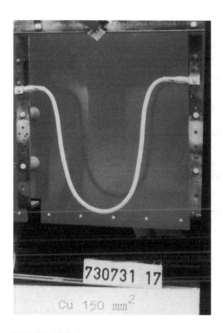

Bild 8.1.4.2 B Versuchsaufbau für Kurzschlussversuch; Kurzschließseil kann gegen oben angeordnete Winkeleisenkante schlagen

Bild 8.1.4.2 C Seilhülle (Hypalon) ist unter der dynamischen Wirkung durch Gegenschlagen aufgeplatzt

In der Praxis kommen für die Seilhülle zwei Farben in Betracht:

- Helle Farbe, wie z. B. Orange oder Rot für die bessere Sichtbarkeit der Vorrichtung in der Anlage. Die Wahl wird dem Anwender überlassen

- Transparenz der Seilhülle, um das Seil auf Anzeichen von Korrosion oder oberflächigen Einzeldrahtschaden prüfen zu können

Letztere Version war früher in der deutschen Bestimmung die alleinige Ausführung.

Erdungsseile zum Einsatz in Netzen mit unmittelbarer (starrer) Sternpunkterdung müssen denselben Querschnitt wie die entsprechenden Kurzschließseile oder -schienen haben. Erdungsseile zum Einsatz in gelöschten Netzen dürfen einen geringeren Querschnitt haben, aber nicht geringer als der in **Tabelle 8.1.4.2 B** angegebene.

Äquivalenter Kupferquerschnitt des Kurzschließseils und/oder der -schiene mm^2	Äquivalenter Kupfermindestquerschnitt des Erdungsseils mm^2
16	16
25	16
35	16
50	25
70	35
95	35
≥ 120	50

Tabelle 8.1.4.2 B Mindestquerschnitte der Erdungsseile in Abhängigkeit vom Querschnitt der Kurzschließseile und/oder der -schienen

Für Kurzschließschienen in Niederspannungsanlagen hat sich in der Praxis ein Erdungsseilquerschnitt von 50 mm^2 Cu eingeführt. Grund ist, dass trotz der Netze mit unmittelbarer Sternpunkterdung (TN-Netze) in der Regel immer dreipolige Schaltgeräte vorhanden sind und damit das Erdseil nicht mit dem vollen Kurzschlussstrom belastet wird.

8.1.4.3   Kurzschließschienen

Kurzschließschienen müssen für die höchsten im Betrieb auftretenden Ströme und Auswirkungen der Joule-Integrale ausgewählt werden.
Die Maße von Kurzschließschienen sind nicht genormt.

8.1.4.4   Verbindungen in der Erdungs- und Kurzschließvorrichtung

Für die Verbindung von Seilen mit starren Teilen wird eine hohe Beständigkeit gegen Ermüdung gefordert. Die Verbindungen müssen mit großer Sorgfalt hergestellt werden, um sicherzustellen, dass die festgelegten Mindesteigenschaften des

Seiles erhalten bleiben. Lötverbindungen sind nicht zugelassen. Wenn der Anschluss des Seiles über Zwischenteile wie z. B. Kabelschuhe erfolgt, muss die Verbindung Zwischenteil/Anschließteil gegen unbeabsichtigtes Lösen gesichert werden. Werden Schrauben oder Bolzen einzeln verwendet, muss Gleiten oder Verdrehen durch geeignete Mittel wie z. B. Sicherungsscheiben verhindert werden.

Anmerkung: Sicherungsscheiben dürfen sich nicht in dem Weg des Kurzschlussstroms befinden.

8.1.4.5 Anschließteile

Anschließteile müssen eine verlässliche Kontaktgüte sicherstellen und den thermischen und mechanischen Beanspruchungen durch Bemessungs-Kurzschlussströme standhalten.

Anzugskräfte dürfen keine Beschädigungen an den Anschließteilen oder Anschließstellen verursachen.

Anschließteile an Leiter müssen auf einfache Weise mit isolierenden Hilfsmitteln an Anschließstellen angeschlossen werden können, deren besondere Kenndaten (wie z. B. Größe, Form, Bewegungsfreiheit) zwischen Anwender und Hersteller zu vereinbaren sind. Wenn kein Festpunkt als Anschließstelle vorgesehen ist, muss das Anschließteil der Oberfläche und der Form des Leiters angepasst sein.

8.1.4.6 Vollständige Erdungs- und Kurzschließvorrichtung

Nach Anschluss der Vorrichtung entsprechend Gebrauchsanleitung muss diese bei versehentlichem Zuschalten gegen gefährliche Spannungen und Lichtbögen schützen.

Alle leitenden Teile und Verbindungen der Vorrichtung müssen den kombinierten thermischen und mechanischen Beanspruchungen, bedingt durch den Dauerkurzschlussstrom/Stoßkurzschlussstrom, standhalten.

Alle Seile einer Vorrichtung, die dem Kurzschlussstrom ausgesetzt sein können, müssen denselben Querschnitt haben.

Die Vorrichtung muss eine ausreichende Isolierung haben, um sicherzustellen, dass zeitweiliger Kontakt zwischen Teilen der Vorrichtung oder zwischen ihnen und umliegenden Anlageteilen keinen elektrischen Lichtbogen zur Folge hat. Für die Seile ist dies in Abschnitt 8.1.4.2 beschrieben. Für Verbindungsstücke und leitende Zwischenteile ist eine Isolierung grundsätzlich zu empfehlen.

8.1.4.7 Erdungs- und Kurzschließvorrichtungen sowohl für Niederspannungsanlagen als auch für Hochspannungsanlagen

Wenn Erdungs- und Kurzschließvorrichtungen sowohl in Anlagen bis 1000 V als auch in Anlagen über 1 kV eingesetzt werden sollen, müssen die Prüfanforderungen für Vorrichtungen über 1 kV eingehalten werden. Sind die Erdungs- und Kurzschließvorrichtungen **nur** für Anlagen bis 1000 V bestimmt, so muss die Bauform ihren Einsatz in Anlagen über 1 kV verhindern, oder sie müssen entsprechend gekennzeichnet sein.

Dieser Passus der früheren deutschen Bestimmung wurde im Rahmen der Normen-Harmonisierung nicht übernommen.

8.1.4.8 Mehrpolige Erdungs- und Kurzschließvorrichtungen für NH-Sicherungsunterteile

Für mehrpolige Erdungs- und Kurzschließvorrichtungen für NH-Sicherungsunterteile (**Bilder 8.1.4.8 A/B/C**) waren in der früheren deutschen Bestimmung ebenfalls Bau- und Prüfbestimmungen festgelegt. Wesentliches Kriterium war dabei, dass die „Erdungspatronen" infolge der dynamischen Wirkung des Kurzschlussstroms nicht aus den NH-Sicherungsunterteilen herausgeschleudert werden dürfen. Diese mehrpoligen Erdungs- und Kurzschließvorrichtungen sind in der Lieferausführung zu prüfen, wobei die NH-Sicherungsunterteile den unteren Grenzwert der Abzugskraft (entsprechend DIN VDE 0636 Teil 21) aufweisen müssen.

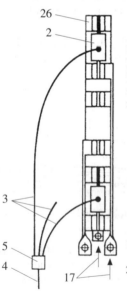

Bild 8.1.4.8 A
Prüfaufbau für mehrpolige Erdungs- und Kurzschließvorrichtungen für NH-Sicherungsunterteile

2 Anschließteil an Leiter: Erdungspatrone mit metallenem Kontaktmessser nach unten
3 Kurzschließseil
4 Erdungsseil
5 Verbindungsstück
17 Einspeisung des Prüfstroms
26 NH-Sicherungsleiste

Bild 8.1.4.8 B Erdungs- und Kurzschließvorrichtung im Kabelverteilerschrank

Bild 8.1.4.8 C Gefahrloses Erden
und Kurzschließen in einer Nieder-
spannungsverteilung mit einer voll-
isolierten Erdungs- und Kurzschließvorrichtung

Oben: Einsetzen der Erdungs-
        patrone
Mitte: Anschluss des Kurzschließ-
        seils
Unten: Außenleiter geerdet und
        kurzgeschlossen

Diese Art der Erdungs- und Kurzschließvorrichtungen ist in der harmonisierten Norm nicht mehr enthalten. Sie werden aber hier erwähnt.

Das Erden und Kurzschließen im Niederspannungsbereich setzt sich erfreulicherweise in der Praxis mehr und mehr durch, obwohl ein Erden und Kurzschließen im Niederspannungsbereich in DIN VDE 0105-100 nicht generell verlangt wird.

8.1.4.9 Isolierende Hilfsmittel

Isolierende Hilfsmittel müssen Sicherheit im Hinblick auf Isoliereigenschaften, Schutzabstand, Handhabung und Gewicht bieten.

- Kein Seil darf entlang der Erdungsstange geführt sein, weder innerhalb noch außerhalb; es sei denn, die Isolierung des Seils und/oder der Stange erfüllt die Anforderungen auf ausreichende Isolation entsprechend der Betriebsspannung der Anlage

- Die Erdungsstange und ihre Kupplungen müssen den Biege- und Torsionsbeanspruchungen durch Gewicht und Anzugskräfte standhalten. Die Durchbiegung muss so klein gehalten werden, dass unkontrollierte Bewegungen vermieden werden

- Regeln für die Auswahl von Erdungsstangen enthalten die Anhänge A und C der Bestimmung, hier Abschnitte 8.1.6 und 8.1.8

- Lösbare Kupplungen zwischen Erdungsstange und Anschließteil an Leiter oder leitendem Zwischenteil (siehe Bild 8.1.2 A, Pos.-Nr. 14) oder Kurzschließschiene müssen das Ansetzen und Abnehmen der Erdungsstange mit Zug- und Druckkräften ermöglichen, die den Wert von 100 N nicht überschreiten. Wenn die Erdungsstange nur durch Ziehen oder Drücken allein entkuppelt werden kann, darf die Auslösekraft nicht weniger als 50 N betragen

Das Einhalten der Anforderungen wird durch Messen nachgewiesen.

8.1.4.10 Aufschriften

8.1.4.10.1 Allgemeines

- die Aufschriften müssen gut lesbar sein
- die Schrifthöhe muss mindestens 3 mm betragen
- die Aufschriften müssen dauerhaft sein

Das Einhalten der Anforderungen wird durch Prüfung nach Abschnitt 8.1.5.8 und Sichtprüfung nachgewiesen.

8.1.4.10.2 Aufschriften auf Erdungs- und Kurzschließvorrichtungen

Auf Erdungs- und Kurzschließvorrichtungen müssen folgende Aufschriften vorhanden sein:

- Name oder Warenzeichen des Herstellers
- Typ der Vorrichtung
- Querschnittsangabe in mm^2, Material und Doppeldreiecke auf jedem Seil in Abständen von 1 m
- Herstellungsjahr

8.1.4.10.3 Aufschriften auf Erdungs- und Kurzschließvorrichtungen entsprechend Vereinbarung

Daten von Erdungs- und Kurzschließvorrichtungen, die in der Produktbeschreibung des Herstellers enthalten sind und die nach Vereinbarung zwischen Anwender und Hersteller als Aufschriften auf der Vorrichtung anzubringen sind, können zusätzlich festgelegt werden.

8.1.4.10.4 Aufschriften auf isolierenden Hilfsmitteln

Regeln für Aufschriften für die verschiedenen Arten der isolierenden Hilfsmittel sind in den zutreffenden Normen enthalten, und für Erdungsstangen gelten die Regeln von Abschnitt 8.1.8.

8.1.4.11 Gebrauchsanleitung

Die vom Hersteller beizulegende Gebrauchsanleitung muss mindestens folgende Angaben enthalten:

- Erläuterung der Aufschriften und (falls erforderlich) die erforderliche Anleitung für den Zusammenbau
- Anleitung für Kontrolle und Instandhaltung
- Hinweise für Anschließen und Befestigen
- Drehmomentwerte und die Art der Sicherung von Verschraubungen, die durch den Anwender gelöst werden dürfen
- Bemessungswerte (I_r, t_r)
- zutreffende Temperaturkategorie(n)
- gegebenenfalls Angabe der Einschränkungen bei Innenraum-Anwendung der Vorrichtung
- Festlegung weiterer Hersteller-Kennwerte der Vorrichtung
- Reparatur durch den Hersteller nach sorgfältiger Prüfung (Ermüdungsprüfung an Seilen mit Endverbindern)
- Hinweis, dass Vorrichtungen (gemäß Abschnitt 8.1.5.2) nach Beanspruchung mit Kurzschlussstrom nicht weiterverwendet werden dürfen

Das Einhalten dieser Forderungen wird durch Sichtprüfung nachgewiesen.

8.1.5 Prüfungen

8.1.5.1 Allgemeines

Tabelle 8.1.5.1 A enthält die Zusammenstellung der 17 Prüfungen. Weitere Vereinbarungen über zusätzliche Prüfungen nach Anwenderangaben können zwischen Anwender und Hersteller getroffen werden.

Liste der Prüfungen	Typprüfung	Stückprüfung	Stichprobenprüfung
Feststellung der vorgeschriebenen Klimaeignung und des Anwendungsgebiets der Seile und Isolierbauteile	×	×	
Überprüfen des Materials und der angegebenen Leiterquerschnitte	×	×	
Prüfen der Verbindungen	×	×	
Prüfen des Knickschutzes an Seilen mit Verbindungsstücken	×[1]		×
Prüfung der Beständigkeit gegen Korrosion von Kupferseilen mit Verbindungsstücken	×[1]		
Prüfung der Zugfestigkeit von Seilen in Anschließstellen	×[1]		×
Eignung von leiterseitigen Anschließstellen	×		
Prüfung der mechanischen Festigkeit von Anschließteilen, Anschließstellen und Verbindungen innerhalb der Vorrichtung	×[1]		
Überprüfen der vollständigen Isolierung der leitenden Teile	×	×	
Prüfung der Kurzschlussfestigkeit	×[2]		
Überprüfen der Verbindungs- und der Abzugskräfte von Erdungsstangen mit trennbaren Kupplungen	×		×
Feststellen, dass weder innerhalb noch außerhalb der Erdungsstange ein Seil geführt ist	×	×	
Prüfen der Aufschriften	×	×	
Prüfung der Dauerhaftigkeit der Aufschriften	×		×
Feststellen, ob die Gebrauchsanleitung der Herstellers mitgeliefert wurde und ausreichend ist	×	×	
Biegeprüfung an der Erdungsstange	×		×
Prüfung der Verdrehungsfestigkeit an Erdungsstangen mit Kupplungen	×		×
1) Prüfung an Prüfstücken 2) Prüfung an der Vorrichtung			

Tabelle 8.1.5.1 A Prüfungen mit Angabe der Prüfung und der Prüfungsart

8.1.5.2 Ermüdungsprüfung an Seilen mit Anschließteilen/Verbindungsstücken

Jeder Typ dieser Seilanschlüsse wird einer kombinierten Biege- und Verdrehungsprüfung unterzogen. Der Prüfaufbau ist in **Bild 8.1.5.3 A** dargestellt. Das Gewicht (Bild 8.1.5.3 A) ist abhängig vom zu prüfenden Seilquerschnitt. Prüfanordnung und -durchführung sind vorgegeben.
Die Prüfung ist bestanden, wenn:

- kein Riss oder Knick an der Seilhülle festzustellen ist

- nicht mehr als 1 % der Leiter-Einzeldrähte gebrochen ist.

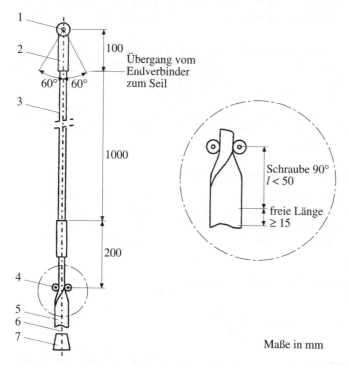

Bild 8.1.5.3 A Vorrichtung für die Ermüdungsprüfung mit Biegen und Verdrehen

1 Achse für Schwenkbewegung
2 Übergang vom Seil zum Anschließteil bzw. Verbindungsstück
3 Seil
4 Führungsrollen, freier Abstand 6 mm + 1 mm
5 Schiene, 40 mm × 5 mm
6 Draht
7 Gewicht

305

Dabei ist zur Prüfung die Seilhülle am Übergang zum Anschließteil/Verbindungsstück zu entfernen und das Seil in Einzeldrähte aufzudrallen (da die Schädigung des Leiters auch im Innern beginnen kann).

8.1.5.3 Prüfung auf Eindringen von Feuchtigkeit an Vorrichtungen mit Kupferseilen

Die Prüfung auf Eindringen von Feuchtigkeit an einer Vorrichtung mit Kupferseilen muss in Verbindung mit der Prüfung der Wirksamkeit des Knickschutzes (Bild 8.1.5.3 A) erfolgen.

In der Praxis hat sich gezeigt, dass durch die Einwirkung von Feuchtigkeit das Kupferseil unter der Seilhülle korrodieren kann, was eine Querschnittsminderung verursachen kann.

Durch umfangreiche Versuche wurde bestätigt, dass die neuralgische Stelle für das Eindringen von Feuchtigkeit unter die Seilhülle am Übergang vom Seil zum festen Teil, wie z. B. Anschließteil, Verbindungsstück, liegen kann. Daneben ist Diffusion von Feuchtigkeit durch den PVC-Mantel der Seilhülle nicht auszuschließen.

Die Prüfung auf Eindringen von Feuchtigkeit ist bestanden, wenn nach dem Eintauchen des mechanisch vorgeprüften Prüfstücks in eine Prüflösung keine Schwarzfärbung am Kupferseil sichtbar ist.

8.1.5.4 Zugprüfung an Seilen mit Anschließteilen

Alle Arten der Verbindungen von Seil mit Anschließteil, Seil mit Verbindungsstück und Seil mit leitendem Zwischenteil sind zu prüfen. Jedes Prüfstück ist mit in mindestens 10 s linear auf die Werte nach **Tabelle 8.1.5.4 A** ansteigenden Zugkräften zu belasten. Die festgelegte Zugkraft ist 30 s beizubehalten und dann zurückzufahren.

Die Prüfung ist bestanden, wenn sich keine Verbindung gelöst hat.

Seilquerschnitt A in mm^2	Zugkraft F in N	
	Kupfer	Aluminium
≤ 50	$100 \times A$	
> 50	$80 \times A$	Werte in Beratung

Tabelle 8.1.5.4 A Zugprüfung an Seilen und Verbindungen

8.1.5.5 Prüfung der mechanischen Festigkeit von Anschließteilen, Anschließstellen und Verbindungen in Vorrichtungen

Die Prüfung der Anschließteile erfolgt durch deren Anschließen in der vom Hersteller angegebenen Weise an Anschließstellen und an Leiter mit Maßen, Formen und Oberflächen, für welche die Anschließteile ausgelegt sind. Die Prüfung von

Anschließteilen, die für einen Bereich von Leiterabmessungen bestimmt sind, ist auf Prüfungen mit dem größten und dem kleinsten Leiter begrenzt.

Wenn vom Hersteller Mindest-Anzugskräfte angegeben werden, ist mit dem Doppelten dieser Kräfte zu prüfen. Wenn dies nicht der Fall ist, müssen die in der Praxis vorkommenden maximalen Kräfte angewendet werden.

Verbindungen innerhalb von Vorrichtungen, die vom Anwender gelöst werden können, müssen mit dem Doppelten der empfohlenen Anzugskräfte geprüft werden.

Die Prüfung ist bestanden, wenn kein Teil der Vorrichtung oder der Anlage eine Verformung oder andere Beschädigung aufweist, die den weiteren Gebrauch beeinträchtigen könnte.

8.1.5.6   Prüfung der Kurzschlussfestigkeit

Die Prüfung der Kurzschlussfestigkeit muss die ungünstigsten Beanspruchungen wiedergeben, denen eine Kurzschließvorrichtung in der Praxis ausgesetzt sein kann. Die während eines Kurzschlusses auf die Kurzschließvorrichtung einwirkenden elektromagnetischen Kräfte sind abhängig vom Anlageaufbau, der Lage der Anschließstellen und bei Vorrichtungen mit Seilen von der Seillänge im Verhältnis zum Abstand zwischen den Anschließstellen.

Mehrpolige Kurzschließvorrichtungen sind in zweipoligen Prüfaufbauten zu prüfen. Einpolige Prüfaufbauten dürfen nur zum Prüfen einpoliger Vorrichtungen zum Einsatz in Einphasennetzen und für Erdungsseile mehrpoliger Vorrichtungen verwendet werden.

Wenn das Gerät für einen Bereich von Leiterdurchmessern ausgelegt ist, muss die Prüfung jeweils mit einem Leiter mit minimalem Durchmesser und einem Leiter mit maximalem Durchmesser durchgeführt werden.

Prüfaufbauten sind in den **Bildern 8.1.5.6 A/B/C** dargestellt. Diese müssen mit Anschließstellen und Leitern mit Maßen, Formen und Oberflächen, für welche die zu prüfenden Anschließteile ausgelegt sind, ausgerüstet sein. Die Prüfaufbauten zum Prüfen von Vorrichtungen mit Anschließteilen, die für einen Bereich von Leiterabmessungen bestimmt sind, sind auf Prüfaufbauten für je den größten und kleinsten Leiter zu begrenzen. Vorrichtungen, die nicht zu den genormten Prüfaufbauten passen, sind entweder in besonderen Prüfaufbauten in Anlehnung an die genormten Prüfaufbauten oder in weitgehender Übereinstimmung mit den Anlagen, für die die Vorrichtungen bestimmt sind, zu prüfen.

Prüfaufbauten zum Prüfen mehrpoliger Erdungs- und Kurzschließvorrichtungen zum Anschluss zwischen starren Leitern sind in Bild 8.1.5.6 A festgelegt. Eine senkrechte Prüfanordnung mit Einspeisung von unten gilt in jedem Fall als ungünstigste Prüfbedingung.

Prüfaufbauten nach Bild 8.1.5.6 B sind bestimmt zum Prüfen mehrpoliger Erdungs- und Kurzschließvorrichtungen zum Anschluss zwischen Leiterseilen von Freileitungen.

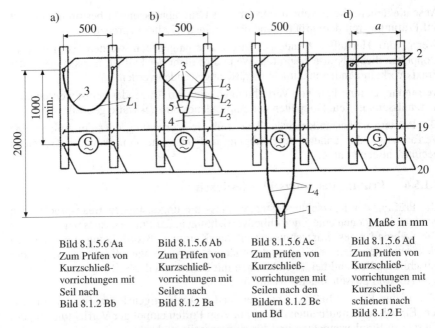

Bild 8.1.5.6 Aa	Bild 8.1.5.6 Ab	Bild 8.1.5.6 Ac	Bild 8.1.5.6 Ad
Zum Prüfen von Kurzschließvorrichtungen mit Seil nach Bild 8.1.2 Bb	Zum Prüfen von Kurzschließvorrichtungen mit Seilen nach Bild 8.1.2 Ba	Zum Prüfen von Kurzschließvorrichtungen mit Seilen nach den Bildern 8.1.2 Bc und Bd	Zum Prüfen von Kurzschließvorrichtungen mit Kurzschließschienen nach Bild 8.1.2 E

Bild 8.1.5.6 A Prüfaufbau zum Prüfen mehrpoliger Kurzschließvorrichtungen für den Anschluss an starre Leiter (Schienen)

a Abstand zwischen den Anschließstellen, von Fall zu Fall zu entscheiden

L_1 Seillänge zwischen den Anschließteilen, 1000 mm

L_2 Seillänge zwischen Anschließteil und Verbindungsstück, 750 mm

L_3 Länge des kurzen Seilstücks (Nachbildung), 300 mm

L_4 Seillänge zwischen den Anschließteilen, 2500 mm

1   Anschließteil an Erdungsanlage (im Prüfaufbau elektrisch isoliert)

2   Anschließteil an Leiter

3   Kurzschließseil

4   Erdungsseil

5   Verbindungsstück

17   Kurzschließschiene

19   Leiter des Prüfaufbaus, für die zu prüfenden Anschließteile ausgelegt

20   Einspeisestellen des Prüfstroms

Bild 8.1.5.6 A zeigt den Prüfaufbau für

- einpolige Vorrichtungen für Freileitungen in Einphasennetzen
- Erdungsseile von mehrpoligen Vorrichtungen für Freileitungen

Der zu prüfende Ast Anschließteil – Anschließteil ist im zugeordneten Prüfaufbau entsprechend den Bildern 8.1.5.6 A/B/C anzuschließen.

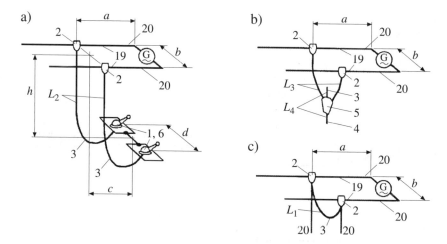

Bild 8.1.5.6 B Prüfaufbauten zum Prüfen mehrpoliger Kurzschließvorrichtungen für Freileitungen
a) Prüfaufbau mit Vorrichtungen nach den Bildern 8.1.2 Bc und Bd
b) Prüfaufbau für Vorrichtungen nach Bild 8.1.2 Ba
c) Prüfaufbau für Vorrichtungen nach Bild 8.1.2 Bd

a Abstand zwischen Einspeisung des Prüfstroms und dem Anschließteil an Leiter, mindestens 2000 mm
b waagrechter Abstand zwischen den Leiterseilen des Prüfaufbaus, 1000 mm
     Anmerkung: Andere Werte von b können entsprechend der Höhe des Kurzschlussstroms verwendet werden.
c waagrechte Entfernung zwischen Anschließstelle an Erdungsanlage und Anschließstelle am Leiter, 1000 mm
d minimaler Abstand nach Gebrauchsanleitung des Herstellers; wenn kein Wert angegeben ist, ist die Prüfung mit $d = 0$ durchzuführen
h senkrechter Abstand zwischen der Anschließstelle am Leiter und der Anschließstelle an der Erdungsanlage, 4000 mm
L_1 Seillänge zwischen den Anschließteilen, 2000 mm
L_2 Seillänge zwischen Anschließteil am Leiter und Anschließteil an der Erdungsanlage, 5000 mm
L_3 Seillänge zwischen Anschließteil am Leiter und dem Verbindungsstück, 1500 mm
L_4 Länge des kurzen Seilstücks (Nachbildung), 300 mm

1	Anschließteil an Erdungsanlage (im Prüfaufbau elektrisch isoliert)	6	Anschließstelle an Erdungsanlage (im Prüfaufbau elektrisch isoliert)
2	Anschließteil am Leiter	19	Leiter des Prüfaufbaus, für die das zu prüfende Anschließteil ausgelegt ist
3	Kurzschließseil		
4	Erdungsseil	20	Einspeisestellen des Prüfstroms
5	Verbindungsstück		

a)

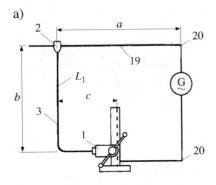

a) Prüfaufbau für einpolige Vorrichtungen
für Freileitungen in einphasigen Netzen

b)

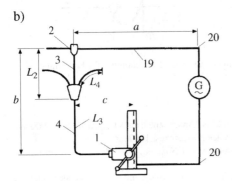

b) Prüfaufbau für Erdungsseile
in mehrpoligen Vorrichtungen
für Freileitungen

Bild 8.1.5.6 C Prüfaufbauten zum Prüfen einpoliger Vorrichtungen für Freileitungen in einphasigen Netzen und von Erdungsseilen in mehrpoligen Vorrichtungen für Freileitungen

a Abstand zwischen Anschließteil an Leiter und Einspeisung des Prüfstroms, mindestens 2000 mm

b senkrechter Abstand zwischen Leiterseil und der Anschließstelle an Erdungsanlage, 4000 mm

c waagrechte Entfernung zwischen Anschließstelle am Leiter und Anschließstelle an der Erdungsanlage, 1000 mm

L_1 Länge des Kurzschließseils zwischen dem Anschließteil am Leiter und dem Anschließteil an der Erdungsanlage, 5000 mm

L_2 Gesamtlänge des Kurzschließseils und Verbindungsstück, 1500 mm

L_3 Länge des Erdungsseils zwischen Verbindungsstück und Anschließteil an Erdungsanlage, 3500 mm

L_4 Länge des kurzen Seilstücks (Nachbildung), 300 mm

 1   Anschließteil an Erdungsanlage (im Prüfaufbau elektrisch isoliert)

 2   Anschließteil an Leiter

 3   Kurzschließseil

 4   Erdungsseil

 5   Verbindungsstück

19   Leiter des Prüfaufbaus, die für das zu prüfende Anschließteil ausgelegt sind

20   Einspeisestellen des Prüfstroms

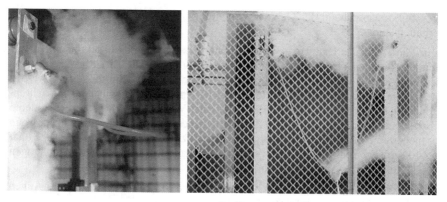

Bild 8.1.5.6 D Kurzschließseile während der Kurzschlussprüfung
links: einpolige Vorrichtung
rechts: mehrpolige Vorrichtung

Prüfwerte und die Dokumentation der Auswertung sind in der Norm (Abschnitte 6.6.6 und 6.6.7) beschrieben.

Im **Bild 8.1.5.6 D** sind Aufnahmen, die während Kurzschlussversuchen gemacht wurden, wiedergegeben.

8.1.5.7 Prüfung der Beständigkeit der Aufschriften

Die Beständigkeit der Aufschriften wird durch 15 s dauerndes Reiben der Aufschriften mit einem in Seifenwasser getränkten Tuch und anschließend durch Reiben für weitere 15 s mit einem in Testbenzin getränkten Tuch geprüft.

Die Prüfung ist bestanden, wenn die Aufschriften nach der Prüfung noch gut lesbar sind.

8.1.6 Anleitungen für Auswahl, Gebrauch und Instandhaltung der Erdungs- und Kurzschließvorrichtung

8.1.6.1 Allgemeines

Das Erden und Kurzschließen von freigeschalteten Teilen elektrischer Anlagen wird vorgenommen, um gefährliche Spannungen und Lichtbögen im Fall eines unbeabsichtigten Wiedereinschaltens zu verhindern. Ein elektrischer Lichtbogen in der Nähe des Bedienungspersonals kann dessen Tod oder schwere Verbrennungen bewirken. Bei Verwendung von Erdungs- und Kurzschließvorrichtungen nach dieser Norm können gefährliche Spannungen und Lichtbögen verhindert werden, vorausgesetzt, dass die Vorrichtungen richtig bemessen, für den Anwendungsbereich ausgewählt, entsprechend der Gebrauchsanleitung angebracht und in gutem Zustand erhalten sind.

Zur Förderung des Hauptzwecks, gefährliche Spannungen und Lichtbögen zu verhindern, werden kleinere Risiken in Kauf genommen. Die Erfahrung zeigt, dass Erdungs- und Kurzschließvorrichtungen leicht anwendbar sein müssen. Es werden deshalb höchstmögliche Temperaturen zugelassen, um das Gewicht der Vorrichtungen klein halten zu können. Das Berühren einer Vorrichtung kurze Zeit nach deren Kurzschlussbeaufschlagung kann dem Bedienenden Verbrennungen zufügen, wenn er nicht durch Schutzkleidung hiergegen geschützt ist. Isolierstoffe, die giftige und/ oder korrosive Spaltprodukte hervorrufen, werden mit folgenden Einschränkungen für die Innenraum-Anwendung zugelassen:

- Der Fluchtweg darf nicht durch schlechte Sicht oder durch Reizung der Augen oder der Atmung beeinträchtigt werden

- Es darf keine Vergiftung bei kurzer Einwirkungsdauer auftreten

- Anlagen und Gebäude dürfen nicht bleibend geschädigt werden

8.1.6.2 Auswahl

Erdungs- und Kurzschließvorrichtungen sind so auszuwählen, dass sie dem größten zu erwartenden Dauerkurzschlussstrom und dem größten zu erwartenden Stoßkurzschlussstrom während der gewählten Gesamtausschaltzeit standhalten. Dies wird von einer Erdungs- und Kurzschließvorrichtung erreicht, deren Bemessungsstrom nicht geringer als der Dauerkurzschlussstrom ist und deren Joule-Integral aus Bemessungsstrom und Bemessungszeit nicht geringer als das aus dem Kurzschluss-Fehlerstrom und der Gesamtausschaltzeit ist. Der Anwender muss entscheiden, ob der Gesamtausschaltzeit die Ausschaltzeit des Haupt- oder die des Reserveschutzes zugrunde zu legen ist. Wenn automatisches Wiedereinschalten nach dem Zuschalten eines kurzgeschlossenen Anlageteils nicht wirksam verhindert werden kann, muss eine gleichwertige Gesamtausschaltzeit ermittelt werden.

Bei Innenraumanwendung können die für die gewählten Isolierstoffe geltenden Temperaturbegrenzungen eine besondere Bemessung der Erdungs- und Kurzschließvorrichtung erforderlich machen.

Die Längen von Kurzschließseilen müssen an die Anlagenmaße und an die Abstände zwischen den Anschließstellen angepasst sein. Eine Seillänge von weniger als dem 1,2fachen Abstand zwischen den Anschließstellen kann zu schlechteren Bedingungen als im genormten Prüfaufbau führen und muss deshalb vermieden werden. Zu lange Kurzschließseile hätten jedoch unzulässig hohe Spannungen und unnötig große Bewegungen zur Folge.

Erdungsseile, die nicht mit dem Kurzschlussstrom geprüft werden, müssen so lang sein, dass sie im Kurzschlussfall nicht die Bewegung der Kurzschließvorrichtung begrenzen und die Kraftwirkungen nicht nachteilig beeinflussen.

Anschließstellen, Anschließteile und isolierende Hilfsmittel müssen so ausgewählt werden, dass einfaches Anschließen in der Anlage möglich ist. Das Gewicht der Teile der Vorrichtung muss so gewählt werden, dass die bei deren Anbringen an die Leiter aufzuwendenden Kräfte sich im Rahmen der Fähigkeiten des Bedienenden halten.

Die sichere Isolation für den Bedienenden wird durch richtige Anwendung isolierender Hilfsmittel erreicht. Die Länge einer Erdungsstange ist üblicherweise nicht durch ihre Isoliereigenschaften bestimmt, sondern durch die Bedingung, den Bedienenden genügend weit von ungeerdeten Teilen der elektrischen Anlage beim Erden und Kurzschließen entfernt zu halten.

8.1.6.3 Gebrauch

Um Gefahren durch Restspannungen beim Anbringen der Vorrichtung zu vermeiden, muss diese zuerst mit der Erdungsanlage verbunden werden. Das weitere Anschließen wird mit isolierenden Hilfsmitteln bis zum vollständigen Verbinden und Befestigen der Vorrichtung ausgeführt.

Wenn die Vorrichtung einem Kurzschlussstrom ausgesetzt wird, kann sie sich heftig bewegen. Da die thermische Ausnutzung des Leitermaterials wegen der Gewichtsbegrenzung hoch ist, wird die Vorrichtung im Kurzschlussfall hohe Temperaturen erreichen. Aus diesen Gründen sollte ihre Anbringung in unmittelbarer Nähe des Arbeitsplatzes des Personals genauso vermieden werden wie ihre Anbringung in Fluchtwegen.

Lange Kurzschließseile sind an festen Gegenständen zu befestigen. Große Abstände oder große Widerstände zwischen dem Anschlussort der Vorrichtung und dem Arbeitsplatz können erhöhte Spannungsgefährdungen bewirken.

8.1.6.4 Instandhaltung, Ausschluss von der Wiederverwendung

Aus Sicherheitsgründen müssen Erdungs- und Kurzschließvorrichtungen mit großer Sorgfalt behandelt werden. Sie müssen vor jeder Anwendung gründlich überprüft werden. Jede Beschädigung der Seilhülle oder jedes Hervortreten des blanken Leiterseils muss als schwerer Schaden angesehen werden und muss die Weiterverwendung ausschließen.

Die Ermüdungsprüfung nach Abschnitt 8.1.5.3 sollte für gut behandelte Erdungs- und Kurzschließvorrichtungen einen zuverlässigen Seilzustand für etwa fünf Jahre bei im Fahrzeug mitgeführten und etwa zehn Jahre bei stationären Vorrichtungen sicherstellen. Nach diesen Zeitspannen, die durch Erfahrungen korrigiert werden können, wird eine (zerstörende) Prüfung wie nach der Ermüdungsprüfung empfohlen. Der Wiederzusammenbau anschließend an das Abschneiden beanspruchter Seilbereiche muss in voller Übereinstimmung mit der Typbezeichnung erfolgen. Der jeweilige Seilzustand wird dann die Dauer der folgenden Nutzung bestimmen.

Eine Vorrichtung, die einem Kurzschlussstrom ausgesetzt wurde, muss von der Wiederverwendung ausgeschlossen werden, bis durch gründliche Untersuchung, Berechnung und Sichtprüfung nachgewiesen wurde, dass diese Beanspruchung so weit unterhalb der zulässigen geblieben ist, dass sich keine bleibenden mechanischen oder thermischen Beeinträchtigungen ergeben. Wenn auch nur der kleinste Zweifel am sicheren Zustand der Erdungs- und Kurzschließvorrichtung bestehen bleibt, muss die Weiterverwendung endgültig ausgeschlossen werden.

8.1.7 Stichprobenverfahren

Die **Tabelle 8.1.7 A** gibt den Stichprobenumfang und die Anzahl der Fehler für Annahme und Zurückweisung bei gegebener Losgröße an.

Anzahl der Proben	wie in den Anforderungsabschnitten angegeben
Los- oder Fertigungsumfang	Serien aus der laufenden Fertigung (oder Lieferung, falls zwischen Kunden und Hersteller vereinbart)
Annehmbare Qualitätsgrenzlage (AQL)	2,5
Annahmeniveau	S-4 für Losumfang bis 1200 S-3 für Losumfang über 1200

Tabelle 8.1.7 A Stichprobenumfang, Anzahl der Fehler, Losgröße

Tabelle 8.1.7 B zeigt den Stichprobenplan für normale Prüfungen.

Losumfang	Stichprobenumfang	Annahmezahl	Rückweisezahl
2 bis 150	5	0	1
151 bis 1200	20	1	2
1201 bis 35 000	20	1	2

Tabelle 8.1.7 B Einfach-Stichprobenplan für normale Prüfung

8.1.8 Vorläufige Regeln für Auswahl und Prüfung von Erdungsstangen

Die Auswahl von isolierenden Hilfsmitteln bezüglich Auslenkungs-, Biegungs- und Verdrehungseigenschaften soll nach EN 60855 und EN 61235 erfolgen.

8.1.8.1 Auswahl

Grunddaten von Erdungsstangen sind der **Tabelle 8.1.8.1 A** zu entnehmen, abhängig von der Anwendung und nach Vereinbarung zwischen Anwender und Hersteller.

314

Anforderungen, die von denen in der Tabelle abweichen, müssen Gegenstand besonderer Vereinbarungen zwischen Anwender und Hersteller sein.

Stangenkategorie	Biegekraft N	Gesamtlänge m	Maximale Auslenkung m
Leicht (L)	25	1	15
	25	2	35
Normal (S)	50	2	65
	50	4	500
Verstärkt (R)	100	2	65
	100	4	500
	100	5	1000

Tabelle 8.1.8.1 A Grundlaten der Erdungsstangen

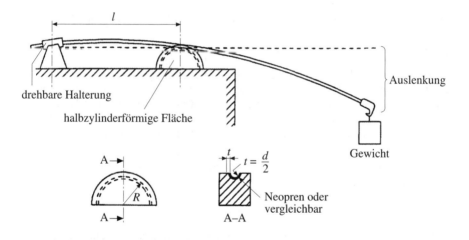

Bild 8.1.8.2 A Aufbau für die Biegeprüfung von Erdungsstangen

$l = 0,5$ m für Stangenlänge ≤ 2 m
$l = 1,0$ m für Stangenlänge über 2 m
$R = 100$ mm
d ist der Durchmesser der Erdungsstange in der Halterung

8.1.8.2   Biegeprüfung

Die Biegeprüfung ist an drei vollständigen Erdungsstangen durchzuführen. Wenn eine Erdungsstange aus mehreren Teilen besteht, ist sie vor der Prüfung zusammenzusetzen. Stangen, die zur Erreichung größerer Längen zusammengesetzt werden können, sind in allen möglichen Längenkombinationen bis zu einer maximalen Länge von 5 m zu prüfen.

Die Prüflinge sind waagrecht nach **Bild 8.1.8.2 A** zu befestigen. Das Stangenende auf der Handhabungsseite ist in einer drehbaren Halterung befestigt. Ein Zwischenstück der Stange liegt lose auf einer halb zylinderförmigen Fläche auf. Diese halb zylinderförmige Fläche ist mit einer Rille versehen, die mit Neopren oder vergleichbarem Material mit einem Härtegrad 40 bis 50 IRHD (**I**nternational **R**ubber **H**ardness **D**egree) nach ISO 48 von 6 mm Dicke ausgekleidet ist. Die Maße dieser Stütze sind in Bild 8.1.8.2 A angegeben.

Die Auslenkung wird für jeden Prüfling ermittelt, wenn er mit den Biegekräften nach Tabelle 8.1.8.1 A belastet wird. Die Prüfung ist bestanden, wenn die Durchbiegungen nicht die in der Tabelle angegebenen überschreiten.

Die Biegekraft wird dann auf 150 % der in der Tabelle angegebenen Biegekraft gesteigert und 30 s aufrechterhalten.

Die Prüfung ist bestanden, wenn kein Anzeichen von Versagen gegeben ist.

8.1.8.3   Verdrehungsprüfung

Es werden drei vollständige Stangen mit Kupplungen geprüft. Die Stange darf bei der Prüfung keinen Biegekräften ausgesetzt sein. Die Kupplung an einem Stangenende wird in einer bestimmten Stellung gehalten. Ein Drehmoment von 40 Nm wird am anderen Ende 1 min aufgebracht. Der Drehwinkel wird gemessen. Die Prüfung wird dann mit einem in entgegengesetzter Richtung aufgebrachten Drehmoment wiederholt.

Die Prüfung ist bestanden, wenn der Gesamtwinkel beider Prüfungen 25 °/m Stangenlänge nicht übersteigt.

8.1.8.4   Aufschriften

Jede Erdungsstange muss mindestens mit folgenden Angaben versehen sein:

- Name oder Warenzeichen des Herstellers
- Typ
- Herstellungsdatum (Jahr und, falls möglich, Monat)
- Nummer der Gerätenorm

Die **Bilder 8.1.8.4 A/B/C** zeigen beispielhafte Beschilderungen verschiedener Erdungsstangen.

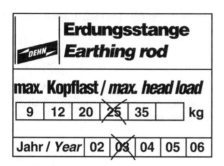

Bild 8.1.8.4 A Typenschild einer einstückigen Erdungsstange

Bild 8.1.8.4 B Typenschild einer ausziehbaren Erdungsstange

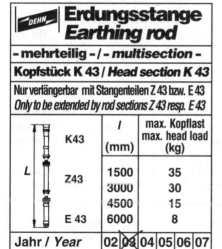

Bild 8.1.8.4 C Typenschild einer zusammensetzbaren Erdungsstange

8.1.9 Zusätzliche Anforderungen und Prüfungen für Vorrichtungen mit parallel angeschlossenen Seilen

8.1.9.1 Anforderungen

Parallel angeschlossene Seile müssen identisch sein und eine gleichmäßige Aufteilung des Stroms ermöglichen. Um eine gleichmäßige Stromaufteilung zu erhalten, müssen folgende Daten angeschlossener Seile übereinstimmen:

- Typ (Querschnitt, Verseilung, Material)

- Länge

- Verbindungen mit Anschließteilen

- Verbindungen mit Verbindungsstücken (falls vorhanden)

Ein Anschließteil für jedes Ende paralleler Seile ist zu bevorzugen. Falls zwei oder mehr Anschließteile parallel benutzt werden, müssen diese gleich sein und so nahe beieinander angeschlossen werden, dass eine gleichmäßige Stromaufteilung sichergestellt ist. Etwaiger Zweifel muss durch die Wahl von Seilen mit höherem Bemessungsstrom ausgeschlossen werden. Mehrpolige Vorrichtungen dürfen nur ein Verbindungsstück haben (siehe **Bilder 8.1.9.2 Ab/ Bc/Cb**).

8.1.9.2 Prüfungen

Prüfaufbauten müssen den **Bildern 8.1.9.2 Aa/Ab/Ac** entsprechen.

Wenn für jedes Seil ein eigenes Anschließteil benutzt wird, müssen bei der Durchführung der Prüfungen die Anschließteile so nahe wie möglich beieinander angeordnet sein.

8.1.10 Abnahmeprüfungen

Eine Abnahmeprüfung ist eine vertragsmäßige Prüfung, um dem Anwender nachzuweisen, dass das Gerät bestimmte Bedingungen seiner Spezifikation erfüllt. Diese Prüfungen können an jeder einzelnen Einheit (Stückprüfung) ausgeführt werden oder an einer Stichprobe der Einheiten (Stichprobenprüfung). Wenn ein Anwender in seiner Spezifikation angibt, dass das Gerät nur diese Gerätenorm-Spezifikationen erfüllen muss, sind die Abnahmeprüfungen nur die in diesem Dokument festgelegten (sowohl Stückprüfung als auch Stichprobenprüfung).

Der Abnehmer kann jedoch auch zusätzliche Prüfungen oder größere Stichprobenlose spezifizieren, wenn er bei einem neuen Hersteller bezieht oder weil er Probleme mit einem bestimmten Hersteller erkannt hat oder weil er ein neues Produkt einer neuen Konstruktion kauft.

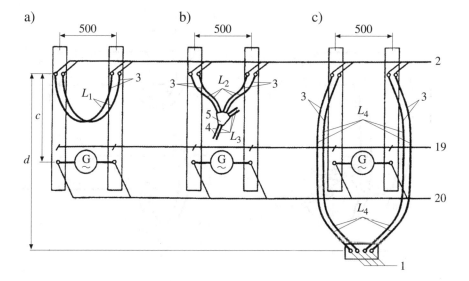

Bild 8.1.9.2 A Prüfaufbauten für die Prüfung von Vorrichtungen für mehrpoliges Erden und Kurzschließen mit parallelen Seilen, die zwischen starren Leitern angeschlossen sind

a) Unmittelbare Verbindung
b) Verbindung mittels Verbindungsstück
c) Verbindung mittels Erdungsanlage
c Abstand zwischen der Einspeisestelle des Prüfstroms und Anschließteil am Leiter, mindestens 1000 mm (Bilder 8.1.9.2 Aa, Ab, Ac)
d senkrechter Abstand zwischen den Anschließteilen am Leiter und den Anschließteilen an Erdungsanlage 2000 mm (Bild 8.1.9.2 Ac)
L_1 Seillänge zwischen den Anschließteilen am Leiter, 1000 mm
L_2 Seillänge zwischen Anschließteil am Leiter und Verbindungsstück, 750 mm
L_3 Länge des kurzen Seilstücks (Nachbildung), 300 mm
L_4 Seillänge zwischen Anschließteilen am Leiter und Anschließteilen an der Erdungsanlage, 2500 mm
1   Anschließteil an der Erdungsanlage (im Prüfaufbau elektrisch isoliert)
2   Anschließteil am Leiter
3   Kurzschließseil
4   Erdungsseil
5   Verbindungsstück
19   Leiter des Prüfaufbaus, die für das zu prüfende Anschließteil ausgelegt sind
20   Einspeisestellen des Prüfstroms

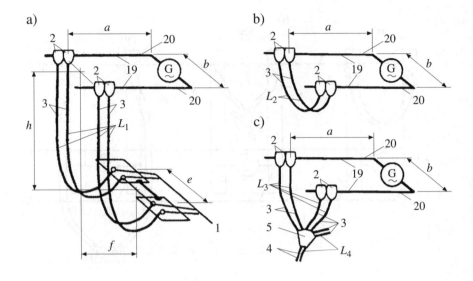

Bild 8.1.9.2 B Prüfaufbauten für die Prüfung von Vorrichtungen für mehrpoliges Erden und Kurzschließen mit parallelen Seilen, die zwischen den Leitern von Freileitungen angeschlossen sind

a) Verbindung mittels Erdungsanlage
b) Unmittelbare Prüfung
c) Verbindung mittels Verbindungsstück

a Abstand zwischen der Einspeisestelle des Prüfstroms und Anschließteil am Leiter, mindestens 2000 mm

b waagrechter Abstand zwischen den Leitern im Prüfaufbau, 1000 mm

e Mindestabstand gemäß Herstellerangabe. Ist kein Wert angegeben, müssen die Anschließteile an der Erdungsanlage für die Durchführung der Prüfung so nahe wie möglich beieinander angeordnet sein.

f waagrechte Entfernung zwischen den Anschließstellen an der Erdungsanlage und den Anschließstellen am Leiter, 1000 mm

h senkrechter Abstand zwischen den Anschließstellen am Leiter und Anschließstellen an der Erdungsanlage, 4000 mm

L_1 Seillänge zwischen Anschließteilen am Leiter und Anschließteilen an der Erdungsanlage, 5000 mm

L_2 Seillänge zwischen Anschließteilen am Leiter, 2000 mm

L_3 Seillänge zwischen Anschließteil am Leiter und Verbindungsstück, 1500 mm

L_4 Länge des kurzen Seilstücks (Nachbildung), 300 mm

1   Anschließteil an Erdungsanlage (im Prüfaufbau elektrisch isoliert)

2   Anschließteil am Leiter

3   Kurzschließseil

4   Erdungsseil

5   Verbindungsstück

19   Leiter des Prüfaufbaus, die für das zu prüfende Anschließteil ausgelegt sind

20   Einspeisestellen des Prüfstroms

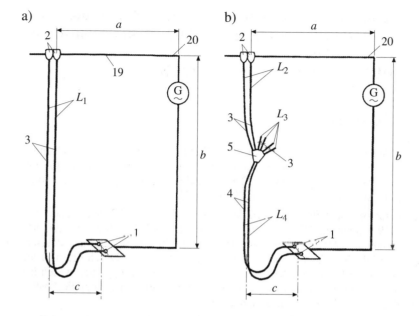

Bild 8.1.9.2 C Prüfaufbauten für die Prüfung von Erdungs- und Kurzschließvorrichtungen mit parallel angeschlossenen Seilen

a) Einpolige Vorrichtung für Freileitungen in einphasigen Netzen
b) Erdungsseile in mehrpoligen Vorrichtungen für Freileitungen

a Abstand zwischen der Einspeisestelle des Prüfstroms und Anschließteil am Leiter, mindestens 2000 mm
b senkrechter Abstand zwischen den Anschließteilen am Leiter und den Anschließteilen an Erde, 4000 mm
c waagrechte Entfernung zwischen der erdseitigen Anschließstelle und der leiterseitigen Anschließstelle, 1000 mm
L_1 Seillänge zwischen Anschließteilen am Leiter und Anschließteilen an der Erdungsanlage, 5000 mm
L_2 Gesamtlänge des Kurzschließseils einschließlich Verbindungsstück, 1500 mm
L_3 Länge des kurzen Seilstücks (Nachbildung), 300 mm
L_4 Länge des Erdungsseils zwischen Verbindungsstück und Anschließteil an der Erdungsanlage, 3500 mm
1   Anschließteil an Erdungsanlage (im Prüfaufbau elektrisch isoliert)
2   Anschließteil am Leiter
3   Kurzschließseil
4   Erdungsseil
5   Verbindungsstück
19   Leiter des Prüfaufbaus, die für das zu prüfende Anschließteil ausgelegt sind
20   Einspeisestellen des Prüfstroms

8.2 Arbeiten unter Spannung; Erdungs- oder Erdungs- und Kurzschließvorrichtung mit Stäben als kurzschließendes Gerät – Staberdung DIN EN 61219 (VDE 0683 Teil 200)

8.2.1 Überblick

Die nationale deutsche Norm DIN VDE 0683 Teil 2 vom März 1988 „Ortsveränderliche Geräte zum Erden und Kurzschließen; Zwangsgeführte Staberdungs- und Kurzschließgeräte" wurde bei IEC 1992 als Basisdokument eingereicht. Es erfolgte eine parallele Abstimmung bei IEC und CENELEC.

Das Referenzdokument IEC 1219 wurde von CENELEC am 22. September 1993 als EN 61219 genehmigt. Die deutsche Norm DIN EN 61219 (VDE 0683 Teil 200) gilt seit 1. Januar 1995. Die Übergangsfrist für die bisherige nationale deutsche Norm DIN VDE 0683 Teil 2 endete bereits am 1. 10. 1994. Durch die parallele Abstimmung in IEC und CENELEC ging die Harmonisierung hier wesentlich schneller vonstatten als bei der Bestimmung VDE 0683 Teil 100, bei der die Abstimmung in IEC und CENELEC nacheinander erfolgte.

VDE 0683 Teil 200 gilt für Geräte zum zeitweiligen Erden oder Erden und Kurzschließen von nachweislich freigeschalteten Teilen von Wechselstromanlagen zum Schutz der Arbeiter während der Ausführung von Arbeiten. Hierzu werden Stäbe als Erdungs- oder Erdungs- und Kurzschließgeräte verwendet. Die Norm legt die Ausführung, die Sicherheitsanforderungen und Prüfungen für Staberdungsgeräte mit Anschließstellen, Führungen, Umhüllung, isolierenden Hilfsmitteln und Erdungsseilen (soweit vorhanden) fest.

Die Merkmale der durch diese Norm abgedeckten Erdungs- und Kurzschließvorrichtung sollten durch die Stärke und die Dauer des Stroms bestimmt sein und durch die Spannung nur dann, wenn dies aus Isolationsgründen erforderlich ist. EN 60855 enthält die elektrischen Anforderungen für getrennte isolierende Hilfsmittel der Vorrichtung.

Typen von Bauteilen oder Anordnungen sind nicht festgelegt, sie müssen aber den elektrischen und mechanischen Anforderungen dieser Norm entsprechen.

Diese Norm gilt nur für Vorrichtungen mit Kupfer-, Aluminium- oder Eisenschienen als Kurzschließmittel.

Neben den freigeführten Erdungs- und Kurzschließgeräten nach VDE 0683 Teil 100 werden in zunehmendem Maße, speziell in Anlagen über 110 kV, zwangsgeführte Staberdungs- und Kurzschließgeräte verwendet.

Diese zwangsgeführten Staberdungs- und Kurzschließgeräte sind mit einem oder mehreren Stäben als kurzschließende Brücke ausgerüstet. Im Gegensatz zu den freigeführten Erdungs- und Kurzschließgeräten kommt als wesentliches Merkmal hinzu, dass eine Führung für die Stäbe vorhanden ist, so dass zwangsläufig die Stelle, an der geerdet und kurzgeschlossen werden soll, vorgegeben ist. Als Führungselemente werden z. B. Buchsen, Schlitze oder Führungsschienen verwendet, die gleichzeitig als Kontaktelemente für Außenleiter oder Erdungsanschluss ausgebildet sein können.

Im Nennspannungsbereich **bis 30 kV** werden im Allgemeinen **dreipolige** zwangsgeführte Staberdungs- und Kurzschließgeräte verwendet.

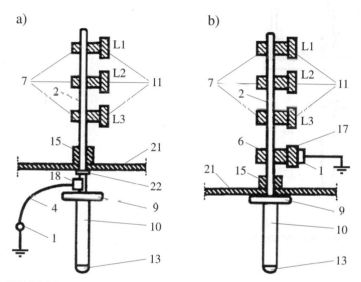

Bild 8.2.1 A Darstellung mehrpoligen Erdens und Kurzschließens mit einem Einzelstab
a) mit Erdungsseil
b) mit erdseitiger Anschließstelle

1 Anschließteil an Erdungsanlage
2 Stab
4 Erdungsseil
6 Erdseitige Anschließstelle
7 Leiterseitige Anschließstelle
9 Begrenzungsscheibe
10 Isolierende Handhabe
11 Leiter in der Anlage
13 Abschlussteil der Handhabe
15 Führung
17 Geerdete Schiene (Teil der Erdungsanlage)
18 Verbindung mit dem Erdungsseil
21 Mechanisches Gerüst
22 Anschlag

323

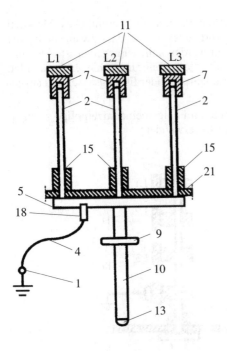

Bild 8.2.1 B Darstellung eines Mehrfachstabs

 1 Anschließteil an Erdungsanlage
 2 Stab
 4 Erdungsseil
 5 Kurzschließender und mechanisch verbindender Rahmen
 7 Leiterseitige Anschließstelle
 9 Begrenzungsscheibe
10 Isolierende Handhabe
11 Leiter in der Anlage
13 Abschlussteil der Handhabe
15 Führung
18 Verbindung mit dem Erdungsseil
21 Mechanisches Gerüst

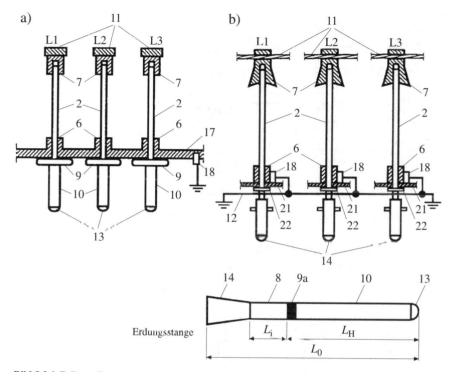

Bild 8.2.1 C Darstellungen von mehrpoligen Staberdungen mit einem Satz von Einzelstäben

L_i Länge des isolierenden Teils
L_H Länge der Handhabe
L_0 Gesamtlänge der Erdungsstange

2   Stab
6   Erdseitige Anschließstelle
7   Leiterseitige Anschließstelle
8   Isolierteil der Erdungsstange
9   Begrenzungsscheibe
9a Begrenzungsscheibe oder Begrenzungsring
10 Isolierende Handhabe
11 Leiter in der Anlage
12 Erdungsanlage
13 Abschlussteil der Handhabe oder der Erdungsstange
14 Teil der trennbaren Kupplung
17 Geerdete Kurzschließschiene (Teil der Erdungsanlage)
18 Verbindung mit der Erdungsanlage
21 Mechanisches Gerüst
22 Anschlag

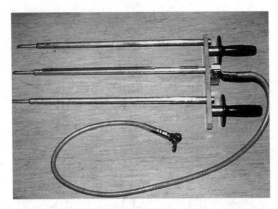

Bild 8.2.1 D Dreipoliges zwangsgeführtes Staberdungs- und Kurzschließgerät

Im Nennspannungsbereich **ab 110 kV** werden nur **einpolige** zwangsgeführte Staberdungs- und Kurzschließgeräte eingesetzt (**Bilder 8.2.1 E/F/G/H**).

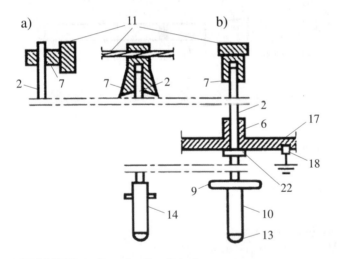

Bild 8.2.1 E Darstellung einpoliger Staberdungen

2	Stab	13	Abschlussteil der Handhabe oder der Erdungsstange
6	Erdseitige Anschließstelle	14	Teil der trennbaren Kupplung
7	Leiterseitige Anschließstelle	17	Geerdete Kurzschließschiene (Teil der Erdungsanlage)
9	Begrenzungsscheibe	18	Verbindung mit der Erdungsanlage
10	Isolierende Handhabe	22	Anschlag
11	Leiter in der Anlage		

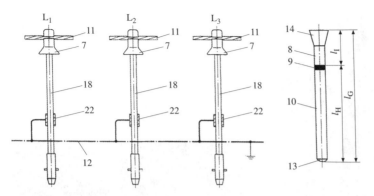

Bild 8.2.1 F Beispiel für einpolige zwangsgeführte Staberdungs- und Kurzschließgeräte für Anlagen ab 110 kV

7	Leiterfestpunkt	13	Abschlußteil der Erdungsstange
8	Isolierteil der Erdungsstange mit Länge l_I	14	Kupplung der Erdungsstange
9	Schwarzer Ring der Erdungsstange	18	Erdungs- und Kurzschließstab
10	Handhabe der Erdungsstange mit Länge l_H	22	Erdungsbuchse
11	Leiter		
12	in der Anlage fest verlegte Erdungssammelleitung		

Bild 8.2.1 Ga Einbringen eines einpoligen zwangsgeführten Staberdungs- und Kurzschließgeräts (220-kV-Freiluftschaltanlage)

Bild 8.2.1 Gb Einbringen eines einpoligen zwangsgeführten Staberdungs- und Kurzschließgeräts (400-kV-Freiluftschaltanlage)

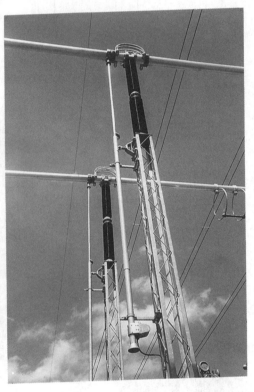

Bild 8.2.1 Ha Zwangsgeführtes Stab-
erdungs- und Kurzschließgerät
(400-kV-Freiluftschaltanlage):
Einbringen mit Erdungsstange

Bild 8.2.1 Hb Zwangsgeführte Staberdungs- und Kurzschließgeräte in einer 400-kV-Freiluftschaltanlage:
Erdungs- und Kurzschließstab, eingebracht (geführt im
geerdeten Führungsrohr)

Die zwangsgeführten Staberdungs- und Kurzschließgeräte sind in keinem Fall als Erdungsschalter anzusehen. Sie haben kein Einschaltvermögen, deshalb dürfen sie nur an Anlageteilen eingesetzt werden, an denen vorher die Spannungsfreiheit festgestellt wurde.

Werden bei den zwangsgeführten Staberdungs- und Kurzschließgeräten Erdungsseile verwendet, so müssen sie DIN VDE 0683 Teil 100 genügen.

In Anlagen mit Spannung über 1 kV müssen Erdungs- und Kurzschließvorrichtungen mit Erdungsstangen/Erdungshandgriffen an die Außenleiter herangebracht werden. Die für die zwangsgeführten Staberdungs- und Kurzschließgeräte zu verwendenden Erdungsstangen müssen ab 30 kV den Bestimmungen von DIN VDE 0683 Teil 100 entsprechen.

Für zwangsgeführte Staberdungs- und Kurzschließgeräte zur Verwendung in Anlagen mit Nennspannungen bis 30 kV werden „Erdungshandgriffe" (**Bild 8.2.1 I**) benutzt. Diese sind notwendig, weil bei räumlich beengten Verhältnissen in Schaltanlagen die Verwendung von Erdungsstangen Schwierigkeiten machen kann. Der Erdungshandgriff hat einen wesentlich kürzeren Isolierteil als die Erdungsstange. Um bei diesem kurzen Isolierteil l_I ein Abgleiten der Hand zu vermeiden, wird eine Begrenzungsscheibe vorgeschrieben, wie sie von der Betätigungsstange her bekannt ist.

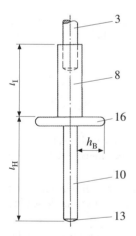

Bild 8.2.1 I Beispiel eines Erdungshandgriffs

3 Erdungs- und Kurzschließstab
8 Isolierteil mit Länge l_I
10 Handhabe mit Länge l_H
13 Abschlussteil
16 schwarze Bezugsscheibe mit Höhe h_B

8.2.2   Begriffe

8.2.2.1   Staberdung

Erdungsvorrichtung mit Stab (Stäben) als Gerät zum Erden oder Erden und Kurzschließen (siehe **Bilder 8.2.1 A/B/C/E**); umfasst Stab (Stäbe), Anschließstellen an den zu erdenden oder zu erdenden und kurzzuschließenden Leiter, Erdverbindung, Führungen und isolierende Handhabe(n) oder Erdungsstange(n).

8.2.2.2   Stab

Leitfähiger Stab, der zum Erden oder Erden und Kurzschließen durch längsseitiges geführtes Einschieben in Stabanschließstellen verwendet wird. Er enthält einen leitfähigen Teil und eine isolierende Handhabe mit Begrenzungsscheibe oder eine Erdungsstange bzw. eine Kupplung für getrennte isolierende Hilfsmittel (siehe Bilder 8.2.1 A/B/C/E).

8.2.2.2.1   Einzelstab

Ein- oder mehrpoliges Gerät mit nur einem Stab (siehe **Bilder 8.2.1 A/C/E**).

8.2.2.2.2   Mehrfachstab

Mehrpoliges Gerät mit einer Anzahl von Stäben, die elektrisch und mechanisch starr zu einer mehrpoligen Einheit mittels kurzschließendem und mechanisch verbindendem Rahmen zusammengefügt sind (siehe **Bild 8.2.1 B**).

8.2.2.3   Mehrpoliges Staberdungsgerät

Im Allgemeinen werden mehrpolige Stabgeräte wie folgt zusammengestellt:

- Einzelstab zum Erden und Kurzschließen durch:
  - Anschluss an ein Erdungsseil und anschließendes geführtes Einschieben in die Anschließstelle des zu erdenden und kurzzuschließenden Leiters (siehe **Bild 8.2.1 Aa**) oder
  - geführtes Einschieben zunächst durch eine erdseitige Anschließstelle und danach in die Anschließstellen der zu erdenden und kurzzuschließenden Leiter (siehe **Bild 8.2.1 Ab**)
- Anordnung von Einzelstäben zum Erden und Kurzschließen durch nacheinander erfolgendes geführtes Einschieben eines jeden Stabs in die erdseitige Anschließstelle und die Anschließstelle des jeweils zu erdenden und kurzzuschließenden Leiters (siehe **Bild 8.2.1 C**)
- Mehrfachstab zum Erden und Kurzschließen mit angeschlossenem Erdungsseil durch gleichzeitiges geführtes Einschieben in die Anschließstellen der zu erdenden und kurzzuschließenden Leiter (siehe **Bild 8.2.1 B**)

Anmerkung 1: Eine Anordnung aus Einzelstäben kann nur dann ein mehrpoliges Staberdungsgerät bilden, wenn erdseitige Stabanschließstellen verwendet werden.

Anmerkung 2: Ein Mehrfachstab mit erdseitigen Anschließstellen hat keine Vorteile gegenüber einer Anordnung aus Einzelstäben.

8.2.2.4 Einpoliges Staberdungsgerät

Einzelstab zum einpoligen Erden und Kurzschließen durch nacheinander erfolgendes geführtes Einschieben in die erdseitige Anschließstelle und dann in die Anschließstelle des zu erdenden und kurzzuschließenden Leiters (siehe **Bild 8.2.1 E**).

8.2.2.5 Erdungsanschluss

Verbindung zwischen einem Stab und der Erdungsanlage, bestehend aus Anschließteil zur Erdungsanlage, erdseitiger Stabanschließstelle oder Erdungsseil und gegebenenfalls Gerüstteilen (siehe **Bilder 8.2.1 A/B/C/E**).

8.2.2.6 Stabanschließstelle

Befestigte Anschließstelle, besonders eingerichtet zum Führen, Verbinden und Sichern eines Stabs.

8.2.2.6.1 Leiterseitige Anschließstelle

Anschließstelle, die mit dem zu erdenden oder zu erdenden und kurzzuschließenden Außenleiter verbunden ist (siehe **Bilder 8.2.1 A/B/C/E**).

8.2.2.6.2 Erdseitige Anschließstelle

Anschließstelle, verbunden mit der Erdungsanlage (siehe **Bilder 8.2.1 Ab/C/E**).

8.2.2.7 Erdungsseil

Seil zur Erdverbindung (siehe **Bilder 8.2.1 Aa/B**).

Anmerkung: Ein Seil, das Teil einer Kurzschließvorrichtung ist, ist nicht Gegenstand dieser Norm und muss als Kurzschließseil bezeichnet werden.

8.2.2.8 Isolierendes Teil

Von Hand gehaltenes isolierendes Teil zum Einbringen und zum Anschließen eines Stabs an Teile einer elektrischen Anlage zum Zwecke des Erdens oder Erdens und Kurzschließens.

8.2.2.8.1 Isolierende Handhabe

Isolierendes Teil, bestehend aus kurzem Griff, Begrenzungsscheibe und fester oder lösbarer Kupplung zu einem Stab (siehe **Bild 8.2.1 I**).

8.2.2.8.2 Erdungsstange

Isolierendes Teil, bestehend aus Isolierstange mit fester oder lösbarer Kupplung zu einem Stab (siehe **Bild 8.2.1/Cb**).

8.2.2.9 Kurzschließgerät

Gerät zum Verbinden der Leiter untereinander zum Zwecke des Kurzschließens.

*Anmerkung: Teile der Zwischenverbindung können durch die Erdungsanlage dargestellt werden (siehe **Bild 8.2.1 C**).*

8.2.2.10 Bemessungsstrom I_r und Bemessungszeit t_r

Werte zur Bestimmung des höchsten Effektivwerts des Stroms und des höchsten Werts des Joule-Integrals ($i_r^2 \cdot t_r$), denen die Staberdung oder ein Teil von ihr ohne Beeinträchtigung widerstehen kann. Die Werte gelten nur für solche Teile, die für den Kurzschlussstrom bemessen sind.

8.2.2.11 Bemessungswert des begrenzten Kurzschlussstroms

Wert des erwarteten Kurzschlussstroms, dem eine durch ein strombegrenzendes Schaltgerät geschützte Staberdung unter festgelegten Prüfbedingungen zufriedenstellend während der Beanspruchungsdauer widerstehen kann (siehe Abschnitt 4.6 in IEC 439-1).

8.2.2.12 Scheitelwert des Stoßstroms I_m

Scheitelwert des höchsten Stroms während der Einschwingdauer nach dem Einschalten des Stromkreises.

8.2.3 Elektrische Kennwerte

Jedes Teil einer Staberdung, das dem Kurzschlussstrom ausgesetzt ist, wird durch den Bemessungsstrom I_r und die Bemessungszeit t_r gekennzeichnet.

Sechs Werte der Bemessungszeit sind festgelegt:

3 s	2 s	1 s	0,5 s	0,25 s	und	0,1 s

I_r muss für eine dieser festgelegten Zeiten bestimmt werden oder als Bemessungswert des begrenzten Kurzschlussstroms einer bestimmten Kombination mit einer wirksamen Strombegrenzung.

Kein Teil einer Staberdung darf einem höheren Strom oder Joule-Integral ausgesetzt werden, als durch seine Bemessungswerte festgelegt.

Anmerkung: Wenn das Joule-Integral ($i_r^2 \cdot t_r$), nicht überschritten wird, darf die Vorrichtung längere Zeit dem Kurzschlussstrom ausgesetzt sein, als es der Bemessungszeit entspricht.

8.2.4 Anforderungen

8.2.4.1 Allgemeines

Die Vorrichtung muss sicheres und einfaches Erden und Kurzschließen elektrischer Anlagen ermöglichen (siehe Abschnitt 8.2.8)

Erdungs- und Kurzschließvorrichtungen, die entsprechend der Gebrauchsanleitung eingebracht wurden, müssen allen Beanspruchungen durch Fehlerströme, denen sie im Betrieb ausgesetzt sind, standhalten, ohne dabei elektrische, mechanische, chemische oder thermische Gefahren für Personen hervorzurufen. Für Innenraumanlagen müssen die zulässigen Temperaturen und die verwendeten Materialien aufeinander abgestimmt werden, um Beeinträchtigung des Fluchtwegs, gefährliche Konzentrationen giftiger Dämpfe sowie auch schwere bleibende Schäden an Anlagen und Gebäuden zu vermeiden.

Für Niederspannung sind verlässliche strombegrenzende Sicherungen und Leistungsschalter verfügbar. Ist eine Niederspannungs-Staberdung für fortgesetzten Gebrauch durch einen strombegrenzenden Schalter verlässlich geschützt, kann der Bemessungswert des begrenzten Kurzschlussstroms den Anforderungen zugrunde gelegt werden.

Vorrichtungen, die nach einem Kurzschluss weiter verwendet werden, müssen die zusätzliche Anforderung eines einwandfreien Zustands nach den schärfsten Kurzschlussbeanspruchungen, für die sie ausgelegt sind, erfüllen.

Die folgenden Abschnitte legen hierzu die erforderlichen Anforderungen und Prüfungen fest (siehe **Tabelle 8.2.5.1 A**). Vereinbarungen über zusätzliche Anforderungen und Prüfungen, niedergelegt in den Festlegungen des Anwenders, sind zwischen Hersteller und Anwender möglich.

Unter Berücksichtigung der klimatischen Bedingungen müssen Vorrichtungen für stationären Gebrauch in üblicher Innenraum-Atmosphäre einem Temperaturbereich von +5 °C bis +55 °C entsprechen. Ortsveränderliche und Freiluftvorrichtungen müssen bei üblichem Gebrauch einem Temperaturbereich von –25 °C bis +55 °C entsprechen. Zwei besondere Kategorien für den Gebrauch bei hohen (W) und niedrigen (C) Temperaturen sind enthalten (siehe **Tabelle 8.2.4.1 A**).

Kategorie	Temperaturbereich
Warm (W)	–5 °C bis +70 °C
Kalt (C)	–40 °C bis +55 °C

Tabelle 8.2.4.1 A Besondere Temperaturkategorien

8.2.4.2 Erdungsseile

Erdungsseile müssen für erwartete Fehlerströme ausgelegt sein.

Der Leiter muss aus mechanischen Gründen einen Mindestquerschnitt haben, der einem Kupferquerschnitt von 16 mm^2 entspricht.

Das Seil muss einen isolierenden Mantel als mechanischen und chemischen Schutz haben und derart angeschlossen sein, dass sicherer Kontakt und hervorragende Beständigkeit gegen Ermüdung gegeben sind. Dies wird erreicht durch Auswahl der Seile nach IEC 1138 und der Verbindungsstücke nach IEC 1230, Abschnitt 4.4.

Anmerkung: Mantelfarben werden nach zwei allgemein üblichen Verfahren ausgewählt:

- *Transparenz, um die Prüfung auf Korrosion oder Beschädigung der äußeren Litzen zu ermöglichen*

- *Eine leuchtende Farbe wie Orange oder Rot, um die Sichtbarkeit des Geräts zu verbessern. Die Wahl der Farbe ist von Anwender zu Anwender verschieden*

Die Übereinstimmung ist durch Prüfen nach den zutreffenden Teilen von IEC 1230 und durch Sichtkontrolle nachzuweisen

8.2.4.3 Stäbe, Anschließstellen und Führungen

Nach vollständigem Einbringen in Anschließstellen muss die Staberdung auch bei versehentlichem Zuschalten gefährliche Spannungen und elektrische Lichtbögen verhindern. Stäbe, Anschließstellen und Führungen müssen so aufeinander abgestimmt sein, dass verlässliche Sicherung und Kontaktgabe auch unter Kurzschlussbedingungen gegeben sind.

Stäbe (einschließlich Kurzschließrahmen von Mehrfachstäben), Anschließstellen und Führungen müssen den Kurzschlussbeanspruchungen, für die sie ausgelegt sind, ebenso widerstehen wie den im Betrieb auftretenden Stoß-, Zug-, Biege- und Torsionsbeanspruchungen ohne gefährliche Beeinflussung der Kontakte durch Verringern der Kontaktoberfläche oder des Kontaktdrucks.

Die Stromdichte in Stäben, die für den fortgesetzten Gebrauch nach erfolgtem Kurzschluss ausgelegt sind, muss auf folgende Werte begrenzt werden:

- Kupferstab 180 A/mm^2

- Aluminiumstab 120 A/mm^2

- Stahlstab 65 A/mm^2

8.2.4.3.1 Einbringen und Herausnehmen von Stäben

Stäbe müssen derart beschaffen sein, dass dem Anwender die Betätigung mit vertretbarem physischen Aufwand möglich ist.

334

Stäbe müssen mit Anschließstellen und anderen Führungstellen so abgestimmt sein, dass genaue und leichte Anwendung erreicht wird.

Werden bei der Staberdung erdseitige Anschließstellen benutzt, muss der Stab immer zuerst in die erdseitige Anschließstelle und dann in die leiterseitige Anschließstelle eingebracht werden. Die für das Einbringen und Herausnehmen eines Stabs erforderlichen Kräfte dürfen nicht größer als 400 N sein. Ist die Vorrichtung für den fortgesetzten Gebrauch nach Kurzschlussbeaufschlagung ausgelegt, muss diese Anforderung auch nach einer solchen Einwirkung erfüllt werden. In besonders wichtigen Schaltanlagen, in denen nach einer solchen Kurzschlusseinwirkung eine sofortige Wiederverfügbarkeit gefordert wird, müssen besondere Vereinbarungen zwischen Anwender und Hersteller über die leichte Herausnehmbarkeit von Stäben getroffen werden, denn es kann unmöglich oder unangemessen sein, diese Stäbe für den fortgesetzten Gebrauch auszulegen.

Für den Stab muss in vollständig eingeführter Stellung ein Anschlag vorhanden sein.

8.2.4.3.2 Blockieren und Verriegeln von Stäben in voll eingebrachter Stellung

Staberdungen müssen mit Einrichtungen zum Blockieren des Stabs in voll eingebrachter Stellung ausgerüstet sein. Die Blockierung muss derart sein, dass sie nicht durch Vibrationen beeinträchtigt wird. Staberdungen für gekapselte Schaltanlagen müssen Vorrichtungen zum Herstellen oder Komplettieren der Blockierung mit einem Vorhängeschloss mit 5 mm dickem Bügel haben.

8.2.4.3.3 Isolierende Teile

Die mit dem leitenden Teil des Stabs fest oder lösbar verbundenen isolierenden Teile sind isolierende Handhaben und Erdungsstangen.

Isolierende Teile müssen gegen Durchschlag, Überschlag und Kriechströme bei Spannungen schützen, denen sie im Betrieb ausgesetzt sind.

Isolierende Handhaben sind bis 36 kV zugelassen. Erdungsstangen sind bei Spannungen > 36 kV und, soweit notwendig, zum Anheben und Erreichen zu verwenden.

Isolierende Handhaben müssen einen Griff und eine Begrenzungsscheibe haben, die das Abgleiten in Richtung blanken Leiter verhindert (siehe **Bild 8.2.1 I**). Die Begrenzungsscheibe muss mindestens 20 mm hoch sein. Soweit erforderlich, muss unter Berücksichtigung der Zug- und Druckkräfte die Handhabe für beidhändiges Arbeiten geeignet sein. Die Grifflänge muss mindestens 115 mm bei einhändiger und mindestens 200 mm bei zweihändiger Bedienung lang sein.

Bei größeren Anforderungen zum Anheben und Erreichen, zum Beispiel in Freiluftschaltanlagen und bei Freileitungen, ist üblicherweise eine Erdungsstange vorzuziehen. Wenn der Bedienende durch die Stablänge nicht genügend weit von den unter Spannung stehenden Teilen entfernt ist, muss die Länge der Erdungsstange um eine erforderliche zusätzliche Länge vergrößert werden. VDE 0683 Teil 100, Anhänge A und C (siehe auch EN 60855 und EN 61235), enthält Festlegungen für die Auswahl von Erdungsstangen.

Es darf kein Leiter längs der Erdungsstange geführt werden, weder innerhalb noch außerhalb.

Lösbare isolierende Handhaben und Erdungsstangen müssen gegen unbeabsichtigtes Lösen gesichert sein.

Alle isolierenden Handhaben und Erdungsstangen einschließlich Kupplungen müssen vertretbar höheren Kräften standhalten, ohne zu versagen oder beschädigt zu werden.

8.2.4.4 Isolationskoordination bei Schaltanlagen

Isolierende Teile einer zu einer Schaltanlage gehörenden Staberdung müssen den betreffenden Teilen der Norm für Schaltanlagen entsprechen.

Die Übereinstimmung ist durch Prüfen nach den betreffenden Teilen der Norm für Schaltanlagen nachzuweisen.

8.2.4.5 Koordination bei Schaltanlagenkapselung

Durch den Einbau einer Staberdung in eine gekapselte Schaltanlage darf deren Grad der Kapselung nicht verringert werden, auch nicht, wenn der Stab eingebracht oder herausgenommen wird.

Die Übereinstimmung ist durch Prüfen nach den betreffenden Teilen der Norm für Schaltanlagen und Sichtprüfung nachzuweisen.

8.2.4.6 Aufschriften

8.2.4.6.1 Allgemeines

- Die Aufschriften müssen gut lesbar sein
- Die Schrifthöhe muss mindestens 3 mm betragen
- Die Aufschriften müssen dauerhaft sein

8.2.4.6.2 Vorgeschriebene Aufschriften

Stäbe, Stabanschließstellen, Führungen und abtrennbare isolierende Teile müssen, falls möglich, mindestens mit folgenden Aufschriften versehen sein:

- Herstellername oder Warenzeichen
- Modell oder Typangabe des Bauteils
- Monat und Jahr der Herstellung

8.2.4.6.3 Elektrische Kennwerte

Die in der Ausführungsbeschreibung des Herstellers angegebenen elektrischen Kennwerte sind nur dann Bestandteil der Aufschriften, wenn dies zwischen Anwender und Hersteller vereinbart ist.

Die Kennwerte müssen für jede Art der Anwendung, wie vom Hersteller festgelegt, angegeben werden. Arten der Anwendung können Leiteranzahl und Veränderung des Leiterabstands, fortgesetzter Gebrauch oder Ausmusterung nach Kurzschlussbeaufschlagung usw. sein.

Eine Niederspannungsstaberdung zur ausschließlichen Anwendung mit Schutz durch ein wirksames strombegrenzendes Schaltgerät ist vollständig beschrieben für eine gegebene Anwendung durch:

- seinen effektiven Bemessungswert des begrenzten Kurzschlussstroms in kA
- die Schutzkennlinie

8.2.4.7 Gebrauchsanleitung

Die Gebrauchsanleitung muss mindestens folgende Angaben enthalten:

- Erläuterung der Aufschriften und, falls erforderlich, Hinweise für die Zusammensetzung
- Anleitung für Instandhaltung und Prüfung
- Anleitung für Montage und Befestigung
- Anzugsmomente und Sicherheitshinweise für Hilfsbefestigungen, die vom Anwender gelöst werden können
- Begrenzung der Bemessungswerte für den Innenraumgebrauch, soweit erforderlich
- die zugehörige(n) Temperaturkategorie(n)
- Beschränkung auf den Innenraumgebrauch, soweit erforderlich
- Festlegung jeglichen zusätzlichen Merkmals der Vorrichtung, wie vom Hersteller angegeben
- Leistung des Herstellers beim Wiederzusammenbau nach vollständiger Überprüfung
- Notwendigkeit der Ausmusterung von Geräten, die einer Kurzschlussstrombeaufschlagung ausgesetzt wurden, es sei denn, sie sind für fortgesetzten Gebrauch nach dieser Beaufschlagung ausgelegt

8.2.5 Prüfungen

8.2.5.1 Allgemeines

Tabelle 8.2.5.1 A enthält die Aufstellung der 15 Prüfungen (Typ-, Stichproben- und Stückprüfungen). Zusätzliche Prüfungen, die in den Festlegungen des Anwenders enthalten sind, können zwischen Anwender und Hersteller vereinbart werden.

Staberdungen für den Einbau in Schaltanlagen müssen, soweit möglich, zusammen mit der Schaltanlage nach den betreffenden Teilen der Schaltanlagennorm geprüft werden. Anderenfalls muss die Prüfung in einem Prüfaufbau durchgeführt werden, in dem die betreffenden Teile der Schaltanlage vollständig nachgebildet sind.

Die Kurzschlussprüfungen von Staberdungen, die für verschiedene Anlagen ausgelegt sind, können in (einem) genormten Prüfaufbau(ten) geprüft werden, der (die) in vertretbaren Grenzen die schlechtest möglichen Bedingungen darstellt (darstellen). Bauteile, die zerstörenden Prüfungen unterzogen wurden, dürfen nicht wiederverwendet werden. Prüfungen müssen bei Temperaturen zwischen −5 °C und +40 °C durchgeführt werden ohne Berücksichtigung der Feuchte, wenn nichts anderes festgelegt ist.

Anmerkung: Dieser weite Bereich klimatischer Bedingungen ist festgelegt, weil Freiluftprüfungen manchmal vorzuziehen oder nötig sind.

8.2.5.2 Typ-, Stichproben- und Stückprüfungen

Der Hersteller muss gegenüber dem Anwender nachweisen, dass alle für einen bestimmten Typ von Staberdungen geltenden Prüfungen nach **Tabelle 8.2.5.1 A** der Bestimmung erfolgreich ausgeführt wurden.

Liste der Prüfungen	Typ-prüfung	Stück-prüfung	Stich-proben-prüfung
Feststellung der vorgeschriebenen Klimaeignung und des Anwendungsgebiets der Vorrichtungen		×	
Überprüfen des Materials und der angegebenen Leitungsquerschnitte		×	
Feststellen, ob Seilanschließteile und -verbindungen EN 61230 entsprechen		×	
Feststellen, ob die Erdungsstangen EN 61230 entsprechen		×	
Überprüfen der Blockier- und Arretiervorrichtung		×	
Prüfen der Abmessungen der isolierenden Handhabe	×	×	×
Prüfung des Einbringens und Herausnehmens von Stäben	×	×	×
Prüfung der mechanischen Festigkeit	×		×
Kurzschlussstromprüfung	×		1)
Dielektrische Prüfung der isolierenden Handhaben	×		×
Prüfung der Isolationskoordination bei Schaltanlagen[2]			
Prüfen der Koordination bei Schaltanlagenkapselung[2]			
Prüfen der Aufschriften		×	
Prüfung der Dauerhaftigkeit der Aufschriften	×		×
Prüfen, ob der Hersteller die Gebrauchsanweisung mitgeliefert hat und diese ausreichend ist		×	
1) Nur für Geräte, die für fortgesetzten Gebrauch nach Kurzschlussbeaufschlagung ausgelegt sind 2) In der Schaltanlagenprüfung enthalten			

Tabelle 8.2.5.1 A   Prüfungen mit Angabe der Prüfung, des Verfahrens und der Prüfungsart

8.2.5.3 Prüfung des Einbringens und Herausnehmens von Stäben

Die Prüfung muss in einer Schaltanlage oder in einem mit allen Stabanschließstellen ausgerüsteten Prüfaufbau ausgeführt werden mit Führungen und Anschlägen, die zu der zu prüfenden Staberdung gehören.

Alle in der Prüfung benutzten Bauteile müssen trocken und sauber sein.

Die Stoß- und Ziehkräfte müssen beim Einbringen des Stabs bis zum Endanschlag und beim Herausnehmen gemessen werden.

Eine Staberdung, die nach Kurzschlussbeaufschlagung nicht weiter verwendet werden darf, muss einmal geprüft werden. Eine Staberdung, die für fortgesetzten Gebrauch nach Kurzschlussstrombeaufschlagung ausgelegt ist, muss zwischen und nach den Prüfungen auf Kurzschlussfestigkeit wiederholt geprüft werden. Die Prüfung ist bestanden, wenn die zulässigen Kräfte (≤ 400 N) nicht überschritten werden.

8.2.5.4 Prüfung der Zuverlässigkeit von Anschlägen und der Standfestigkeit von Stäben, Kupplungen, Handhaben und Anschlägen gegenüber Anschließkräften

Die Prüfung muss an einem Prüfling ausgeführt werden (bestehend aus Stab, Stabanschließstellen, Führungen, Anschlägen, isolierenden Hilfsmitteln und Kupplungen) durch 50-maliges volles Einbringen und volles Herausnehmen des Stabs.

Jedes Mal, wenn der Stab einen Anschlag erreicht, muss eine Kraft von 800 N 10 s aufgebracht werden, bevor der Anschlag freigegeben oder die Bewegung umgekehrt wird.

Anschläge müssen mit einer Mindestgeschwindigkeit von 1 m/s angefahren werden.

Die Prüfung ist bestanden, wenn kein Anschlag ausfällt und kein Bauteil irgendeinen Bruch oder irgendeine Verformung aufweist, der oder die seinen weiteren Gebrauch beeinträchtigen kann.

8.2.5.5 Prüfung der Kurzschlussfestigkeit

8.2.5.5.1 Allgemeines

8.2.5.5.1.1 Prüfstrom

Prüfungen werden mit einem Wechselstrom mit derselben Leiterzahl bei einer Frequenz von 45 Hz bis 65 Hz ausgeführt. für die die Staberdung ausgelegt ist. Kann eine mehrpolige Vorrichtung nur einphasig geprüft werden, muss jede Prüfung zwischen zwei Leitern in allen möglichen Kombinationen mit einer Stromstärke durchgeführt werden, die mindestens die gleichen mechanischen und thermischen Beanspruchungen ergibt. Diese Stromstärke muss durch Berechnung bestätigt werden.

8.2.5.5.1.2 Prüfanordnungen

Staberdungen müssen vorzugsweise in Schaltanlagen geprüft werden, die in den wesentlichen Teilen den in der Praxis verwendeten entsprechen.

Kurzschlussprüfungen mit Staberdungen, die für verschiedene Anlagen ausgelegt sind, können in genormtem(n) Prüfaufbau(ten) (siehe **Bilder 8.2.5.5 A/B/C**) ausgeführt werden.

Der Abstand von der Stabanschließstelle bis zum Stromeinspeisepunkt muss mindestens sein:

- 1 m bei Spannungen ≤ 36 kV

- 2 m bei Spannungen > 36 kV

Leiter zum Einspeisen, Erden und Kurzschließen außerhalb des Stromeinspeisepunkts müssen so angeordnet werden, dass sie keine nennenswerten Kräfte auf das zu prüfende Gerät übertragen.

8.2.5.5.1.3 Prüfaufbauten nach dieser Norm

Der (Die) Prüfaufbau(ten) nach dieser Norm muss (müssen) dieselbe Phasenanzahl haben wie das (die) Netz(e), für das (die) die Staberdung ausgelegt ist. Der Erdleiter eines starr geerdeten Netzes ist wie ein (Außen-)Leiter einzuordnen.

In allen Prüfaufbauten nach dieser Norm müssen die Anschließteile in die Richtung gedreht werden, bei der sie den geringsten Widerstand gegen Lösen unter Kurzschlussbedingungen bieten. Folgende Gerätetypen werden betrachtet:

Typ a) mehrpolige Erdung bei Verwendung:

- eines Einzelstabs (die Anwendung ist auf Spannungen ≤ 36 kV begrenzt) (**Typ a1**, siehe **Bild 8.2.1 A**)

- eines Mehrfachstabs (die Anwendung ist auf Spannungen ≤ 36 kV begrenzt) (**Typ a2** siehe **Bild 8.2.1 B**)

- eines Satzes Einzelstäbe (der einzige bei Spannungen > 36 kV angewendete Typ) (**Typ a3**, siehe **Bild 8.2.1 C**)

Typ b) einpolige Erdung

- (**Typ b**, siehe **Bild 8.2.1**)

In Prüfaufbauten für Geräte des Typs a1, a2 und b müssen die Leiter den maximalen Abstand haben, den die Stablänge erlaubt (als Beispiel für den Typ a1 in **Bild 8.2.5.5 A/B** dargestellt).

Die Prüfung der Geräte des Typs a3 in Prüfaufbauten nach dieser Norm (als Beispiel für eine dreipolige Anordnung in **Bild 8.2.5.5 C** dargestellt) muss der Anleitung in Abschnitt 8.2.7 entsprechen.

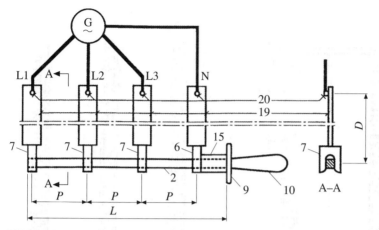

Bild 8.2.5.5 A Typischer Prüfaufbau für mehrpolige Staberdungen mit einem Einzelstab (für Spannungen ≤ 36 kV) für Prüfung der Kurzschlussfestigkeit

D   Abstand zwischen Stromeinspeisepunkt und Mittellinie des Stabs: 1 m
P   Maximale Abstände zwischen den Mittellinien der Leiter des Prüfaufbaus, die durch die Stablänge möglich sind
L   Gesamtlänge des Stableiters

 2   Stab
 6   Erdseitige Anschließstelle (elektrisch isoliert im Prüfaufbau)
 7   Leiterseitige Anschließstelle
 9   Begrenzungsscheibe
10   Isolierende Handhabe
15   Führung
19   Leiter des Prüfaufbaus
20   Stromeinspeisepunkt für die Prüfung

Metallfolie für die Spannungsprüfung

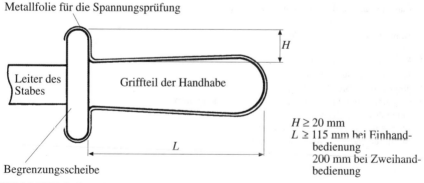

$H \geq 20$ mm
$L \geq 115$ mm bei Einhand-
         bedienung
     200 mm bei Zweihand-
         bedienung

Bild 8.2.5.5 B Isolierende Handhabe und ihre Vorbereitung für die Spannungsprüfung

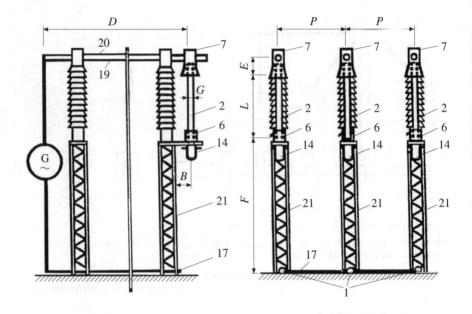

Bild 8.2.5.5 C Typischer Prüfaufbau für Staberdungen mit Spannungen > 36 kV für Prüfung der Kurzschlussfestigkeit

B   Abstand zwischen dem Stab und dem Strom führenden mechanischen Gerüst

D   Abstand zwischen Stromeinspeisepunkt und der Mittellinie des Stabs: ≥ 2 m (siehe Anhang B)

E   Abstand zwischen dem Leiter des Prüfaufbaus und der Mitte der leiterseitigen Anschließstelle

F   Abstand zwischen der erdseitigen Anschließstelle und dem geerdeten kurzschließenden Leiter (Teil der Erdungsanlage)

G   Durchmesser des Stabs

L   Abstand zwischen den Mitten der leiterseitigen und erdseitigen Anschließstelle

P   Leiterabstand für die zu prüfende Staberdung

1   Anschließteil an Erdungsanlage
2   Stab
6   Erdseitige Anschließstelle
7   Leiterseitige Anschließstelle
14 Teil der trennbaren Kupplung
17 Geerdeter kurzschließender Leiter (Teil der Erdungsanlage)
19 Leiter des Prüfaufbaus
20 Stromeinspeisepunkt für die Prüfung
21 Strom führendes mechanisches Gerüst

342

8.2.5.5.1.4 Dokumentation der Prüfung

Während der Kurzschlussstromprüfung sind Spannung und Strom mit einem vor der Prüfung kalibrierten Oszilloskop aufzuzeichnen. Das Oszillogramm dient zur Bestimmung des Stoßstroms, des Joule-Integrals, der Prüfzeit und des Stroms am Ende der Prüfzeit.

Ein Prüfbericht ist anzufertigen, der neben den Prüfergebnissen mindestens Folgendes enthält:

- eindeutige Bezeichnung der geprüften Vorrichtung
- eine Beschreibung der Prüfanordnung, falls erforderlich, mit Fotos und/oder Zeichnungen
- ein Oszillogramm mit Zeitmarke und Maßstab für Prüfspannung und Prüfstrom

8.2.5.5.2 Staberdung zum Einsatz ohne wirksame Strombegrenzung

Die Staberdung ist bestimmt durch ihren Bemessungsstrom über die Bemessungszeit I_r/t_r (I_r in kA und t_r in s) und ihre Unversehrtheit nach der Kurzschlussbeaufschlagung.

Strom und Zeit sind für die Prüfung wie folgt festgelegt:

- Prüfstrom $I_t = I_r$
- Prüfzeit t_t = Zeit vom Beginn bis zum Erreichen des Joule-Integrals ($I_r^2 \cdot t_r$)

Die Prüfung muss durchgeführt werden mit:

- Prüfstoßstrom $i_m \geq n \cdot I_t$ mit n nach **Tabelle 8.2.5.5 A**
- Joule-Integral $\leq I_t^2 \cdot t_r$
- Prüfzeit $t_t \leq 1{,}15 \cdot t_r$
- Effektivwert des Stroms $\geq I_t$, berechnet aus dem Spitze-Spitze-Stromwert am Ende der Prüfzeit, dividiert durch $2\sqrt{2}$

Nennwert der Netzspannung kV	Effektiver Prüfstrom I kA	Faktor n
≤ 1	≤ 5	1,5
	5 bis 10	1,7
	> 10 bis 20	2,0
	> 20 bis 50	2,1
	> 50	2,2
> 1	alle	2,5

Anmerkung: Unter 1 kV ist bei der Wahl des Faktors n die Möglichkeit gut ausgerüsteter Prüffelder berücksichtigt worden.

Tabelle 8.2.5.5 A Stoßstromfaktoren

8.2.5.5.3 Staberdung für Niederspannung zum Einsatz mit wirksamer Strombegrenzung, ausgelegt für fortgesetzten Gebrauch nach erfolgter Kurzschlussbeaufschlagung

Das für die Prüfung verwendete strombegrenzende Schaltgerät muss dem vom Hersteller der Staberdung festgelegten Typ entsprechen und den höchsten Bemessungsstrom haben, der bei gegebenem Bemessungswert des bedingten Kurzschlussstroms empfohlen wird.

Die Staberdung ist festgelegt durch ihren Bemessungswert des bedingten Kurzschlussstroms, den begrenzten Stoßstrom und das begrenzte Joule-Integral. Eine Staberdung, die durch strombegrenzende Bauteile (Sicherungen oder Leistungsschalter) geschützt ist, ist den Maxima der dynamischen und thermischen Beanspruchung unter verschiedenen Bedingungen ausgesetzt. Das Maximum des Stoßstroms und der dynamischen Beanspruchung tritt auf, wenn der unbeeinflusste Kurzschlussstrom sich im Maximum befindet, während das Maximum des Joule-Integrals und der thermischen Beanspruchung auftritt, wenn der Kurzschlussstrom sich im Minimum befindet, d. h. bei der längsten zulässigen Fehlerstromdauer.

Dieses erfordert eine Trennung der dynamischen und der thermischen Prüfung.

8.2.5.5.3.1 Dynamische Prüfung (Stoßstromprüfung)

Einstellungen werden mit zusätzlichen Vorrichtungen, die die Staberdung kurzschließen, und den strombegrenzenden Bauteilen vorgenommen. Die Impedanz der zusätzlichen Bauteile muss im Vergleich zu der des gesamten Prüfstromkreises vernachlässigbar sein. Folgende Einstellungen werden gemacht:

- Prüfstrom I_t und Prüfstoßstrom i_m werden nach Abschnitt 8.2.5.4.2 eingestellt, d. h. $I_t = I_r$ und $i_m = n\,I_t$ mit n nach **Tabelle 8.2.5.4 A**
- die Spannung wird auf etwa 110 % der höchsten unbeeinflussten Spannung eingestellt
- der Leistungsschalter der Prüfeinrichtung wird so eingestellt, dass er zuverlässig später als die Strombegrenzung ausschaltet, die zusammen mit der Staberdung geprüft werden soll

Nach erfolgten Einstellungen und nachdem die zusätzlichen Kurzschließvorrichtungen entfernt sind und der Stab voll eingebracht ist, wird die Staberdung drei dynamischen Prüfungen unterzogen. Zwischen den Prüfungen muss die Vorrichtung abkühlen und geprüft werden, ob der Stab herausgenommen und wieder eingebracht werden kann.

Das Prüfverfahren variiert je nach Typ der Strombegrenzung.

Bei Sicherungen als Strombegrenzung muss der Prüfstromkreis durch einen Leistungsschalter der Prüfeinrichtung derart eingeschaltet werden, dass jede Phase der Staberdung mindestens einmal dem maximalen Stoßstrom ausgesetzt ist. Alle Sicherungen müssen nach jeder Prüfung gegen neue ausgetauscht werden.

Bei Leistungsschaltern als Strombegrenzung muss eine Prüfung eingeleitet werden durch Schließen eines Leistungsschalters des Prüfaufbaus, während der strombegrenzende Leistungsschalter, der zusammen mit der Staberdung geprüft werden soll, sich in eingeschalteter Stellung befindet. In zwei folgenden Prüfungen muss der strombegrenzende Leistungsschalter sowohl ein- als auch ausschalten. Der Zeitpunkt des Einschaltens hat keine Bedeutung.

8.2.5.5.3.2 Thermische Prüfung (Joule-Integral-Prüfung)

Jede Staberdung wird nach bestandener dynamischer Prüfung einer Prüfung mit maximalem Joule-Integral unterzogen. Die Prüfung ist ohne Strombegrenzung auszuführen.

Wenn nicht anders vom Hersteller beschrieben oder zwischen Anwender und Hersteller vereinbart, beträgt die Prüfzeit 5 s.

Spannung und Leistungsfaktor sind nicht von Bedeutung.

Eine Staberdung, die für den Gebrauch von Sicherungen zur Strombegrenzung ausgelegt ist, wird mindestens mit dem Strom I_t geprüft, bei dem eine Unterbrechung in 5 s für den vom Hersteller der Staberdung angegebenen Sicherungstyp gegeben ist.

Eine Staberdung, die für den Gebrauch von Leistungsschaltern zur Strombegrenzung ausgelegt ist, muss mindestens mit dem Strom I_t geprüft werden, bei dem das Auslösen des Schutzes innerhalb von 5 s gegeben ist. Wenn der Schutz austauschbare Messglieder hat, ist der mit dem höchsten Auslösestrom zu berücksichtigen. Wenn der Schutz nicht auf Zeiten bis 5 s eingestellt werden kann, ist I_t auf einen Wert entsprechend der längsten möglichen Auslösezeit einzustellen. Wenn der Schutz nur unverzögert auslösen kann, ist die thermische Prüfung nicht anzuwenden.

Ein veränderbarer Prüfstrom darf nicht weniger als I_t betragen, wenn das Joule-Integral $5 \cdot I_t^2$ erreicht wurde.

Die Prüfung wird mit einem Leistungsschalter des Prüfaufbaus eingeschaltet und unterbrochen.

Nach der Prüfung ist zu prüfen, ob der Stab (die Stäbe) herausgenommen und wieder eingebracht werden kann (können).

8.2.5.5.4 Auswertung der Prüfung

8.2.5.5.4.1 Auswertung der Prüfung für eine Staberdung, die nicht für fortgesetzten Gebrauch nach Kurzschlussstrombeaufschlagung bemessen ist

Die Prüfung ist bestanden, wenn das Oszillogramm zeigt, dass

• keine Unterbrechung des Stroms während der Prüfzeit erfolgt

• die Werte des Stoßstroms, des Joule-Integrals, der Prüfzeit und des Stroms am Ende der Prüfzeit mit den in der Bestimmung beschriebenen Werten übereinstimmen

- die Spannungskurve keine Unregelmäßigkeiten enthält, die auf Lichtbogen während der Prüfzeit schließen lassen und die Anforderungen nach IEC 479-1, Bild 5, Zone 2, eingehalten werden

- jede besondere Anforderung nach Herausnehmbarkeit erfüllt ist

8.2.5.5.4.2 Auswertung der Prüfung einer Staberdung, die zum fortgesetzten Gebrauch nach Kurzschlussbeaufschlagung bemessen ist

Die Prüfung ist bestanden, wenn

- keine Einzelteile (besonders zu beachten sind Isolatoren, Kontaktoberflächen und Kontaktdrücke) derart beeinträchtigt sind, dass ihre weitere Verwendung verhindert ist

- Verschmutzung keine Gefahr für die dielektrischen Eigenschaften darstellt

- keine Verringerung von Luftstrecken oder Kriechstrecken aufgetreten ist

- die Kräfte zum Einbringen und Herausnehmen des Stabs denen zwischen und nach den Prüfungen von Abschnitt 8.2.4.3.1 entsprechen

8.2.5.6 Dielektrische Prüfungen

8.2.5.6.1 In Schaltanlagen eingebaute Teile von Staberdungen

In Schaltanlagen eingebaute Teile von Staberdungen sind immer zusammen mit der Schaltanlage nach den zutreffenden Teilen der Normen für Schaltanlagen zu prüfen.

8.2.5.6.2 Isolierende Handhaben – Niederspannung (unter 1000 V)

Isolierende Handhaben von Niederspannungsstäben oder vergleichbare Anordnungen sind mit Metallfolie zu überziehen (siehe **Bild 8.2.5.4.B**) und mit 5 250 V zu prüfen.

8.2.5.6.3 Erdungsstangen

Isolierende Hilfsmittel bedürfen keiner zusätzlichen Prüfunge, als in den speziellen Normen für verschiedene Typen festgelegt.

8.2.5.7 Prüfung der Beständigkeit von Aufschriften

Die Beständigkeit der Aufschriften muss durch 15 s Reiben mit einem in Seifenwasser getränkten Tuch und anschließend durch weitere 15 s Reiben mit einem in geeignetem Lösungsmittel getränkten Tuch geprüft werden.

Die Prüfung ist bestanden, wenn die Aufschriften noch gut lesbar sind.

8.2.6 Stichprobenverfahren: Stichproben, Annahme und Zurückweisung

Die **Tabelle 8.2.6 A** gibt den Stichprobenumfang und die Anzahl fehlerbehafteter Prüflinge für die Annahme und Zurückweisung bei gegebenem Losumfang an. Die Tabelle basiert auf IEC 410, Tabelle II-A: Einfach-Stichprobenpläne für übliche Prüfung mit den folgenden Annahmen:

Produkteinheiten: Wie in den Anforderungsabschnitten festgelegt

Losumfang: Serien aus der laufenden Produktion (oder der Lieferung, falls zwischen Anwender und Hersteller vereinbart)

Annehmbare Qualitätsgrenzlage (AQL): 2,5

Prüfniveau: S-4 für Losumfang bis 1200

S-3 für Losumfang über 1200

Losumfang	Stichprobenumfang	Annahmezahl	Rückweisezahl
2 bis 150	5	0	1
151 bis 1200	20	1	2
1201 bis 35 000	20	1	2

Anmerkung: Für eine einmalige Losgröße (Lieferung) enthält IEC 410.11.6 besondere Anleitung

Tabelle 8.2.6 A Einfach-Stichprobenplan für normale Prüfung

8.2.7 Kurzschlussprüfung in einem Prüfaufbau nach dieser Norm mit mehrpoligen Geräten unter Verwendung eines Satzes von Einzelstäben

Ein Prüfaufbau nach dieser Norm für dreipolige Geräte ist in Bild 8.2.5.5 C dargestellt. Ein Gerät muss in (einem) Prüfaufbau(ten) mit *P*- und *L*-Abständen, die soweit wie möglich den Leiter-Leiter- und Leiter-Erde-Abständen des(r) Netze(s) entsprechen, für das (die) es ausgelegt ist. Sechs Prüfaufbauten mit den Typbezeichnungen A bis F und den Maßen sind in **Tabelle 8.2.7 A** aufgeführt.

Ein außen liegender Einzelstab, der nicht mit dem maximalen Stoßkurzschlussstrom beaufschlagt wird, darf durch eine Verbindung gleicher mechanischer Beschaffenheit und elektrischer Impedanz ersetzt werden.

Eine mit einem Typ des Prüfaufbaus nach Tabelle 8.2.7 A ausgeführte Kurzschlussprüfung kann auch zur genauen Berechnung von annehmbaren Beanspruchungen in Geräten bei Verwendung anderer Stabgrößen und Leiterabstände herangezogen werden.

Spannungs-bereich	Prüfaufbau	Abstände entsprechend Bild 8.2.5.5 C in mm		
kV	Typ	*P*	*L*	*S*
≤ 36	A B	0,15 0,4	0,15 0,4	≥ 1
> 36	C D E F	0,8 1,5 3,0 5,0	0,8 1,3 2,3 3,5	≥ 2

Tabelle 8.2.7 A Richtwerte für die Maße in Prüfaufbauten

8.2.8 Auswahl, Gebrauch und Instandhaltung von Staberdungen

8.2.8.1 Allgemeines

Das Erden und Kurzschließen von freigeschalteten Anlagenteilen wird vorgenommen, um gefährliche Spannungen und Lichtbögen im Fall eines unbeabsichtigten Wiedereinschaltens zu verhindern. Die Materialien müssen so auf die nach einem Kurzschluss auftretenden Temperaturen abgestimmt sein, dass sie keine die Evakuierung des Personals beeinträchtigende Gase abgeben, wodurch ernsthafte Vergiftungen bei kurzzeitigem Einwirken oder bleibende Beschädigung von Anlagen und Gebäuden verursacht werden. Anstelle von freigeführten Geräten verwendete Stäbe bieten gewisse Vorteile.

8.2.8.2 Vorteile bei Verwendung von Staberdungen

Führungen verringern die Gewichtabhängigkeit, und dies ermöglicht die Temperaturverringerung. Andere Vorteile bei Verwendung von Staberdungen anstelle von ortsveränderlichen, freigeführten Erdungsvorrichtungen hängen vom Einsatzfall ab.

Bei Verwendung von Staberdungen in Freiluftanlagen und Freileitungen besteht der Hauptvorteil in der geringeren Gefahr durch unkontrollierte Bewegungen.

Bei Verwendung in metallgekapselten Schaltanlagen bietet die Technik der Staberdung zusätzliche Vorteile durch die Möglichkeit des Erdens und Kurzschließens **ohne** Öffnen der Kapselung. Erden und Kurzschließen ohne Öffnen der Kapselung ist deshalb eine wesentliche Sicherheitsverbesserung. Dies umso mehr, wenn die Kapselung mit einem auf einem inneren Fehler beruhenden Lichtbogen geprüft ist und die Staberdung nicht den Grad der Kapselung herabsetzt. Eine weitere Sicherheitsverbesserung kann in einem nicht starr geerdeten Netz mit abschaltendem Erdfehlerschutz erreicht werden, wenn der Stab in einer Stellung angehalten wird, in der nur ein Leiter für die Zeit geerdet ist, die für die Erdfehlerabschaltung erforderlich ist.

Staberdungen müssen selbstverständlich für die schlechtesten Praxisbedingungen ausgelegt und geprüft sein, denen sie ausgesetzt sein können, wobei zum Beispiel die Verlässlichkeit des Schutzes und das Risiko des Wiedereinschaltens zu berücksichtigen sind. In fabrikgefertigten Niederspannungs-Schaltanlagen ist es oft erforderlich, die Erdungsvorrichtung in sehr kompakte Anlagen zu integrieren. Die Bemessung für fortgesetzten Gebrauch nach Kurzschlussbeaufschlagung ist unbedingt erforderlich. Auf diesem Gebiet sind strombegrenzende Sicherungen und Leistungsschalter verfügbar. Die Anforderungen an Erdungsvorrichtungen können wesentlich in Verbindung mit einem wirksamen strombegrenzenden Schutz verringert werden.

8.2.8.3 Instandhaltung und Ausmusterung

Aus Sicherheitsgründen müssen Erdungs- und Kurzschließvorrichtungen mit großer Sorgfalt behandelt werden. Stäbe müssen vor jeder Verwendung überprüft werden. Oberflächenfehler, Verformungen und ungenaue Führungen müssen unverzüglich nachgearbeitet werden. Werden Schäden an dem Schutzmantel oder sichtbare Schäden an dem blanken Leiter des Erdungsseils festgestellt, muss die Ausmusterung erfolgen.

Eine Vorrichtung, die einem Kurzschluss ausgesetzt war, muss immer gründlich untersucht werden. Ist die Vorrichtung nicht für fortgesetzten Gebrauch nach Kurzschlussbeaufschlagung ausgelegt, ist sie auszumustern, es sei denn, gründliche Untersuchung, Berechnung und Überprüfung sichern, dass die Beaufschlagung zu schwach war, den einwandfreien Zustand zu beeinflussen. Falls Sicherungen betroffen waren und angesprochen haben, ist der ganze Sicherungssatz auszutauschen.

8.3 Maßnormen
– DIN 48087 und 48088 Teile 1 bis 5

Von Seiten der Betreiber waren immer wieder Maßnormen gefordert worden, um einerseits Anschließteile mit Erdungsstangen verschiedener Hersteller kombinieren zu können, andererseits Anschließteile mit Anschließstellen. Dies wird ermöglicht durch Berücksichtigung der nachstehend aufgeführten Normen:

- DIN 48087 Ortsveränderliche Geräte zum Erden und Kurzschließen, Spindelschaft für Anschließteile

- DIN 48088 Teile 1 bis 5 Anschließstellen für Erdungs- und Kurzschließvorrichtungen

8.3.1 Ortsveränderliche Geräte zum Erden und Kurzschließen – Spindelschaft für Anschließteile – DIN 48087

Bei dem in dieser Norm festgelegten Spindelschaft mit Querstift, der im Sprachgebrauch auch „Bajonettspindel" genannt wird, handelt es sich um die bei Anschließteilen ortsveränderlicher Geräte zum Erden und Kurzschließen am häufigsten verwendete Bauart (**Bild 8.3.1 A**).

Bezüglich der Ausbildung der Erdungsstangen-Kupplung wird auf DIN VDE 0683 Teil 100 verwiesen.

Der in **Bild 8.3.1 B** strichpunktiert eingezeichnete Freiraum ist jener Raum, der beim Aufsetzen und Handhaben des Anschließteils mittels einer Erdungsstange bei kleinstem zulässigen Klemmdurchmesser mindestens zur Verfügung stehen muss. Dieser Freiraum ist zur Erdungsstange hin nicht begrenzt.

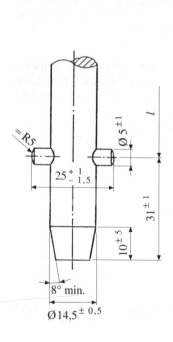

Bild 8.3.1 A Spindelschaft
(Quelle: DIN 48087)

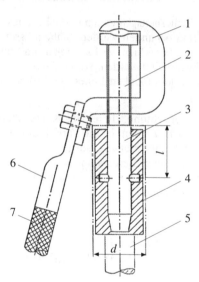

1 Gegenstück (Anschließteil)
2 Spindel (Anschließteil)
3 Spindelschaft (Anschließteil)
4 Kupplung
5 Erdungsstange
6 Kabelschuh
7 Kurzschließseil

Bild 8.3.1 B Beispiel für die Anwendung des Spindelschaftes
(Quelle: DIN 48087)

350

Durch die Festlegungen der in dieser Norm vorgegebenen Maße sollen die Handhabbarkeit und Austauschbarkeit verschiedener Anschließteile mit abnehmbaren Erdungsstangen verschiedener Hersteller ermöglicht werden. Deshalb beziehen sich die maßlichen Festlegungen nur auf den Teil des Spindelschafts, in den die Kupplung der Erdungsstange eingeführt wird (siehe **Bild 8.3.1 C**).

Festlegungen über die Beschaffenheit der Anschließteile und Erdungsstangen sind in DIN VDE 0683 Teil 100 enthalten.

Bezeichnung: **Spindelschaft   DIN 48087 − 30**

Benennung
DIN-Hauptnummer
Länge

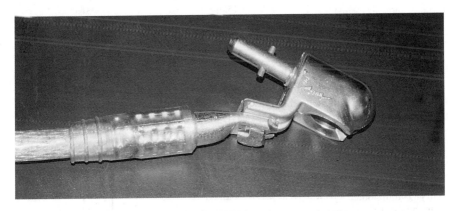

Bild 8.3.1 C Anschließteil für Kugelbolzen, mit Spindelschaft

8.3.2 Anschließstelle für Erdungs- und Kurzschließvorrichtungen − Kugelbolzen − DIN 48088 Teil 1

Es wird besonders darauf hingewiesen, dass die folgenden Normen DIN 48088 Teile 1 bis 5 lediglich die Austauschbarkeit von Anschließstellen und Anschließteilen verschiedener Hersteller sicherstellen. Eine über das mechanische Zusammenpassen hinausgehende Aussage über die Kurzschlussfestigkeit lässt sich erst vornehmen, wenn die Anforderungen an die elektrische Belastbarkeit der zweiteiligen Kombination nach DIN VDE 0683 Teil 1 bzw. 100 erfüllt sind.

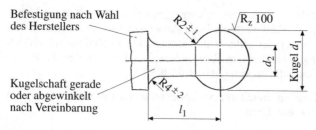

Befestigung nach Wahl
des Herstellers

Kugelschaft gerade
oder abgewinkelt
nach Vereinbarung

$R2 \pm 1$ $\sqrt{R_z\ 100}$

d_2 Kugel d_1

l_1

$R4 \pm 2$

Bild 8.3.2 A Kugelbolzen
(Quelle: DIN 48088 Teil 1)

d_1 ± 0,1	d_2 ± 0,5	≥ l_1
20	10,5	24
25	15,0	31

Tabelle 8.3.2 A Maße des Kugelbolzens in mm
Quelle: DIN 48088 Teil 1

Durch diese Festlegungen soll lediglich die mechanische Austauschbarkeit von Anschließteilen mit Anschließstellen verschiedener Hersteller und Ausführungen von Erdungs- und Kurzschließgeräten ermöglicht werden. Festlegungen über deren elektrische Belastbarkeit sind in DIN VDE 0683 Teil 1 bzw. 100 enthalten.

Bezeichnung: **Kugelbolzen   DIN 48088 − 20 − Sn**
(verzinnt)

Benennung
DIN-Hauptnummer
Durchmesser d_1
Ausführung

Bild 8.3.2 B Kugelbolzen

8.3.3 Anschließstelle für Erdungs- und Kurzschließvorrichtungen – Zylinderbolzen mit Ringnut zum erdseitigen Anschluss – DIN 48088 Teil 2

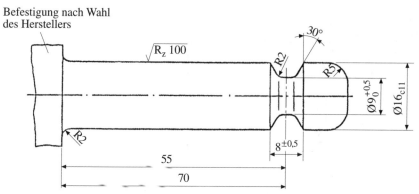

Bild 8.3.3 A Zylinderbolzen mit Ringnut
(Quelle: DIN 48088 Teil 2)

Bezeichnung: **Zylinderbolzen   DIN 48088 – Sn**

Benennung
DIN-Hauptnummer
Ausführung

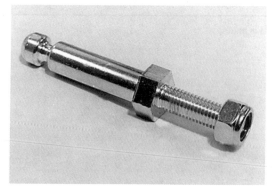

Bild 8.3.3 B Zylinderbolzen mit Ringnut

8.3.4 Anschließstelle für Erdungs- und Kurzschließvorrichtungen
Bügelfestpunkt für Leiter (Seile, Rohre)
– DIN 48088 Teil 3

Befestigung nach Wahl
des Herstellers

Bild 8.3.4 A Bügelfestpunkt
(Quelle: DIN 48088 Teil 3)

l	d_1 ± 1	a
≥ 60	20	≥ 50
	25	
≥ 90	25	≥ 65
	30	

Tabelle 8.3.4 A Maße des Bügelfestpunkts in mm
[Quelle DIN 48088 Teil 3]

Bild 8.3.4 B Bügelfestpunkt

8.3.5 Anschließstelle für Erdungs- und Kurzschließvorrichtungen Schalenfestpunkt für Leiter (Seile, Rohre) – DIN 48088 Teil 4

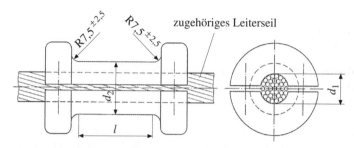

zugehöriges Leiterseil

Bild 8.3.5 A Schalenfestpunkt
(Quelle: DIN 48088 Teil 4)

l	Seildurchmesser d_1 [1] im Bereich		Klemmstückdurchmesser d_2 [2] im Bereich	
	von	bis	von	bis
≥ 60	15,8	22,5	35	40
	> 22,5	32,6	> 40	50
	> 32,6	41,1	> 50	60
≥ 125	15,8	22,5	35	40
	> 22,5	32,6	> 40	50
	> 32,6	41,1	> 50	60

1) Als Durchmesser d_1 ist der Seildurchmesser nach DIN 48201 Teil 1, Teil 5 und Teil 6, DIN 48204 oder DIN 48206 innerhalb der Bereiche nach Tabelle anzugeben
2) Nach Wahl des Herstellers abhängig von Leiterwerkstoff, Leiterdurchmesser und Konstruktion. Wird bei Bestellung vom Hersteller angegeben

Tabelle 8.3.5 A Maße des Schalenfestpunkts in mm
(Quelle: DIN 48088 Teil 4)

Bezeichnung: **Schalenfestpunkt DIN 48088 – 60 – 20,2**

Benennung
DIN-Hauptnummer
Länge l
Durchmesser d_1

Bild 8.3.5 B Schalenfestpunkt

8.3.6 Anschließstelle für Erdungs- und Kurzschließvorrichtungen Anschlussstück für Erdungsleitungen – DIN 48088 Teil 5

Für den Erdungsanschluss bestand früher mit DIN 46009 eine Norm, die Festlegungen über das Anschlussstück und die Anschließstelle für Erdungsvorrichtungen in Schaltanlagen enthielt. Da die Festlegungen für fest verlegte und ortsveränderliche Erdungsanschlüsse z. T. gleich sind, wurde der Inhalt von DIN 46009 überarbeitet und in DIN 48088 Teil 5 eingearbeitet.

A)

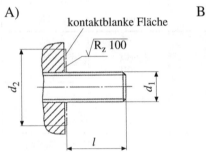

B)

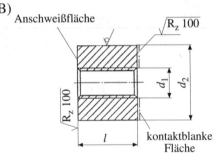

Bild 8.3.6 A Erdungsanschlussstücke
Quelle: DIN 48088 Teil 5

Links: Anschlussstück mit Außengewinde (Ausführung A)
Rechts: Anschlussstück mit Innengewinde (Ausführung B)

d_1	d_2	l
M 12	30	25
M 16	40	30

Tabelle 8.3.6 A Maße der Erdungsanschlussstücke für Ausführung A und B in mm
(Quelle: DIN 48088 Teil 5)

356

Bezeichnung: **Anschließstelle   DIN 48088 − B × M12**

Benennung ──────────────┘   │   │   │
DIN-Hauptnummer ──────────────────┘   │   │
Ausführung A oder B ─────────────────────────┘   │
Gewindedurchmesser d_1 ──────────────────────────────┘

A)   B)

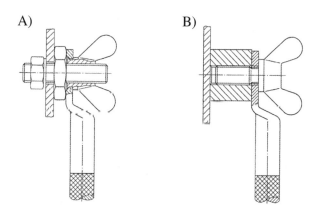

Bild 8.3.6 B Beispiel für Anschließstellen für Erdungs- und Kurzschließvorrichtungen
Quelle: DIN 48088 Teil 5

Links: Anschließstelle mit Erdungsanschlussstück A
Rechts: Anschließstelle mit Erdungsanschlussstück B

8.3.7   Harmonisierung der Maßnormen DIN 48087 und DIN 48088 Teile 1 bis 5

Nach Beratungsgesprächen auf CENELEC- und IEC-Basis, seit dem Jahr 1992, wurden die von den Partnern geäußerten Wünsche und Änderungsvorschläge zu unseren DIN-Blättern zwischenzeitlich eingearbeitet.

Das Arbeitspapier wurde Anfang 1996 als NWIP (Erstumfrage) bei IEC eingereicht. CENELEC wurde informiert. Bislang wurde noch keine Arbeit aufgenommen.

9 Weiterverwendung alter Schutzmittel und Geräte

Für **elektrische Anlagen** fordert DIN VDE 0105-100:2000-06 (im Abschnitt 4.1.101):

Elektrische Anlagen sind den Errichtungsnormen entsprechend in ordnungsgemäßem Zustand zu erhalten. Bei Änderungen der Betriebsbedingungen, z. B. Art der Betriebsstätte (trocken, feucht, feuer- oder explosionsgefährdet), müssen die bestehenden Anlagen den jeweils gültigen Errichtungsnormen angepasst werden.

Dabei steht stets der **sichere Betrieb** im Vordergrund.

Sicherer Betrieb und Erhalten des ordnungsgemäßen Zustands stehen in enger Beziehung zueinander. Der ordnungsgemäße Zustand einer elektrischen Anlage ist für die Sicherheit im weitesten Sinn notwendig.

Für **Werkzeuge, Ausrüstungen, Schutz- und Hilfsmittel** fordert DIN VDE 0105-100:2000-06 (im Abschnitt 4.6):

Werkzeuge, Ausrüstungen, Schutz- und Hilfsmittel müssen den Anforderungen einschlägiger europäischer, nationaler oder internationaler Normen entsprechen, soweit solche existieren.

Anmerkung 1: Beispiele für Werkzeuge, Ausrüstungen, Schutz- und Hilfsmittel sind:

- *isolierende Stiefel, Überschuhe und Handschuhe*
- *Augen- und Gesichtsschutz*
- *Kopfschutz*
- *geeignete Schutzkleidung*
- *Isoliermatten, isolierende Plattformen und Arbeitsbühnen*
- *isolierende flexible oder biegesteife Materialien zum Abdecken*
- *isolierte Werkzeuge und Werkzeuge aus Isoliermaterial*
- *Betätigungsstangen, Isolierstangen*
- *Schlösser, Aufschriften und Aushänge, Schilder*
- *Spannungsprüfer und -prüfsysteme*
- *Kabelsuch- und -auslesegeräte*
- *Erdungs- und Kurzschließgeräte und -vorrichtungen*
- *Materialien zum Abschranken, Flaggen und andere Markierungshilfsmittel*

Entsprechen Schutzmittel und Geräte einem überholten Normenstand, so liegt es in der Eigenverantwortung des Unternehmens zu beurteilen, ob alle Sicherheitsanforderungen damit eingehalten werden können. Hier sollte die Sicherheitsfachkraft mit ihrer beratenden Funktion im Betrieb Unterstützung geben. Im Zweifelsfall sind die Geräte gegen Schutzmittel nach dem neuesten Normenstand auszutauschen.

Darüber hinaus sind selbstverständlich die Unfallverhütungsvorschriften zu beachten. So fordert die Berufsgenossenschaft der Feinmechanik und Elektrotechnik in der BGV A2 „Elektrische Anlagen und Betriebsmittel", Anhang 1 der Durchführungsanweisungen von 10/1996:

Anpassung elektrischer Anlagen und Betriebsmittel an elektrotechnische Regeln.

Eine Anpassung an neu erschienene elektrotechnische Regeln ist nicht allein schon deshalb erforderlich, weil in ihnen andere, weitergehende Anforderungen an neue elektrische Anlagen und Betriebsmittel erhoben werden. Sie enthalten aber mitunter Bau- und Ausrüstungsbestimmungen, die wegen besonderer Unfallgefahren oder auch eingetretener Unfälle neu in VDE-Bestimmungen aufgenommen wurden. Eine Anpassung bestehender elektrischer Anlagen an solche elektrotechnischen Regeln kann dann gefordert werden.

Stichwortverzeichnis